수학이 쉬워지는 완벽한 솔루션

완쏠
개념연산

중등수학
2-2

완쏠 개념연산
중등수학 2-2

발행일	2025년 4월 11일
펴낸곳	메가스터디(주)
펴낸이	손은진
개발 책임	배경윤
개발	김민, 오성한, 신상희, 성기은, 김건지, 위주영
디자인	주희연, 신은지, ㈜에딩크
마케팅	엄재욱, 김세정
제작	이성재, 장병미
주소	서울시 서초구 효령로 304(서초동) 국제전자센터 24층
대표전화	1661-5431(내용 문의 02-6984-6901 / 구입 문의 02-6984-6868,9)
홈페이지	http://www.megastudybooks.com
출판사 신고 번호	제 2015-000159호
출간제안/원고투고	메가스터디북스 홈페이지 <투고 문의> 등록

메가스터디BOOKS

'메가스터디북스'는 메가스터디(주)의 교육, 학습 전문 출판 브랜드입니다.

초중고 참고서는 물론, 어린이/청소년 교양서, 성인 학습서까지 다양한 도서를 출간하고 있습니다.

•**제품명** 완쏠 개념연산 중등수학 2-2
•**제조자명** 메가스터디㈜ •**제조년월** 판권에 별도 표기 •**제조국명** 대한민국 •**사용연령** 11세 이상
•**주소 및 전화번호** 서울시 서초구 효령로 304(서초동) 국제전자센터 24층 / 1661-5431

수학 기본기를 다지는
완쏠 개념연산은
이렇게 만들었습니다!

중등수학 **기초 학습**을 위한
필수 개념 선별

개념 적용 훈련이 가능한
기초·기본 문제 수록

연산 반복 연습으로
자연스럽게 이해하는
개념과 원리

완쏠

연산 문제에 **응용력**을 더한
학교 시험 맛보기 문제 수록

내신 기출문제로 구성한
실전 연습 문제 수록

이 책의 짜임새

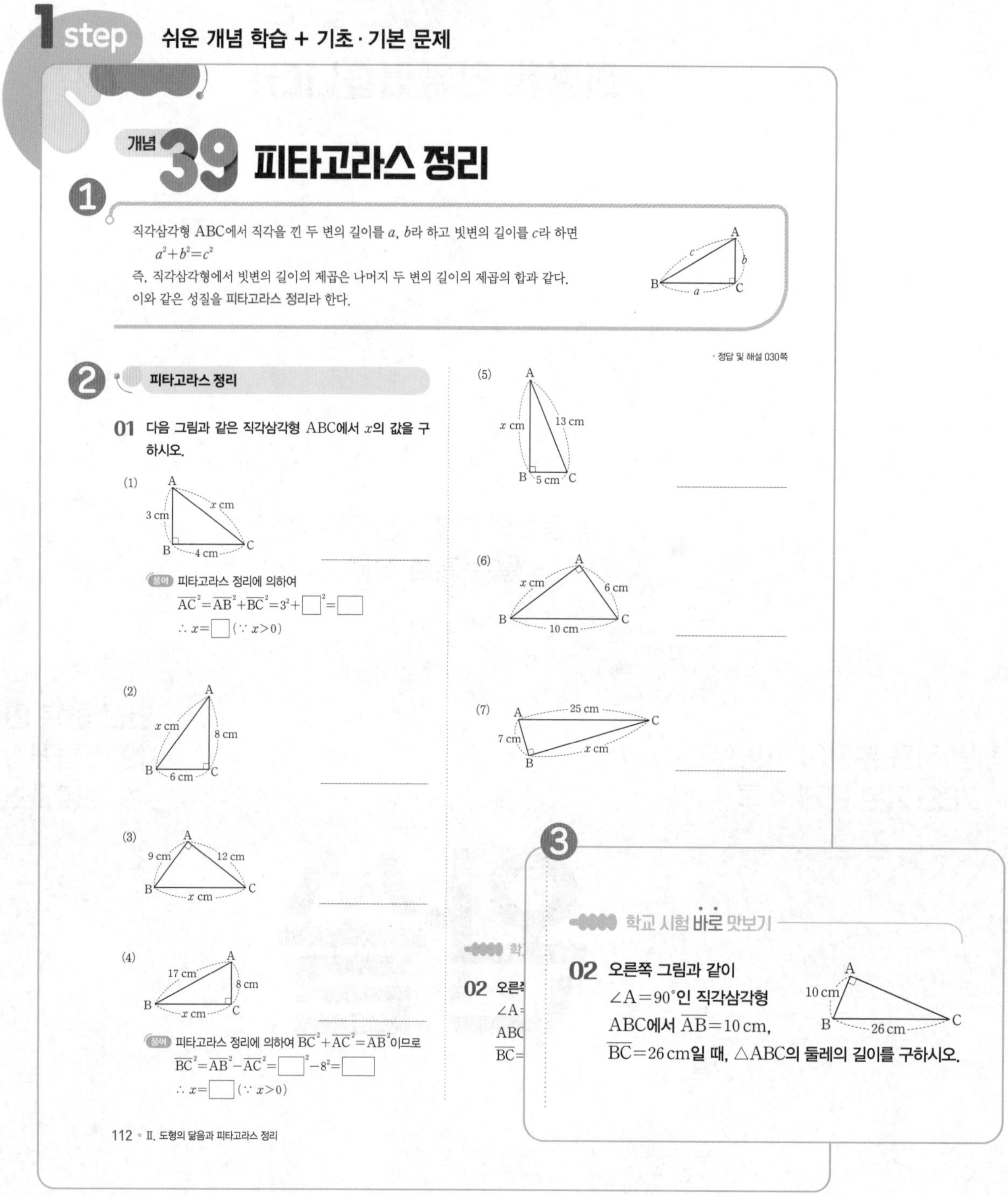

개념 39 피타고라스 정리

①

직각삼각형 ABC에서 직각을 낀 두 변의 길이를 a, b라 하고 빗변의 길이를 c라 하면
$$a^2+b^2=c^2$$
즉, 직각삼각형에서 빗변의 길이의 제곱은 나머지 두 변의 길이의 제곱의 합과 같다.
이와 같은 성질을 피타고라스 정리라 한다.

· 정답 및 해설 030쪽

② **피타고라스 정리**

01 다음 그림과 같은 직각삼각형 ABC에서 x의 값을 구하시오.

(1)
3 cm
x cm
4 cm

풀이 피타고라스 정리에 의하여
$$\overline{AC}^2=\overline{AB}^2+\overline{BC}^2=3^2+\boxed{}^2=\boxed{}$$
$$\therefore x=\boxed{}\ (\because x>0)$$

(2)
x cm
8 cm
6 cm

(3)
9 cm
12 cm
x cm

(4)
17 cm
8 cm
x cm

풀이 피타고라스 정리에 의하여 $\overline{BC}^2+\overline{AC}^2=\overline{AB}^2$이므로
$$\overline{BC}^2=\overline{AB}^2-\overline{AC}^2=\boxed{}-8^2=\boxed{}$$
$$\therefore x=\boxed{}\ (\because x>0)$$

(5)
x cm
13 cm
5 cm

(6)
x cm
6 cm
10 cm

(7)
25 cm
7 cm
x cm

③

━━ 학교 시험 바로 맛보기 ━━

02 오른쪽 그림과 같이 ∠A＝90°인 직각삼각형 ABC에서 $\overline{AB}$＝10 cm, $\overline{BC}$＝26 cm일 때, △ABC의 둘레의 길이를 구하시오.

10 cm
26 cm

❶ 개념을 쉽게, 가볍게, 체계적으로 정리

❷ 개념 적용 반복 훈련이 가능한 연산 문제로 기초·기본 강화

❸ 연산 문제를 푼 후, 바로 학교 시험 문제를 가볍게 맛보기

2 step 내신 기출문제로 실전 연습

기본기 탄탄 문제   개념 39~41 1

· 정답 및 해설 031쪽

2 1 오른쪽 그림과 같이 ∠A=90°인 직각삼각형 ABC의 넓이를 구하시오.

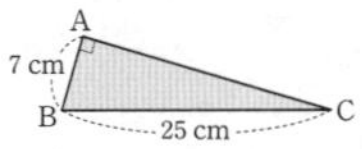

5 오른쪽 그림과 같은 사다리꼴 ABCD에서 $\overline{AB}$=17 cm, $\overline{AD}$=13 cm, $\overline{BC}$=21 cm일 때, □ABCD의 넓이를 구하시오.

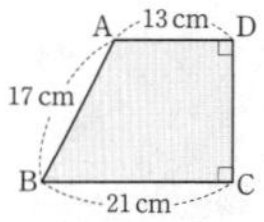

2 오른쪽 그림과 같이 $\overline{AC}$=13 cm, $\overline{BC}$=12 cm인 직사각형 ABCD의 넓이는?

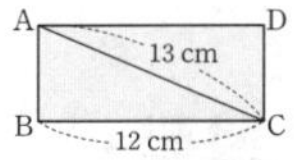

① 50 cm²   ② 55 cm²
③ 60 cm²   ④ 65 cm²
⑤ 70 cm²

6 오른쪽 그림은 ∠C=90°인 직각삼각형 ABC의 세 변을 각각 한 변으로 하는 세 정사각형을 그린 것이다. □ACDE의 넓이가 39 cm², □BHIC의 넓이가 25 cm²일 때, $\overline{AB}$의 길이는?

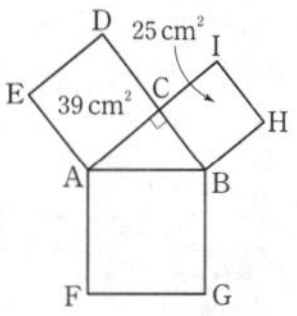

① 7 cm   ② 8 cm   ③ 9 cm
④ 10 cm   ⑤ 11 cm

3 오른쪽 그림과 같이 ∠C=90°인 직각삼각형 ABC에서 $\overline{AB}$의 길이를 구하시오.

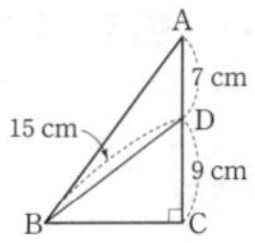

4 오른쪽 그림과 같이 ∠A=90°인 직각삼각형 ABC에서 $\overline{AH}\perp\overline{BC}$이고 $\overline{AC}$=5 cm, $\overline{CH}$=3 cm일 때, △ABC의 넓이는?

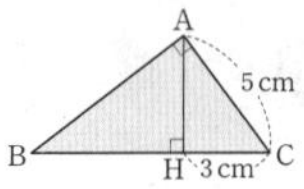

① $\dfrac{50}{3}$ cm²   ② $\dfrac{55}{3}$ cm²   ③ 20 cm²
④ $\dfrac{65}{3}$ cm²   ⑤ $\dfrac{70}{3}$ cm²

7 오른쪽 그림과 같이 한 변의 길이가 14 cm인 정사각형 ABCD에서 $\overline{AE}=\overline{BF}=\overline{CG}=\overline{DH}$=8 cm 일 때, □EFGH의 둘레의 길이는?

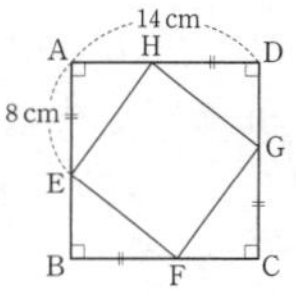

① 36 cm   ② 40 cm   ③ 48 cm
④ 52 cm   ⑤ 56 cm

❶ 1 step에서 다진 기본기를 더욱 탄탄하게 다지는 실전 연습

❷ 학교 시험에서 자주 출제되지만 어렵지 않은 기본적인 문제들로 실전 감각 UP! 자신감 UP!

이 책의 차례

I. 도형의 성질

1. 삼각형의 성질

개념 01 이등변삼각형과 그 성질

(1) **이등변삼각형**: 두 변의 길이가 같은 삼각형 ➡ $\overline{AB}=\overline{AC}$

① 꼭지각: 길이가 같은 두 변이 이루는 각 ➡ $\angle A$

② 밑변: 꼭지각의 대변 ➡ $\overline{BC}$

③ 밑각: 밑변의 양 끝 각 ➡ $\angle B$, $\angle C$

참고 정삼각형은 세 변의 길이가 모두 같으므로 이등변삼각형이다.

(2) **이등변삼각형의 성질**

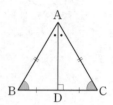

① 이등변삼각형의 두 밑각의 크기는 서로 같다. ➡ $\angle B=\angle C$

② 이등변삼각형의 꼭지각의 이등분선은 밑변을 수직이등분한다.

➡ $\overline{AD}\perp\overline{BC}$, $\overline{BD}=\overline{CD}$

참고 선분 BC의 중점을 지나고 선분 BC에 수직인 직선 AD를 선분 BC의 수직이등분선이라 한다.

이등변삼각형의 뜻

01 다음 |보기|의 삼각형 중 이등변삼각형을 모두 고르시오.

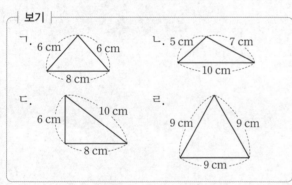

ㄱ. 6 cm 6 cm 8 cm

ㄴ. 5 cm 7 cm 10 cm

ㄷ. 6 cm 10 cm 8 cm

ㄹ. 9 cm 9 cm 9 cm

(2)

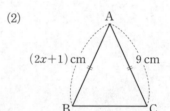

$(2x+1)$ cm   9 cm

_____

(3)

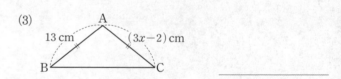

13 cm $(3x-2)$ cm

_____

02 다음 그림과 같이 $\angle A$가 꼭지각인 이등변삼각형 ABC에 대하여 x의 값을 구하시오.

(1)

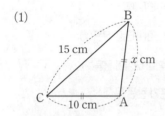

15 cm x cm   10 cm

_____

03 다음 그림과 같이 $\angle A$가 꼭지각인 이등변삼각형 ABC의 둘레의 길이를 구하시오.

(1)

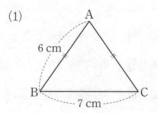

6 cm   7 cm

_____

(2)
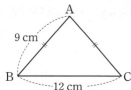

_____

(3)
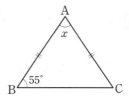

_____

(4)
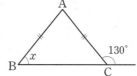

_____

이등변삼각형의 성질 ①

04 다음 그림과 같은 이등변삼각형 ABC에 대하여 ∠x의 크기를 구하시오.

(1)
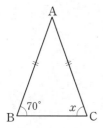

_____

풀이 △ABC가 $\overline{AB}=\overline{AC}$인 이등변삼각형이므로

∠B=∠☐   ∴ ∠x=☐°

(5)
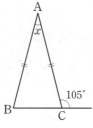

_____

(2)
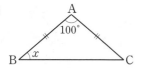

_____

풀이 △ABC에서 ∠B=∠C이므로

∠$x=\dfrac{1}{2}\times(180°-$☐$°)=$☐$°$

(6)
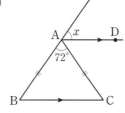

_____

이등변삼각형의 성질 ②

05 다음 그림과 같은 이등변삼각형 ABC에 대하여 x의 값을 구하시오.

(1)

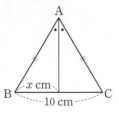

풀이 $x = \dfrac{1}{2} \times \boxed{} = \boxed{}$

(2)

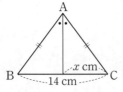

(3)

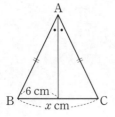

06 다음 그림과 같은 이등변삼각형 ABC에 대하여 $\angle x$의 크기를 구하시오.

(1)

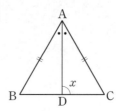

(2)

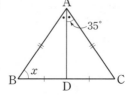

(3)

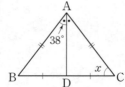

◆●●●● 학교 시험 바로 맛보기

07 오른쪽 그림과 같이 $\overline{AB} = \overline{AC}$ 인 이등변삼각형 ABC에서 $\angle A$의 이등분선과 $\overline{BC}$의 교점을 D라 하자. $\overline{AD} = 4\,\text{cm}$, $\overline{BD} = 3\,\text{cm}$일 때, 다음을 구하시오.

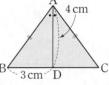

(1) $\overline{BC}$의 길이

(2) $\triangle ABC$의 넓이

02 이등변삼각형이 되는 조건

두 내각의 크기가 같은 삼각형은 이등변삼각형이다.

➡ △ABC에서 ∠B=∠C이면 $\overline{AB}=\overline{AC}$

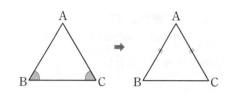

이등변삼각형이 되는 조건

01 다음 그림과 같은 △ABC에 대하여 x의 값을 구하시오.

(1)

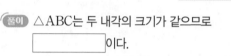

> **풀이** △ABC는 두 내각의 크기가 같으므로
> ☐ 이다.
> 따라서 $\overline{AC}=\overline{AB}=$ ☐ cm이므로 $x=$ ☐

(2)   (3)

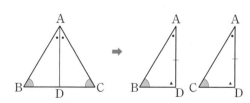

02 △ABC에서 ∠B=∠C일 때, ☐ 안에 알맞은 것을 쓰시오.

> △ABD와 △ACD에서
> ∠BAD=∠CAD, ∠ADB=∠ ☐ , $\overline{AD}$는 공통
> 따라서 △ABD≡△ACD (☐ 합동)이므로
> $\overline{AB}=$ ☐

03 다음은 $\overline{AB}=\overline{AC}$인 이등변삼각형 ABC에서 ∠B와 ∠C의 이등분선의 교점을 P라 할 때, △PBC는 이등변삼각형임을 증명한 것이다. ☐ 안에 알맞은 것을 쓰시오.

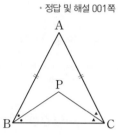

> △ABC에서 $\overline{AB}=\overline{AC}$이므로
> ∠ABC=∠ACB
> ∴ ∠PBC=$\frac{1}{2}$∠ABC
> =$\frac{1}{2}$∠ ☐ =∠PCB
> 따라서 두 내각의 크기가 같으므로 △PBC는
> ☐ 이다.

〰〰〰〰 학교 시험 **바로 맛보기** 〰〰〰〰

04 오른쪽 그림과 같은 △ABC에서 ∠B=∠C이고 $\overline{BC}=6\,cm$이다. △ABC의 둘레의 길이가 24 cm일 때, $\overline{AC}$의 길이를 구하시오.

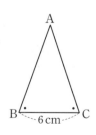

(1) 각의 이등분선이 있는 이등변삼각형

$\overline{AB}=\overline{AC}$인 이등변삼각형 ABC에서 ∠B의 이등분선과 $\overline{AC}$의 교점을 D라 할 때

① ∠DBA=∠DBC

　　$=\dfrac{1}{2}∠ABC=\dfrac{1}{2}∠C$

② ∠ADB=∠DBC+∠C

(2) 이웃한 이등변삼각형

$\overline{AB}=\overline{AC}=\overline{CD}$일 때

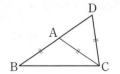

① 이등변삼각형 ABC에서

　　∠B=∠ACB

　➡ ∠DAC=2∠B

② 이등변삼각형 CDA에서

　　∠D=∠DAC

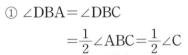 

이등변삼각형의 성질의 응용

01 다음 그림과 같은 △ABC에서 $\overline{AB}=\overline{AC}$일 때, ∠$x$의 크기를 구하시오.

(1)

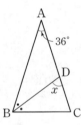

_____

풀이 ❶ $∠ABC=\dfrac{1}{2}×(180°-36°)=\boxed{}°$

❷ $∠ABD=\dfrac{1}{2}∠ABC=\dfrac{1}{2}×\boxed{}°=\boxed{}°$

❸ $∠x=∠DAB+∠ABD$

　　$=\boxed{}°+\boxed{}°=\boxed{}°$

(2)

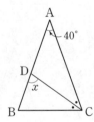

_____

(3)

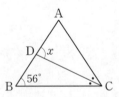

_____

02 다음 그림과 같은 △ABC에서 $\overline{AB}=\overline{AC}$일 때, ∠$x$, ∠$y$의 크기를 각각 구하시오.

(1)

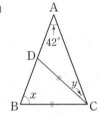

_____

풀이 ❶ $∠x=∠ACB=\dfrac{1}{2}×(180°-42°)=\boxed{}°$

❷ $∠CDB=∠x=\boxed{}°$

❸ ∠CDB=∠CAD+∠ACD에서

　　$∠y=\boxed{}°-\boxed{}°=\boxed{}°$

(2)

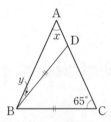

_____

(3)

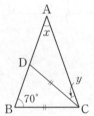

_____

03 다음 그림과 같은 △ABC에서 ∠x, ∠y의 크기를 각각 구하시오.

(1)

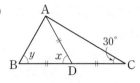

풀이 ❶ ∠DAC＝∠DCA＝◻°

❷ ∠x＝∠DCA＋∠DAC
＝◻°＋◻°＝◻°

❸ ∠y＝$\frac{1}{2}$×(180°－◻°)＝◻°

(2)

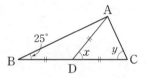

(3)

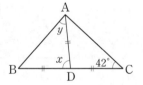

(4)

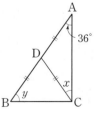

04 다음 그림에서 ∠x의 크기를 구하시오.

(1)

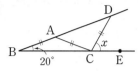

풀이 ❶ ∠ACB＝∠◻＝◻°

❷ ∠CAD＝∠ABC＋∠ACB
＝◻°＋◻°＝◻°

❸ ∠CDA＝∠CAD＝◻°

❹ ∠x＝∠ABC＋∠CDA
＝◻°＋◻°＝◻°

(2)

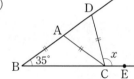

(3)

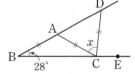

(4)

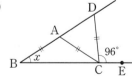

05 다음 그림과 같이 $\overline{AB}=\overline{AC}$인 △ABC에서 $\overline{BD}$는 ∠B의 이등분선이고 $\overline{CD}$는 ∠C의 외각의 이등분선일 때, ∠x의 크기를 구하시오.

(1)

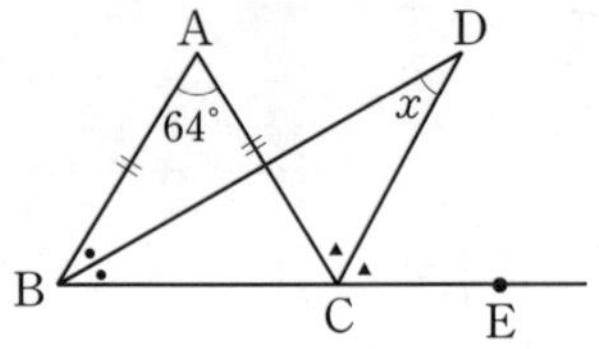

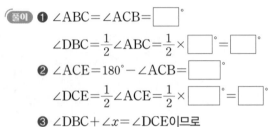

풀이 ❶ ∠ABC=∠ACB=☐°

∠DBC=$\frac{1}{2}$∠ABC=$\frac{1}{2}$×☐°=☐°

❷ ∠ACE=180°−∠ACB=☐°

∠DCE=$\frac{1}{2}$∠ACE=$\frac{1}{2}$×☐°=☐°

❸ ∠DBC+∠x=∠DCE이므로

∠x=☐°−☐°=☐°

(2)

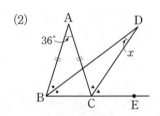

(3)

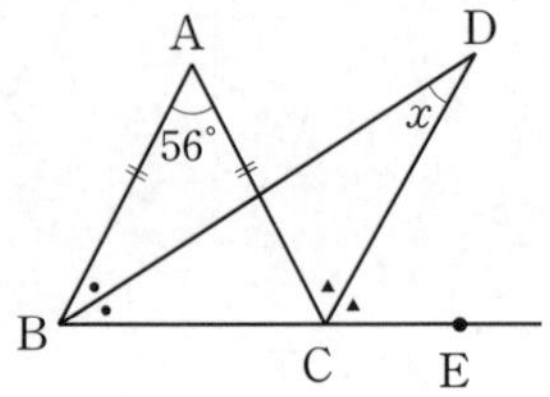

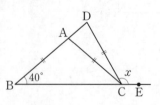

종이접기

교과서UP

06 직사각형 모양의 종이를 다음 그림과 같이 접었을 때, x, y의 값을 각각 구하시오.

(1)

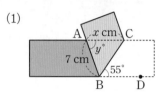

풀이 ❶ ∠BCA=∠☐=☐° (엇각)

∠CBA=∠CBD=☐° (접은 각)

❷ △ABC는 ☐이므로

$\overline{AC}=\overline{AB}=$☐ cm ∴ $x=$☐

∠CAB=180°−(☐°+☐°)=☐°

∴ $y=$☐

(2)

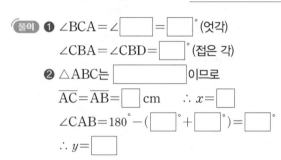

(3)

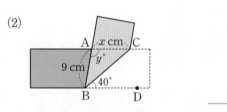

~~~~ 학교 시험 **바로** 맛보기 ~~~~

07 다음 그림에서 $\overline{AB}=\overline{AC}=\overline{CD}$이고 ∠B=40°일 때, ∠$x$의 크기를 구하시오.

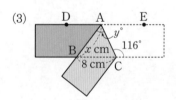

직각삼각형의 합동 조건

(1) 빗변의 길이와 한 예각의 크기가 각각 같은 두 직각삼각형은
합동이다. (RHA 합동)
➡ ∠C=∠F=90°, $\overline{AB}=\overline{DE}$, ∠B=∠E이면
△ABC≡△DEF (RHA 합동)

(2) 빗변의 길이와 다른 한 변의 길이가 각각 같은 두 직각삼각형은
합동이다. (RHS 합동)
➡ ∠C=∠F=90°, $\overline{AB}=\overline{DE}$, $\overline{AC}=\overline{DF}$이면
△ABC≡△DEF (RHS 합동)

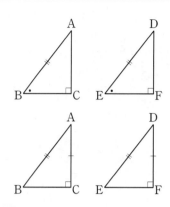

• 정답 및 해설 002쪽

직각삼각형의 합동 조건

01 다음은 오른쪽 그림의 두 직각삼각형 ABC, DEF가 서로 합동임을 증명하는 과정이다. □ 안에 알맞은 것을 쓰시오.

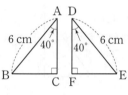

△ABC와 △DEF에서
$\overline{AB}=$□, ∠C=∠F=□°,
∠A=∠□
∴ △ABC≡△DEF (□ 합동)

02 다음은 오른쪽 그림의 두 직각삼각형 ABC, DEF가 서로 합동임을 증명하는 과정이다. □ 안에 알맞은 것을 쓰시오.

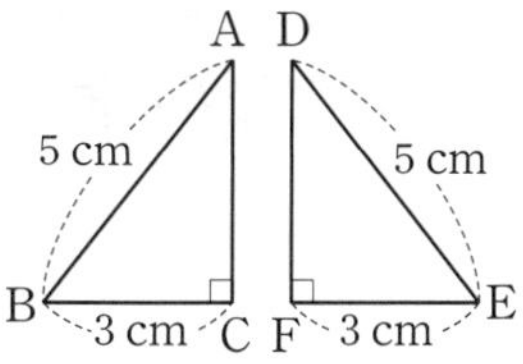

△ABC와 △DEF에서
$\overline{AB}=$□, ∠C=∠F=□°,
$\overline{BC}=$□
∴ △ABC≡△DEF (□ 합동)

03 다음 그림에서 합동인 두 삼각형을 기호로 나타내고, 합동 조건을 말하시오.

(1)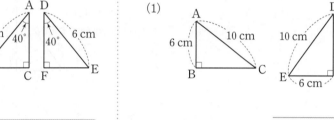

_____

(2)

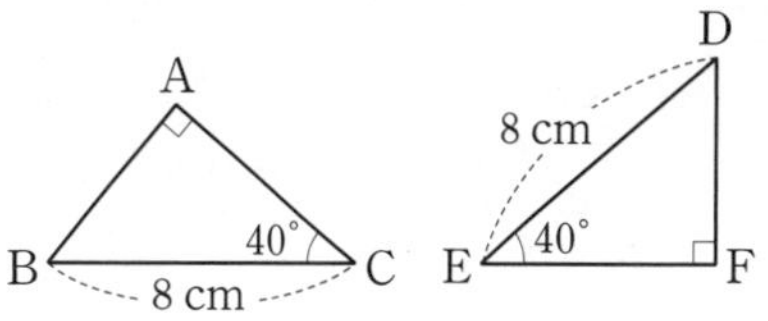

B ⟋⟍ 40° ⟍ C   E ⟋ 40° ⟍ F
8 cm   8 cm

_____

(3)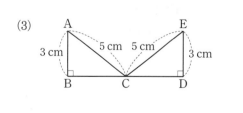

_____

04 다음 그림에서 x의 값을 구하시오.

(1)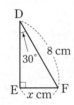

_____

(2)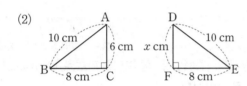

_____

(3)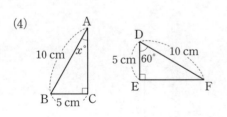

_____

(4)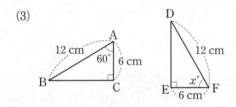

_____

05 다음 삼각형과 합동인 삼각형을 | 보기 |에서 고르시오.

| 보기 |

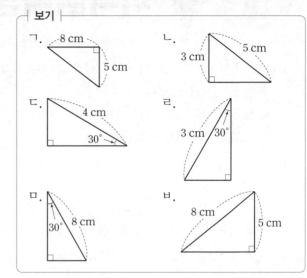

(1)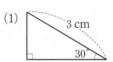

_____

(2)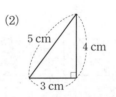

_____

(3)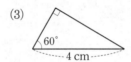

_____

○●●● 학교 시험 바로 맛보기

06 다음 중 아래 그림의 두 직각삼각형 ABC, DEF가 서로 합동이 되는 조건이 아닌 것은?

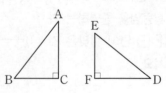

① $\angle A = \angle D$, $\overline{AC} = \overline{DF}$

② $\overline{AC} = \overline{DF}$, $\overline{BC} = \overline{EF}$

③ $\angle B = \angle E$, $\overline{AB} = \overline{DE}$

④ $\overline{AB} = \overline{DE}$, $\overline{AC} = \overline{DF}$

⑤ $\overline{AB} = \overline{DF}$, $\overline{BC} = \overline{EF}$

개념 05 직각삼각형의 합동 조건의 응용(1) - 각의 이등분선

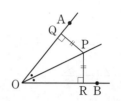

(1) 각의 이등분선 위의 한 점에서 그 각을 이루는 두 변까지의 거리는 같다.

➡ $\angle AOP=\angle BOP$이면 $\overline{PQ}=\overline{PR}$

(2) 각을 이루는 두 변에서 같은 거리에 있는 점은 그 각의 이등분선 위에 있다.

➡ $\overline{PQ}=\overline{PR}$이면 $\angle AOP=\angle BOP$

• 정답 및 해설 003쪽

각의 이등분선의 성질

01 다음 그림에서 x의 값을 구하시오.

(1)

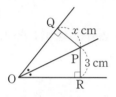

(2)

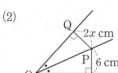

(3)

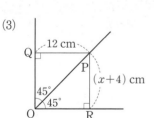

(4)

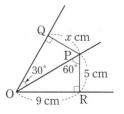

02 다음 그림에서 $\angle x$의 크기를 구하시오.

(1)

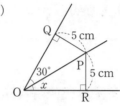

(2)

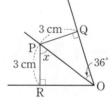

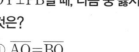

학교 시험 바로 맛보기

03 오른쪽 그림에서 $\overline{OX}\perp\overline{PA}$이고 $\overline{OY}\perp\overline{PB}$일 때, 다음 중 옳지 않은 것은?

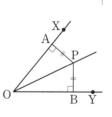

① $\overline{AO}=\overline{BO}$

② $\angle APO=\angle BPO$

③ $\triangle AOP\equiv\triangle BOP$

④ $\angle AOB=2\angle AOP$

⑤ $\overline{OP}=2\overline{AP}$

(1)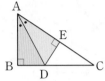

△ABD와 △AED에서

∠B=∠E=90°,

$\overline{AD}$는 공통(빗변),

∠BAD=∠EAD

∴ △ABD≡△AED (RHA 합동)

(2)

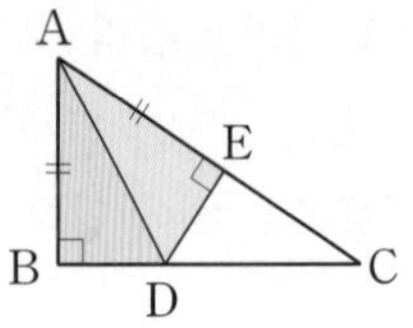

△ABD와 △AED에서

∠B=∠E=90°,

$\overline{AD}$는 공통(빗변),

$\overline{AB}=\overline{AE}$

∴ △ABD≡△AED (RHS 합동)

(3)

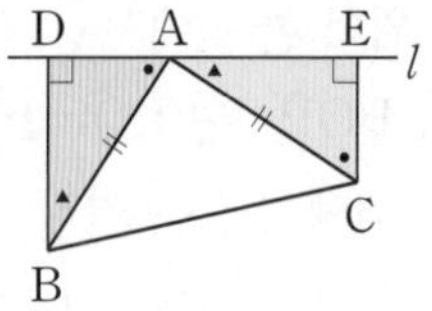

△ABD와 △CAE에서

∠D=∠E=90°,

$\overline{AB}=\overline{CA}$,

∠DBA=∠EAC

∴ △ABD≡△CAE (RHA 합동)

직각삼각형의 합동 조건의 응용 ① - 길이 구하기

01 다음 그림과 같은 직각삼각형 ABC에서 x의 값을 구하시오.

(1)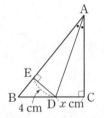

_____

(2)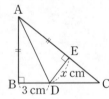

(단, $\overline{AB}=\overline{AE}$)

_____

(3)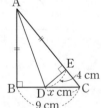

(단, $\overline{AB}=\overline{AE}$)

_____

02 다음 그림과 같이 $\overline{AB}=\overline{BC}$인 직각삼각형 ABC에서 x, y의 값을 각각 구하시오.

(1)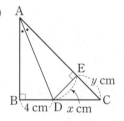

_____

풀이 ❶ △ABD≡△⬚ (⬚ 합동)이므로

$x=$⬚

❷ $\overline{AB}=\overline{BC}$이므로 ∠BCA=⬚°

△EDC에서 ∠EDC=⬚°

❸ △EDC는 ⬚ 삼각형이므로 $y=$⬚

(2)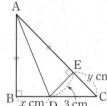

(단, $\overline{AB}=\overline{AE}$)

_____

03 다음 그림과 같은 직각삼각형 ABC에서 $\overline{AD}$는 ∠A의 이등분선일 때, 색칠한 부분의 넓이를 구하시오.

(1)

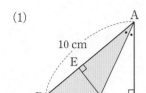

풀이 ❶ △ACD≡△☐ (☐ 합동)이므로

$\overline{DE}$=☐ cm

❷ △ABD=$\dfrac{1}{2}$×$\overline{AB}$×$\overline{DE}$

=$\dfrac{1}{2}$×☐×☐=☐(cm²)

(2)

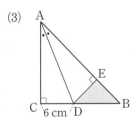

(3)

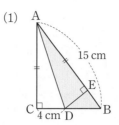

(단, $\overline{AC}=\overline{BC}$)

04 다음 그림과 같은 직각삼각형 ABC에서 $\overline{AC}=\overline{AE}$일 때, 색칠한 부분의 넓이를 구하시오.

(1)

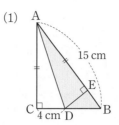

풀이 ❶ △ACD≡△☐ (☐ 합동)이므로

$\overline{DE}$=☐ cm

❷ △ABD=$\dfrac{1}{2}$×$\overline{AB}$×$\overline{DE}$

=$\dfrac{1}{2}$×☐×☐=☐(cm²)

(2)

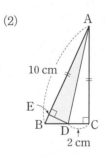

(3)

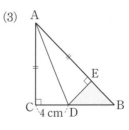

(단, $\overline{AC}=\overline{BC}$)

06 직각삼각형의 합동 조건의 응용(2)

· 정답 및 해설 003쪽

05 다음 그림에서 x의 값을 구하시오.

(1)
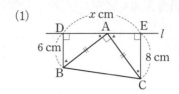

풀이 ❶ △ADB와 △CEA에서
∠ADB=∠CEA=90°, $\overline{AB}=\overline{CA}$,
∠ABD=90°−∠DAB=∠CAE이므로
△ADB≡△□ (□ 합동)
❷ $\overline{AD}$=□=□ cm
$\overline{AE}$=□=□ cm
따라서 $\overline{DE}=\overline{AD}+\overline{AE}$=□(cm)이므로
x=□

(2)
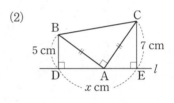

(3)
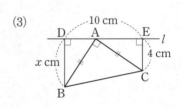

(4)
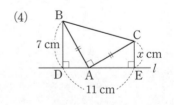

06 다음 그림에서 색칠한 부분의 넓이를 구하시오.

(1)
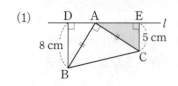

(2)
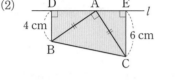

풀이 ❶ △ADB≡△□ (□ 합동)이므로
$\overline{DE}$=□+□=□(cm)
❷ (사다리꼴의 넓이)
$=\frac{1}{2}\times(4+□)\times□=□$(cm²)

(3)
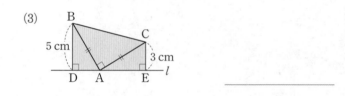

━━●●●● 학교 시험 바로 맛보기 ━━━segment>

07 오른쪽 그림과 같이 ∠C=90°인 직각삼각형 ABC에서 ∠A의 이등분선이 $\overline{BC}$와 만나는 점을 D라 하고, 점 D에서 $\overline{AB}$에 내린 수선의 발을 E라 하자. 다음 물음에 답하시오.

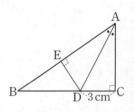

(1) $\overline{DE}$의 길이를 구하시오.

(2) △ABD의 넓이가 15 cm²일 때, $\overline{AB}$의 길이를 구하시오.

기본기 탄탄 문제 개념 01~06

1 오른쪽 그림과 같이 $\overline{AB}=\overline{AC}$인 이등변삼각형 ABC에서 ∠A의 이등분선과 $\overline{BC}$의 교점을 D라 할 때, 다음 중 옳지 않은 것은?

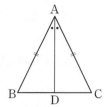

① ∠B=∠C
② $\overline{BD}=\overline{CD}$
③ ∠B=2∠CAD
④ ∠ADB=∠ADC
⑤ △ABD≡△ACD

2 오른쪽 그림과 같은 △ABC에서 ∠B=∠C, ∠BAD=25°이고 $\overline{BD}=\overline{CD}$일 때, ∠CAD의 크기는?

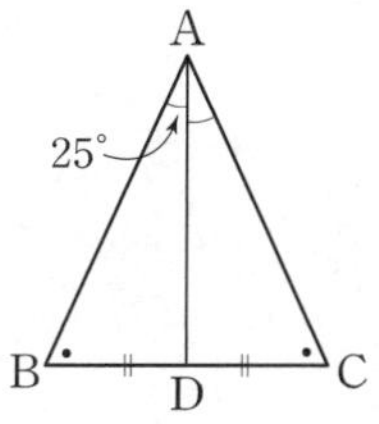

① 10°   ② 15°
③ 20°   ④ 25°
⑤ 30°

3 오른쪽 그림과 같은 △ABC에서 $\overline{BA}=\overline{BE}$, $\overline{CD}=\overline{CE}$이고 ∠B=52°, ∠C=38°일 때, ∠AED의 크기를 구하시오.

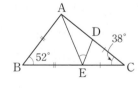

4 오른쪽 그림과 같이 $\overline{AC}=\overline{BC}=20\,cm$인 이등변삼각형 ABC에서 $\overline{CD}$가 ∠C의 이등분선이고 ∠B=60°일 때, $\overline{BD}$의 길이는?

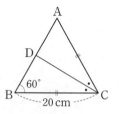

① 7 cm   ② 8 cm   ③ 9 cm
④ 10 cm   ⑤ 11 cm

5 오른쪽 그림에서 △ABC는 ∠A=90°이고, $\overline{AB}=\overline{AC}$인 이등변삼각형이다. ∠ABD=∠CBD일 때, ∠BDC의 크기는?

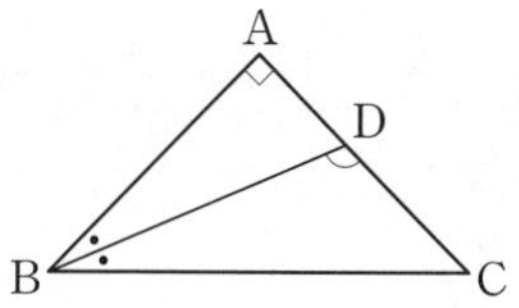

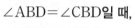

① 122.5°   ② 120°   ③ 117.5°
④ 115°   ⑤ 112.5°

6 오른쪽 그림과 같이 ∠ACB=90°인 직각삼각형 ABC에서 $\overline{AD}=\overline{CD}$이고 ∠B=30°, $\overline{AC}=6\,cm$일 때, $\overline{AB}$의 길이를 구하시오.

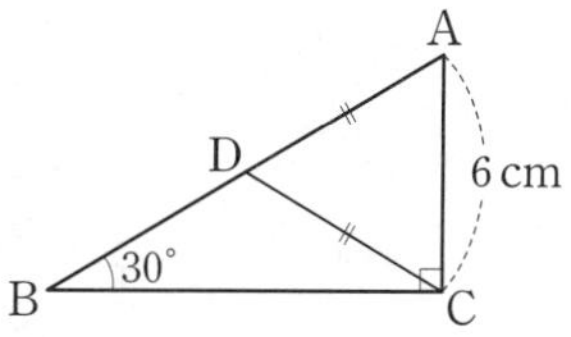

7 다음 |보기|에서 합동인 두 삼각형과 합동 조건을 바르게 짝 지은 것은?

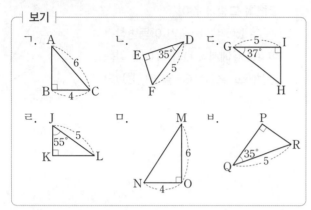

① ㄱ과 ㅁ, RHS 합동 ② ㄴ과 ㄷ, RHA 합동
③ ㄴ과 ㄷ, ASA 합동 ④ ㄴ과 ㄹ, RHA 합동
⑤ ㄷ과 ㅂ, RHA 합동

8 오른쪽 그림과 같이 $\overline{AB}=\overline{AC}$인 이등변삼각형 ABC에서 $\overline{BC}$의 중점을 M이라 하고 점 M에서 $\overline{AB}$, $\overline{AC}$에 내린 수선의 발을 각각 D, E라 할 때, 다음 중 옳지 <u>않은</u> 것은?

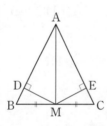

① $\angle B=\angle C$ ② $\overline{MD}=\overline{ME}$
③ $\overline{BD}=\overline{CE}$ ④ $\triangle BMD\equiv\triangle CME$
⑤ $\angle BDM=\angle CAM$

9 오른쪽 그림과 같이 $\angle A=90°$이고 $\overline{AB}=\overline{AC}$인 이등변삼각형 ABC의 꼭짓점 A를 지나는 직선 l이

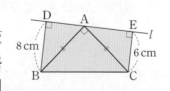

있다. 두 꼭짓점 B, C에서 직선 l에 내린 수선의 발을 각각 D, E라 할 때, 사각형 DBCE의 넓이를 구하시오.

10 오른쪽 그림과 같이 $\angle C=90°$인 직각삼각형 ABC에서 $\overline{BC}=\overline{BE}$이고 $\angle BED=90°$이다. $\overline{CD}=5\,\text{cm}$일 때, $\overline{DE}$의 길이를 구하시오.

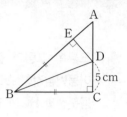

11 오른쪽 그림과 같이 $\angle B=90°$인 직각삼각형 ABC에서 $\overline{AC}=2\overline{AB}$이다. $\overline{AC}$의 중점인 M을 지나면서 $\overline{AC}$에 수직인 직선이 $\overline{BC}$와 만나는 점을 D라 할 때, $\angle ADB$의 크기는?

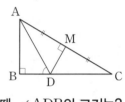

① $50°$ ② $55°$ ③ $60°$
④ $65°$ ⑤ $70°$

12 오른쪽 그림과 같은 $\triangle ABC$에서 $\overline{BC}$의 중점을 M이라 하고, 점 M에서 $\overline{AB}$, $\overline{AC}$에 내린 수선의 발을 각각 D, E라 하자. $\overline{MD}=\overline{ME}$이고 $\angle A=64°$일 때, $\angle BMD$의 크기를 구하시오.

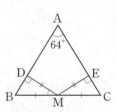

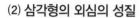 개념 **07 삼각형의 외심**

(1) 삼각형의 외심

삼각형의 세 변의 수직이등분선이 만나는 점을 삼각형의 **외심**이라 한다. 삼각형에서는 외심을 중심으로 세 꼭짓점을 지나는 원을 그릴 수 있다.

이때 이 원은 삼각형에 **외접**한다고 하며, 이 원을 삼각형의 **외접원**이라 한다.

(2) 삼각형의 외심의 성질

① 삼각형의 세 변의 수직이등분선은 한 점 O(외심)에서 만난다.

② 삼각형의 외심에서 세 꼭짓점에 이르는 거리는 같다.

➡ $\overline{OA}=\overline{OB}=\overline{OC}=$(외접원의 반지름의 길이)

참고 예각삼각형의 외심은 삼각형의 내부에, 둔각삼각형의 외심은 삼각형의 외부에 위치한다. 또 직각삼각형의 외심은 빗변의 중점에 위치한다.

· 정답 및 해설 005쪽

삼각형의 외심과 그 성질

01 오른쪽 그림에서 점 O가 △ABC 의 외심일 때, 다음 중 옳은 것에 는 ○표, 옳지 않은 것에는 ×표를 쓰시오.

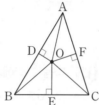

(1) $\overline{OA}=\overline{OB}$

_____

(2) $\overline{OE}=\overline{OF}$

_____

(3) $\overline{BE}=\overline{EC}$

_____

(4) $\overline{AD}=\overline{AF}$

_____

(5) $\triangle OAD \equiv \triangle OBD$

_____

02 다음 그림에서 점 O가 △ABC의 외심일 때, x의 값을 구하시오.

(1)
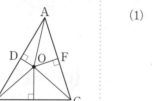

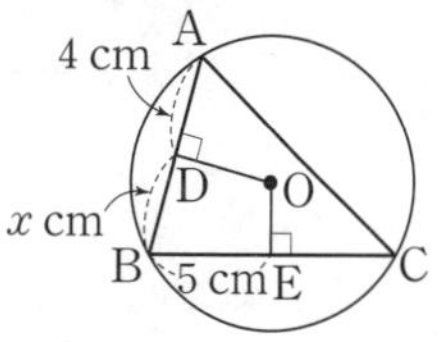

_____

(2)

_____

(3)
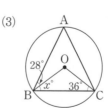

_____

(4)
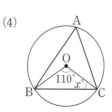

_____

직각삼각형의 외심

03 다음 그림과 같은 직각삼각형 ABC에서 점 O가 빗변의 중점일 때, x의 값을 구하시오.

(1)

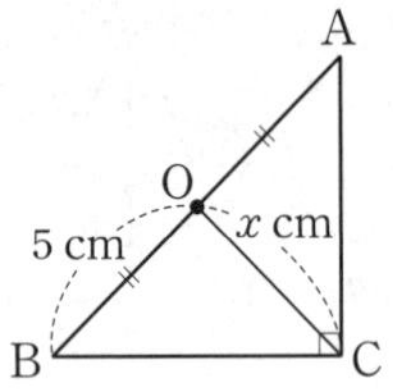

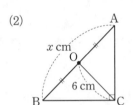

_____

(2)

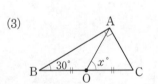

_____

(3)

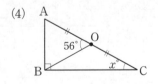

_____

(4)

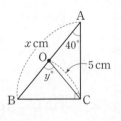

_____

04 다음 그림과 같은 직각삼각형 ABC에서 점 O가 빗변의 중점일 때, △ABC의 외접원의 반지름의 길이를 구하시오.

(1)

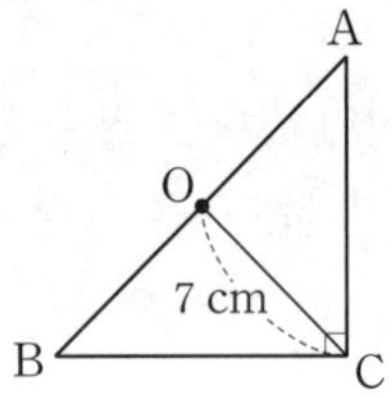

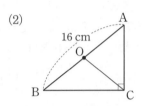

_____

(2)

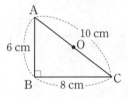

_____

05 다음 그림에서 점 O가 직각삼각형 ABC의 외심일 때, △ABC의 외접원의 넓이를 구하시오.

_____

학교 시험 바로 맛보기

06 오른쪽 그림에서 점 O는 ∠C=90°인 직각삼각형 ABC의 외심이다. $\overline{OC}$=5 cm, $\overline{AB}$=x cm이고 ∠A=40°, ∠BOC=y°일 때, $x+y$의 값을 구하시오.

08 삼각형의 외심의 응용

점 O가 △ABC의 외심일 때

(1)

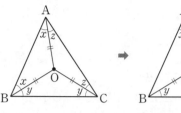

$$\angle x + \angle y + \angle z = 90°$$

(2)

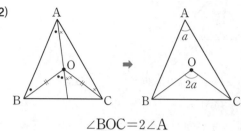

$$\angle BOC = 2\angle A$$

• 정답 및 해설 005쪽

삼각형의 외심의 응용

01 다음 그림에서 점 O가 △ABC의 외심일 때, $\angle x$의 크기를 구하시오.

(1)

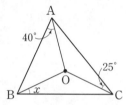

_____

풀이 $40° + \angle x + 25° = \boxed{}°$ ∴ $\angle x = \boxed{}°$

(2)

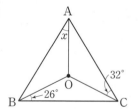

_____

(3)

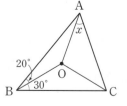

_____

02 다음 그림에서 점 O가 △ABC의 외심일 때, $\angle x$의 크기를 구하시오.

(1)

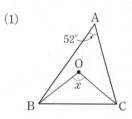

_____

풀이 $\angle x = 2 \times \boxed{}° = \boxed{}°$

(2)

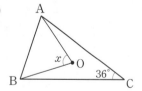

_____

(3)

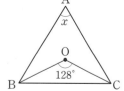

_____

03 다음 그림에서 점 O가 △ABC의 외심일 때, ∠x의 크기를 구하시오.

(1)
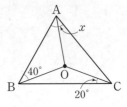

> 풀이
> ❶ ∠OAC+40°+20°=☐°이므로
>
> ∠OAC=☐°
>
> ❷ △OAB에서 $\overline{OA}=\overline{OB}$이므로
>
> ∠OAB=☐°
>
> ❸ ∠x=40°+☐°=☐°

(2)
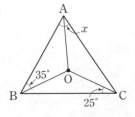

(3)
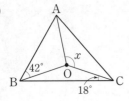

(4)
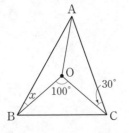

04 다음 그림에서 점 O가 △ABC의 외심일 때, ∠x, ∠y의 크기를 각각 구하시오.

(1)
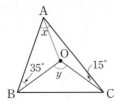

> 풀이
> ❶ $\overline{OA}$를 그으면
>
> ∠x=∠OAB+∠OAC=∠OBA+∠OCA
>
> =☐°+15°=☐°
>
> ❷ ∠y=2∠x=2×☐°=☐°

(2)
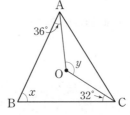

(3)
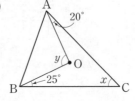

━◀◀◀◀ 학교 시험 **바로** 맛보기 ━━━

05 오른쪽 그림에서 점 O는 △ABC의 외심이다.
∠OCA=30°일 때, ∠x의 크기를 구하시오.

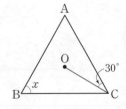

삼각형의 내심

(1) 원의 접선과 접점

① 원과 직선이 한 점에서 만날 때, 이 직선이 원에 **접한다**고 한다.
이때 이 직선을 원의 **접선**이라 하고, 원과 접선이 만나는 점을 **접점**이라 한다.

② 원의 접선은 접점을 지나는 반지름에 수직이다.

접선 접점

(2) 삼각형의 내심

삼각형의 세 내각의 이등분선이 만나는 점을 삼각형의 **내심**이라 한다. 삼각형에서는
내심을 중심으로 세 변에 접하는 원을 그릴 수 있다.

이때 이 원은 삼각형에 **내접**한다고 하며, 이 원을 삼각형의 **내접원**이라 한다.

내접원의 반지름

(3) 삼각형의 내심의 성질

① 삼각형의 세 내각의 이등분선은 한 점 I(내심)에서 만난다.

② 삼각형의 내심에서 세 변에 이르는 거리는 같다.

➡ $\overline{ID}=\overline{IE}=\overline{IF}=$(내접원의 반지름의 길이)

참고 • 모든 삼각형의 내심은 삼각형의 내부에 있다.
• 이등변삼각형의 외심, 내심은 모두 꼭지각의 이등분선 위에 있다.
• 정삼각형의 외심, 내심은 일치한다.

· 정답 및 해설 006쪽

삼각형의 내심과 그 성질

01 오른쪽 그림에서 점 I가 △ABC
의 내심일 때, 다음 중 옳은 것에
는 ○표, 옳지 않은 것에는 ×표
를 쓰시오.

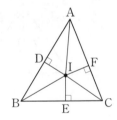

(1) $\overline{AD}=\overline{BD}$

_____

(2) $\overline{ID}=\overline{IE}$

_____

(3) $\overline{IA}=\overline{IC}$

_____

(4) $\angle IAF=\angle ICF$

_____

(5) $\angle IBD=\angle IBE$

_____

(6) $\triangle IBE\equiv\triangle ICE$

_____

(7) $\triangle ADI\equiv\triangle AFI$

_____

02 다음 그림에서 점 I가 △ABC의 내심일 때, x의 값을 구하시오.

(1)
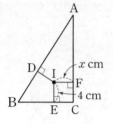

_____

(2)
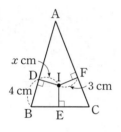

_____

(3)
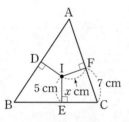

_____

(4)
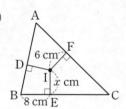

_____

(5)
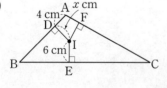

_____

03 다음 그림에서 점 I가 △ABC의 내심일 때, $\angle x$의 크기를 구하시오.

(1)
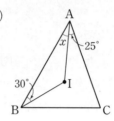

_____

(2)
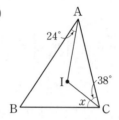

_____

(3)
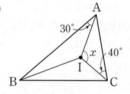

_____

(4)
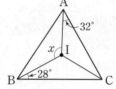

_____

●●●● 학교 시험 **바로** 맛보기

04 오른쪽 그림에서 점 I는
△ABC의 내심이다.
$\angle ABI=25°$, $\angle ACI=40°$
일 때, $\angle x$의 크기를 구하시오.

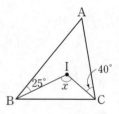

(1) 점 I가 △ABC의 내심일 때

①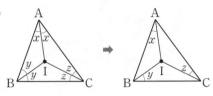

$$\angle x + \angle y + \angle z = 90°$$

②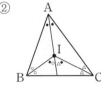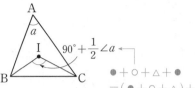

$$\angle BIC = 90° + \frac{1}{2}\angle A$$

$$\bullet + \circ + \triangle + \bullet$$
$$= (\bullet + \circ + \triangle) + \bullet$$
$$= 90° + \frac{1}{2}\angle a$$

(2) 점 I가 △ABC의 내심이고, $\overline{DE} /\!/ \overline{BC}$일 때

① △DBI는 $\overline{DI} = \overline{DB}$인 이등변삼각형, △EIC는 $\overline{EI} = \overline{EC}$인 이등변삼각형이다.

② (△ADE의 둘레의 길이) $= \overline{AD} + \overline{DE} + \overline{EA} = \overline{AD} + \overline{DI} + \overline{IE} + \overline{EA}$
　　　　　　　　　　　$= \overline{AD} + \overline{DB} + \overline{EC} + \overline{EA} = \overline{AB} + \overline{AC}$

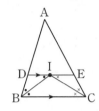

· 정답 및 해설 006쪽

● **삼각형의 내심의 응용 ①**

01 다음 그림에서 점 I가 △ABC의 내심일 때, $\angle x$의 크기를 구하시오.

(1)

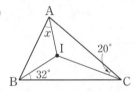

_____

(풀이) $\angle x + 32° + 20° = \boxed{}°$ 　　 $\therefore \angle x = \boxed{}°$

(2)

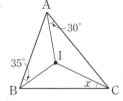

_____

(3)

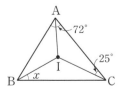

_____

02 다음 그림에서 점 I가 △ABC의 내심일 때, $\angle x$의 크기를 구하시오.

(1)

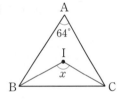

_____

(풀이) $\angle x = 90° + \frac{1}{2} \times \boxed{}° = \boxed{}°$

(2)

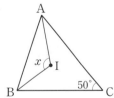

_____

(3)

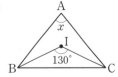

_____

03 다음 그림에서 점 I가 △ABC의 내심일 때, ∠x의 크기를 구하시오.

(1)
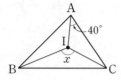

> **풀이** ∠IAB=∠IAC=□°이므로 ∠A=□°
>
> ∴ ∠x=90°+$\frac{1}{2}$×□°=□°

(2)
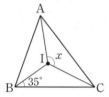

(3)
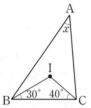

> **풀이** ∠BIC=180°-(30°+40°)=□°이므로
>
> 90°+$\frac{1}{2}$∠x=□°   ∴ ∠x=□°

(4)

04 다음 그림에서 점 I가 △ABC의 내심일 때, ∠x, ∠y의 크기를 각각 구하시오.

(1)
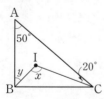

> **풀이** ❶ ∠x=90°+$\frac{1}{2}$×50°=□°
>
> ❷ ∠ICB=□°이므로
>
> ∠y=∠IBC
>
> =180°-(□°+□°)=□°

(2)
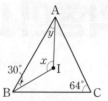

(3)
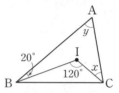

🔵 **삼각형의 내심의 응용② - 평행선이 주어지는 경우**

05 다음 그림에서 점 I가 △ABC의 내심이고 $\overline{DE}$∥$\overline{BC}$일 때, x의 값을 구하시오.

(1)
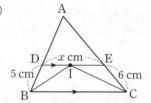

> **풀이** $\overline{DI}=\overline{DB}$=□ cm, $\overline{EI}=\overline{EC}$=□ cm
>
> 따라서 $\overline{DE}=\overline{DI}+\overline{EI}$=□+□=□ (cm)
>
> 이므로 x=□

(2)
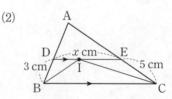

(3)
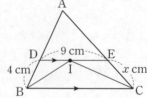

06 다음 그림에서 점 I가 △ABC의 내심이고 $\overline{DE}$∥$\overline{BC}$
일 때, △ADE의 둘레의 길이를 구하시오.

(1)

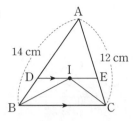

14 cm   12 cm

_____

(2)

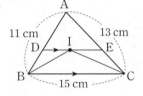

11 cm   13 cm

15 cm

_____

외심과 내심이 동시에 주어지는 경우 교과서 UP

07 다음 그림과 같은 △ABC에서 점 O는 외심이고 점 I는
내심일 때, $\angle x$, $\angle y$의 크기를 각각 구하시오.

(1)

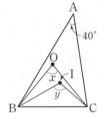

40°

_____

(풀이) $\angle x = 2 \times \boxed{}° = \boxed{}°$

$\angle y = 90° + \dfrac{1}{2} \times \boxed{}° = \boxed{}°$

(2)

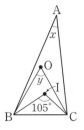

105°

_____

08 다음 그림과 같이 $\overline{AB} = \overline{AC}$인 이등변삼각형 ABC에
서 점 O는 외심이고 점 I는 내심일 때, $\angle x$의 크기를
구하시오.

(1)

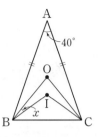

40°

_____

(풀이) ❶ $\angle ABC = \dfrac{1}{2} \times (180° - 40°) = \boxed{}°$

$\angle IBC = \dfrac{1}{2}\angle ABC = \dfrac{1}{2} \times \boxed{}° = \boxed{}°$

❷ $\angle BOC = 2\angle A = 2 \times \boxed{}° = \boxed{}°$

$\angle OBC = \dfrac{1}{2} \times (180° - \boxed{}°) = \boxed{}°$

❸ $\angle x = \angle OBC - \angle IBC$

$= \boxed{}° - \boxed{}° = \boxed{}°$

(2)

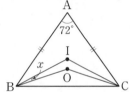

72°

_____

(3)

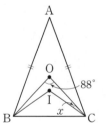

88°

_____

학교 시험 **바로** 맛보기

09 오른쪽 그림에서 점 I는
△ABC의 내심이다.
$\angle IBC = 25°$, $\angle ICA = 35°$
일 때, $\angle x - \angle y$의 값을 구하
시오.

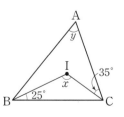

25°   35°

(1) 점 I가 △ABC의 내심이고, △ABC의 내접원과 $\overline{AB}$, $\overline{BC}$, $\overline{CA}$의 접점을 각각 D, E, F라 하면

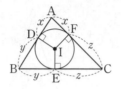

➡ $\overline{AD}=\overline{AF}$, $\overline{BD}=\overline{BE}$, $\overline{CE}=\overline{CF}$

(2) 점 I가 △ABC의 내심이고, △ABC의 내접원의 반지름의 길이를 r이라 하면

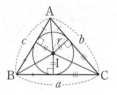

➡ $\triangle ABC = \dfrac{1}{2}r(a+b+c)$

　　　　　└→ △ABC의 둘레의 길이

삼각형의 내접원과 선분의 길이

01 다음 그림에서 점 I는 △ABC의 내심이고, 세 점 D, E, F는 각각 내접원과 $\overline{AB}$, $\overline{BC}$, $\overline{CA}$의 접점일 때, x의 값을 구하시오.

(1)

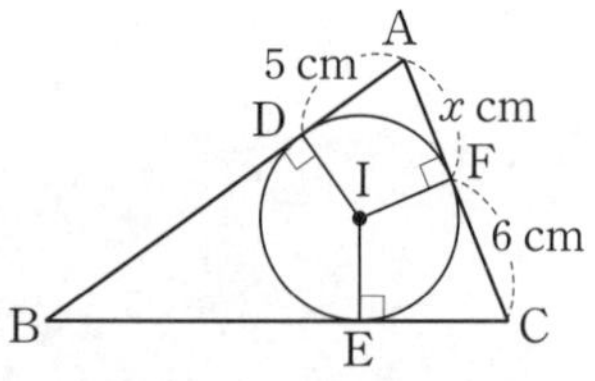

(2)

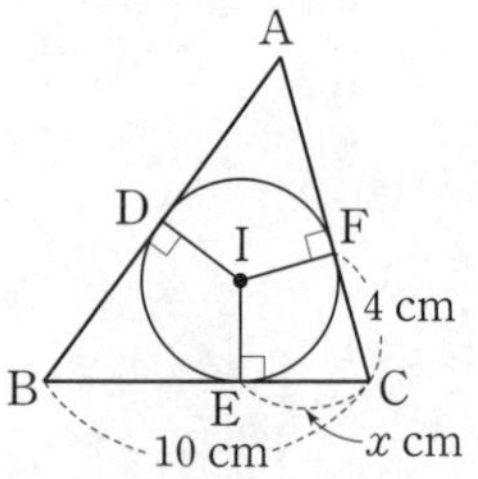

(3)

(4)

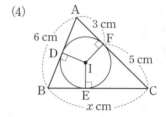

(5)

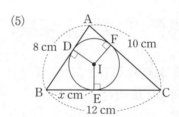

풀이 ❶ $\overline{BD}=\overline{BE}=$ □ cm

❷ $\overline{AF}=\overline{AD}=($ □ $)$ cm

❸ $\overline{CF}=\overline{CE}=($ □ $)$ cm

❹ $\overline{CA}=\overline{AF}+\overline{CF}$

$=($ □ $)+($ □ $)$

$=($ □ $)$ cm

이므로 □ $=10$ ∴ $x=$ □

(6)

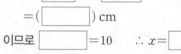

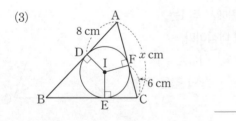

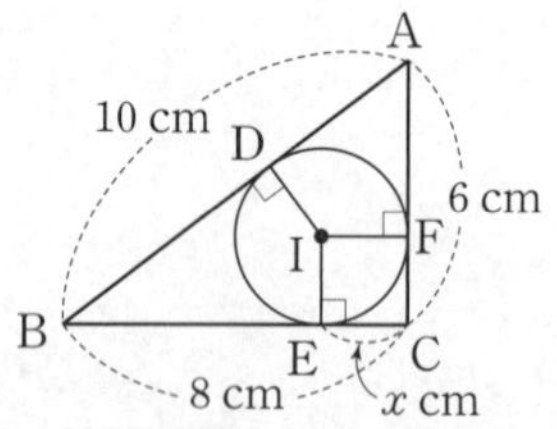

삼각형의 내접원과 반지름의 길이

02 아래 그림에서 점 I가 △ABC의 내심일 때, 다음을 구하시오.

(1)

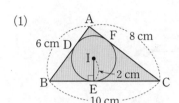

△ABC의 넓이: _____

풀이 $\dfrac{1}{2} \times \boxed{} \times (6+10+\boxed{}) = \boxed{}$ (cm²)

(2)

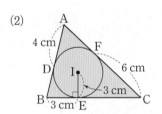

△ABC의 넓이: _____

(3)

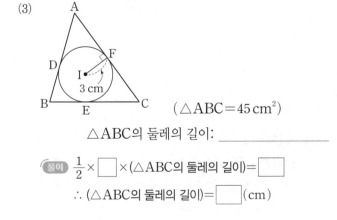

(△ABC = 45 cm²)

△ABC의 둘레의 길이: _____

풀이 $\dfrac{1}{2} \times \boxed{} \times$ (△ABC의 둘레의 길이) $= \boxed{}$

∴ (△ABC의 둘레의 길이) $= \boxed{}$ (cm)

(4)

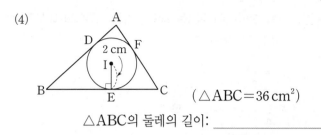

(△ABC = 36 cm²)

△ABC의 둘레의 길이: _____

(5)

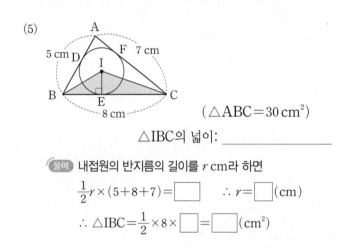

(△ABC = 30 cm²)

△IBC의 넓이: _____

풀이 내접원의 반지름의 길이를 r cm라 하면

$\dfrac{1}{2} r \times (5+8+7) = \boxed{}$ ∴ $r = \boxed{}$ (cm)

∴ $\triangle IBC = \dfrac{1}{2} \times 8 \times \boxed{} = \boxed{}$ (cm²)

(6)

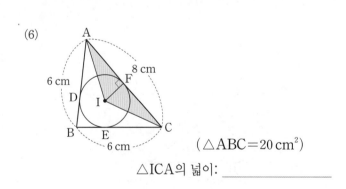

(△ABC = 20 cm²)

△ICA의 넓이: _____

03 다음 그림에서 점 I는 직각삼각형 ABC의 내심일 때, r의 값을 구하시오.

(1)

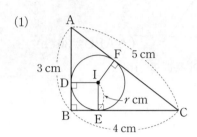

풀이 ❶ $\triangle ABC = \dfrac{1}{2} \times \square \times \square = \square (cm^2)$

❷ $\triangle ABC = \dfrac{1}{2}r \times (\overline{AB} + \overline{BC} + \overline{CA})$이므로

$\square = \dfrac{1}{2}r \times (\square + \square + \square)$

$\square r = \square$　　$\therefore r = \square$

(2)

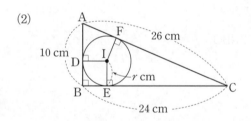

(3)

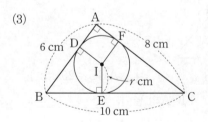

04 다음 그림과 같은 직각삼각형 ABC에서 점 I가 내심일 때, 색칠한 부분의 넓이를 구하시오.

(1)

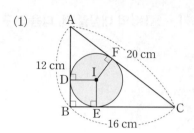

(2)

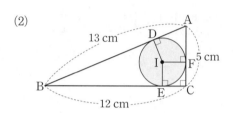

(3)

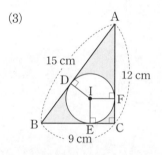

05 오른쪽 그림에서 점 I는 직각삼각형 ABC의 내심이다. $\overline{AB} = 20\,cm$, $\overline{BC} = 16\,cm$, $\overline{CA} = 12\,cm$일 때, 다음을 구하시오.

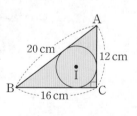

(1) $\triangle ABC$의 넓이

(2) $\triangle ABC$의 내접원의 반지름의 길이

1 다음 |보기| 중 삼각형의 내부의 점이 내심을 나타내는 것만을 나타낸 것은?

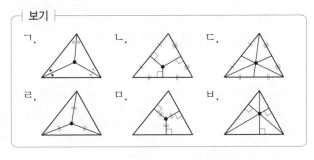

| 보기 |

① ㄱ, ㄴ   ② ㄱ, ㄹ   ③ ㄱ, ㅁ

④ ㄴ, ㄹ   ⑤ ㄴ, ㅂ

2 오른쪽 그림에서 점 O가 △ABC의 외심일 때, 다음 중 옳지 <u>않은</u> 것은?

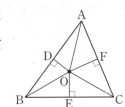

① $\overline{OA}=\overline{OB}=\overline{OC}$

② $\overline{OD}=\overline{OE}=\overline{OF}$

③ $\angle OAC=\angle OCA$

④ $\angle AOD=\angle BOD$

⑤ $\overline{BE}=\overline{CE}$

3 오른쪽 그림에서 점 O는 △ABC의 외심이고 $\angle AOB=80°$, $\angle BOC=40°$일 때, $\angle ABC$의 크기를 구하시오.

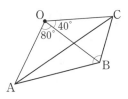

4 오른쪽 그림에서 점 O는 △ABC의 외심이다. $\angle ABO=30°$, $\angle BOC=142°$일 때, $\angle x$의 크기를 구하시오.

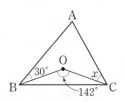

5 오른쪽 그림에서 점 I는 △ABC의 내심이다. $\angle IBC=26°$, $\angle ICB=36°$일 때, $\angle x$의 크기를 구하시오.

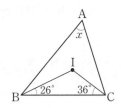

6 오른쪽 그림에서 점 I는 $\overline{AB}=\overline{AC}$인 이등변삼각형 ABC의 내심이다. $\angle IAC=34°$일 때, 다음을 구하시오.

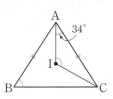

(1) $\angle B$의 크기

(2) $\angle AIC$의 크기

7 오른쪽 그림에서 점 I는
△ABC의 내심이다.
∠ABI=30°, ∠ICB=28°일
때, ∠y−∠x의 값은?

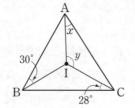

① 84°   ② 85°

③ 86°   ④ 87°

⑤ 88°

8 다음 그림에서 점 I는 △ABC의 내심이다.
∠AIC=112°일 때, ∠x의 크기를 구하시오.

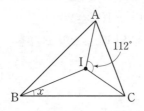

9 다음 그림에서 점 I는 ∠B=90°인 직각삼각형 ABC의
내심이다. $\overline{AB}$=16 cm, $\overline{BC}$=30 cm, $\overline{CA}$=34 cm일
때, △ICA의 넓이는?

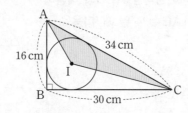

① 100 cm²   ② 101 cm²   ③ 102 cm²

④ 103 cm²   ⑤ 104 cm²

10 오른쪽 그림에서 점 I는
△ABC의 내심이고, 세 점 D,
E, F는 각각 내접원과 $\overline{AB}$,
$\overline{BC}$, $\overline{CA}$의 접점이다.
$\overline{AB}$=8 cm, $\overline{BC}$=10 cm,
$\overline{CA}$=12 cm일 때, $\overline{AF}$의 길
이는?

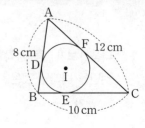

① 4 cm   ② 5 cm   ③ 6 cm

④ 7 cm   ⑤ 8 cm

11 오른쪽 그림에서 점 I는 $\overline{AB}$=$\overline{AC}$인
이등변삼각형 ABC의 내심이다.
$\overline{DE}$∥$\overline{BC}$이고 △ADE의 둘레의 길
이가 40 cm일 때, $\overline{AB}$의 길이를 구하
시오.

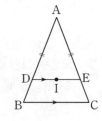

12 오른쪽 그림에서 두 점 O, I는 각각
△ABC의 외심과 내심이다.
∠BOC=96°일 때, ∠BIC의 크기
는?

① 112.5°   ② 113°

③ 113.5°   ④ 114°

⑤ 114.5°

2. 사각형의 성질

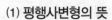

평행사변형의 뜻과 성질

(1) 평행사변형의 뜻

두 쌍의 대변이 각각 평행한 사각형

➡ □ABCD에서 $\overline{AB} /\!/ \overline{DC}$, $\overline{AD} /\!/ \overline{BC}$

참고 • 사각형 ABCD를 기호로 □ABCD와 같이 나타낸다.

• 사각형에서 마주 보는 변은 대변, 마주 보는 각은 대각이라 한다.

(2) 평행사변형의 성질

① 두 쌍의 대변의 길이가 각각 같다.

➡ $\overline{AB} = \overline{DC}$, $\overline{AD} = \overline{BC}$

② 두 쌍의 대각의 크기가 각각 같다.

➡ $\angle A = \angle C$, $\angle B = \angle D$

③ 두 대각선은 서로 다른 것을 이등분한다.

➡ $\overline{AO} = \overline{CO}$, $\overline{BO} = \overline{DO}$ ↳ 평행사변형의 두 대각선은 각각의 중점에서 만난다.

참고 평행사변형에서 이웃하는 두 내각의 크기의 합은 180°이다.

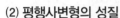

01 다음 그림과 같은 평행사변형 ABCD에서 $\angle x$, $\angle y$의 크기를 각각 구하시오.

(1)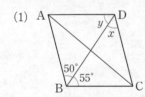

$\angle x = \boxed{}°$, $\angle y = \boxed{}°$

풀이 $\overline{AB} /\!/ \overline{DC}$이므로 $\angle x = \boxed{}°$ (엇각)

$\overline{AD} /\!/ \overline{BC}$이므로 $\angle y = \boxed{}°$ (엇각)

(2)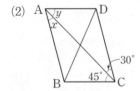

_____

(3)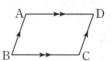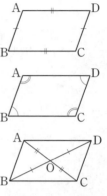

_____

02 다음 그림과 같은 평행사변형 ABCD에서 $\angle x$의 크기를 구하시오. (단, 점 O는 두 대각선의 교점이다.)

(1)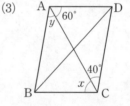

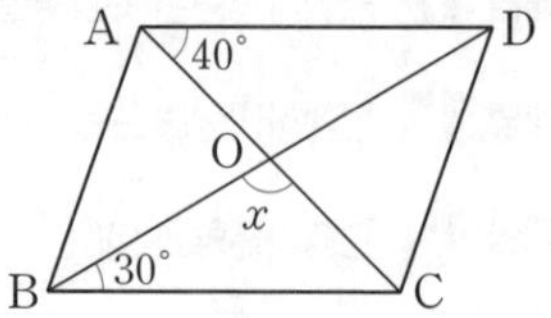

_____

풀이 $\angle ACB = \angle CAD = \boxed{}°$ (엇각)

$\triangle OBC$에서 $\angle x + 30° + \boxed{}° = 180°$

∴ $\angle x = \boxed{}°$

(2)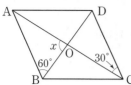

(3)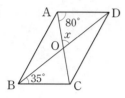

평행사변형의 성질 ① - 대변

03 다음 그림과 같은 평행사변형 ABCD에 대하여 x, y의 값을 각각 구하시오.

(1)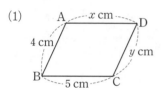

(2)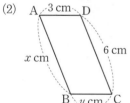

(3)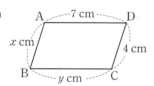

(4)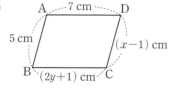

(5)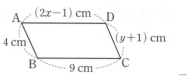

(6)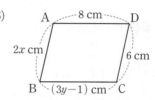

평행사변형의 성질 ② - 대각

04 다음 그림과 같은 평행사변형 ABCD에 대하여 $\angle x$, $\angle y$의 크기를 각각 구하시오.

(1)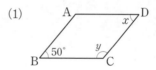

(2)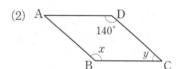

(3)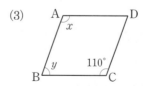

(4)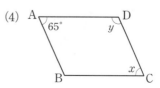

05 다음 그림과 같은 평행사변형 ABCD에 대하여 $\angle x$, $\angle y$의 크기를 각각 구하시오.

(1)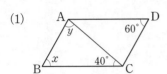

_____

풀이 평행사변형에서 대각의 크기는 같으므로

$\angle x = \boxed{}°$

△ABC에서 $\angle y + \boxed{}° + 40° = 180°$

$\therefore \angle y = \boxed{}°$

(2)

_____

(3)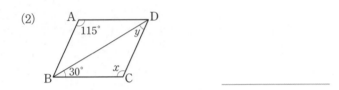

_____

(4)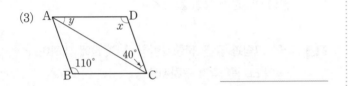

_____

평행사변형의 성질 ③ - 대각선

06 다음 그림과 같은 평행사변형 ABCD에 대하여 x, y의 값을 각각 구하시오. (단, 점 O는 두 대각선의 교점이다.)

(1)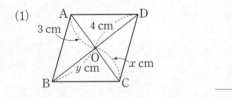

_____

(2)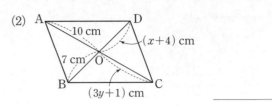

_____

(3)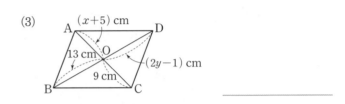

_____

(4)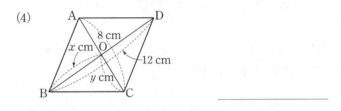

_____

(5)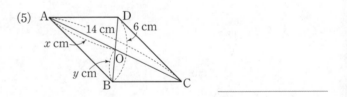

_____

(6)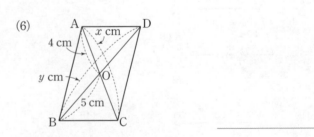

_____

07 다음 그림과 같은 평행사변형 ABCD에서 색칠한 부분의 둘레의 길이를 구하시오.

(단, 점 O는 두 대각선의 교점이다.)

(1)
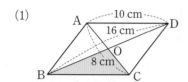

_____

(2)
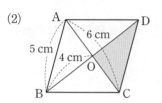

_____

08 오른쪽 그림과 같은 평행사변형 ABCD에서 다음 중 옳은 것에는 ○표, 옳지 않은 것에는 ×표를 쓰시오. (단, 점 O는 두 대각선의 교점이다.)

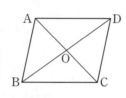

(1) $\overline{AB}=\overline{DC}$ _____

(2) $\angle BAD=\angle DCB$ _____

(3) $\overline{OC}=\overline{OD}$ _____

(4) $\overline{BC}=\overline{BD}$ _____

(5) $\overline{AC}=2\overline{AO}$ _____

(6) $\angle BAD+\angle BCD=180°$ _____

(7) $\angle BCD+\angle CDA=180°$ _____

평행사변형의 성질의 응용 <small>교과서UP</small>

09 아래 그림과 같은 평행사변형 ABCD에서 $\angle A : \angle B$가 다음과 같을 때, $\angle x$의 크기를 구하시오.

(1) $\angle A : \angle B=1 : 2$

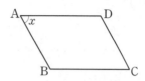

_____

<small>풀이</small> ❶ $\angle B=\boxed{}\angle A=\boxed{}\angle x$

❷ $\angle A+\angle B=\boxed{}°$ 이므로

$\angle x+\boxed{}\angle x=\boxed{}°$ $\therefore \angle x=\boxed{}°$

(2) $\angle A : \angle B=3 : 1$

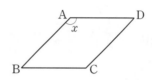

_____

10 다음 그림과 같은 평행사변형 ABCD에서 x의 값을 구하시오.

(1)
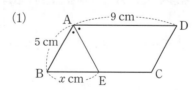

_____

<small>풀이</small> $\angle BEA=\angle \boxed{}$ (엇각)이므로

$\triangle BEA$는 $\boxed{}$삼각형이다.

따라서 $\overline{BE}=\overline{AB}=\boxed{}$ cm이므로 $x=\boxed{}$

(2)
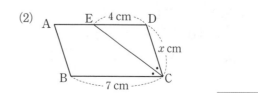

_____

· 정답 및 해설 009쪽

11 다음 그림과 같은 평행사변형 ABCD에서 x의 값을 구하시오.

(단, 점 F는 $\overline{AB}$ 또는 $\overline{CD}$의 연장선 위의 점이다.)

(1)

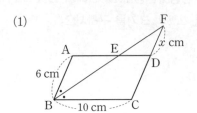

풀이 ❶ ∠CFB=∠☐ (엇각)이므로

△CFB는 ☐ 삼각형이다.

∴ $\overline{CF}$=☐=☐ cm

❷ $\overline{CD}=\overline{AB}$=☐ cm이므로

$\overline{DF}=\overline{CF}-\overline{CD}$=☐-☐=☐ (cm)

∴ x=☐

(2)

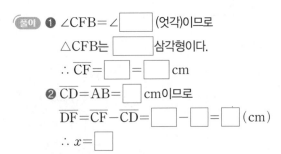

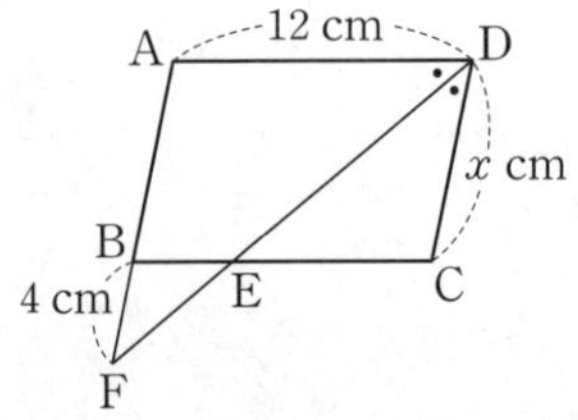

12 다음 그림과 같은 평행사변형 ABCD에서 x, y의 값을 각각 구하시오.

(단, 점 F는 $\overline{AB}$ 또는 $\overline{CD}$의 연장선 위의 점이다.)

(1)

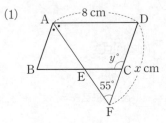

풀이 ❶ ∠EAB=∠CFE=☐° (엇각)

❷ △AFD는 이등변삼각형이므로

☐=$\overline{AD}$=☐ cm ∴ x=☐

❸ ∠BCD=∠BAD=2∠EAB=☐°

∴ y=☐

(2)

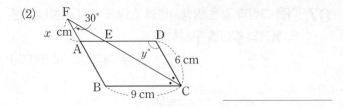

13 다음 그림과 같은 평행사변형 ABCD에서 x의 값을 구하시오.

(단, 점 F는 $\overline{BC}$ 또는 $\overline{CD}$의 연장선 위의 점이다.)

(1)

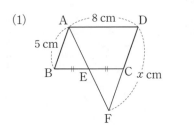

풀이 ❶ △ABE와 △FCE에서

$\overline{BE}$=☐, ∠ABE=∠FCE (엇각),

∠AEB=∠☐ (맞꼭지각)

∴ △ABE≡△FCE (☐ 합동)

즉, $\overline{FC}=\overline{AB}$=☐ cm

❷ $\overline{DC}=\overline{AB}$=☐ cm이므로

$\overline{DF}=\overline{DC}+\overline{CF}$=☐ (cm) ∴ x=☐

(2)

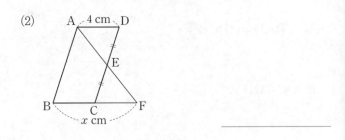

학교 시험 바로 맛보기

14 오른쪽 그림과 같은 평행사변형 ABCD에서 두 대각선의 교점을 O라 할 때, $x+y$의 값을 구하시오.

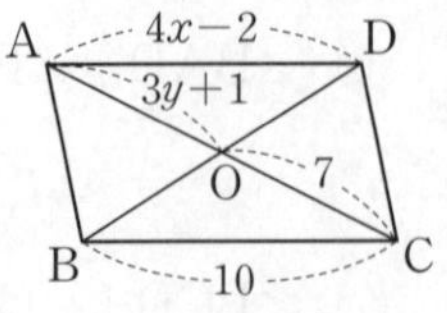

개념 13 평행사변형이 되는 조건

다음 중 어느 한 조건을 만족시키는 사각형은 평행사변형이다.

① 두 쌍의 대변이 각각 평행하다. ➡ $\overline{AB} /\!/ \overline{DC}$, $\overline{AD} /\!/ \overline{BC}$ ← 평행사변형의 뜻

② 두 쌍의 대변의 길이가 각각 같다. ➡ $\overline{AB} = \overline{DC}$, $\overline{AD} = \overline{BC}$

③ 두 쌍의 대각의 크기가 각각 같다. ➡ $\angle A = \angle C$, $\angle B = \angle D$

④ 두 대각선이 서로 다른 것을 이등분한다. ➡ $\overline{AO} = \overline{CO}$, $\overline{BO} = \overline{DO}$

⑤ 한 쌍의 대변이 평행하고 그 길이가 같다.
➡ $\overline{AD} /\!/ \overline{BC}$, $\overline{AD} = \overline{BC}$ (또는 $\overline{AB} /\!/ \overline{DC}$, $\overline{AB} = \overline{DC}$)

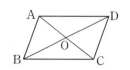

• 정답 및 해설 010쪽

평행사변형이 되는 조건

01 다음 그림과 같은 □ABCD가 평행사변형이 되는 조건을 말하시오. (단, 점 O는 두 대각선의 교점이다.)

(1)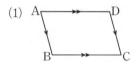

_____

(2)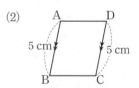

_____

(3)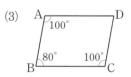

_____

(4)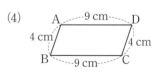

_____

(5)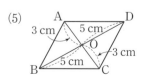

_____

02 다음 중 □ABCD가 평행사변형이 되는 조건인 것에는 ○표, 조건이 아닌 것에는 ×표를 쓰시오. (단, 점 O는 두 대각선의 교점이다.)

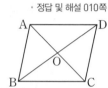

(1) $\overline{AB} = \overline{DC}$, $\overline{AD} = \overline{BC}$

_____

(2) $\overline{AB} = \overline{DC}$, $\angle ABD = \angle CDB$

_____

(3) $\overline{AB} /\!/ \overline{DC}$, $\overline{AD} /\!/ \overline{BC}$

_____

(4) $\overline{AD} /\!/ \overline{BC}$, $\overline{AB} = \overline{DC}$

_____

(5) $\overline{OA} = \overline{OB}$, $\overline{OC} = \overline{OD}$

_____

(6) $\angle BAC = \angle DCA$, $\angle ADB = \angle DBC$

_____

03 다음 그림과 같은 □ABCD가 평행사변형이 되도록 하는 x, y의 값을 각각 구하시오.

（단, 점 O는 두 대각선의 교점이다.）

(1)

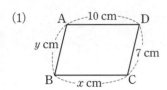

————————————

(2)

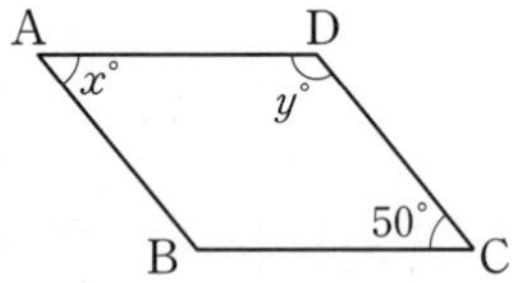

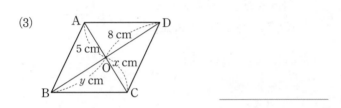

————————————

(3)

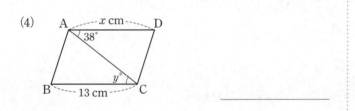

————————————

(4)

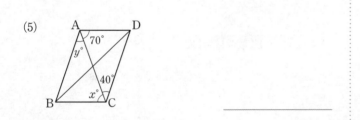

————————————

(5)

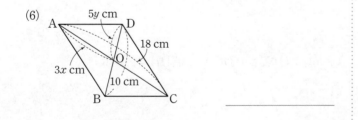

————————————

(6)

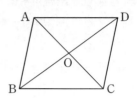

————————————

04 다음 중 □ABCD가 평행사변형인 것에는 ○표, 평행사변형이 아닌 것에는 ×표를 （　）안에 쓰고, 평행사변형인 것에는 그 이유를 말하시오.

（단, 점 O는 두 대각선의 교점이다.）

(1) $\overline{AB}=\overline{BC}=4\,\mathrm{cm}$, $\overline{AD}=\overline{DC}=3\,\mathrm{cm}$

（　　） ————————————

(2) $\overline{AB}\,/\!/\,\overline{DC}$, $\overline{AB}=\overline{DC}=6\,\mathrm{cm}$

（　　） ————————————

(3) $\angle A=95°$, $\angle B=85°$, $\angle C=95°$

（　　） ————————————

(4) $\overline{AO}=\overline{CO}=8\,\mathrm{cm}$, $\overline{BO}=\overline{DO}=10\,\mathrm{cm}$

（　　） ————————————

(5) $\angle A=120°$, $\angle B=60°$

（　　） ————————————

(6) $\angle DAC=\angle ACB=40°$, $\angle ABD=\angle CDB=30°$

（　　） ————————————

평행사변형이 되는 조건의 응용 〔교과서UP〕

05 다음은 평행사변형 ABCD에서 색칠한 사각형이 평행사변형임을 증명하는 과정이다. □ 안에 알맞은 것을 쓰시오. (단, 점 O는 두 대각선의 교점이다.)

(1)
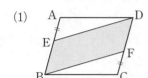

$\overline{AB}/\!/\overline{DC}$이므로 $\overline{EB}/\!/$ □ ······ ㉠
$\overline{EB}=\overline{AB}-\overline{AE}$
$\quad=\overline{DC}-$ □ $=$ □ ······ ㉡
따라서 ㉠, ㉡에서 한 쌍의 대변이 □ 하고 그 길이가 같으므로 □EBFD는 평행사변형이다.

(2)
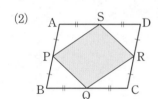

△APS와 △CRQ에서
∠A=∠C,
$\overline{AP}=\dfrac{1}{2}\overline{AB}=\dfrac{1}{2}\overline{CD}=\overline{CR}$,
$\overline{AS}=\dfrac{1}{2}\overline{AD}=\dfrac{1}{2}\overline{BC}=\overline{CQ}$
이므로 △APS≡△CRQ (□ 합동)
∴ $\overline{PS}=$ □ ······ ㉠
△BQP와 △DSR에서
∠B=∠D,
$\overline{BQ}=\dfrac{1}{2}\overline{BC}=\dfrac{1}{2}\overline{DA}=\overline{DS}$,
$\overline{PB}=\dfrac{1}{2}\overline{AB}=\dfrac{1}{2}\overline{DC}=\overline{DR}$
이므로 △BQP≡△ □ (□ 합동)
∴ $\overline{PQ}=$ □ ······ ㉡
따라서 ㉠, ㉡에서 두 쌍의 대변의 길이가 각각 같으므로 □PQRS는 □ 이다.

(3)
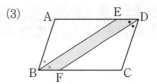

∠B=∠D이므로 $\dfrac{1}{2}$∠B$=\dfrac{1}{2}$∠D
즉, ∠EBF=∠ □ ······ ㉠
이때 ∠AEB=∠EBF (엇각),
∠DFC=∠EDF (엇각)이므로
∠AEB=∠ □
∴ ∠DEB=180°−∠AEB
$\quad\quad=180°-∠$ □
$\quad\quad=∠$ □ ······ ㉡
따라서 ㉠, ㉡에서 두 쌍의 □ 의 크기가 각각 같으므로 □EBFD는 □ 이다.

(4)
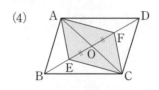

□ABCD가 □ 이므로
$\overline{OA}=$ □ ······ ㉠
$\overline{OE}=$ □ ······ ㉡
따라서 ㉠, ㉡에서 두 대각선이 서로 다른 것을 이등분하므로 □AECF는 □ 이다.

〔●●●● 학교 시험 **바로** 맛보기〕

06 다음 중 □ABCD가 평행사변형인 것은?
(단, 점 O는 두 대각선의 교점이다.)

① ∠A=120°, ∠B=60°, ∠C=60°
② $\overline{AB}/\!/\overline{DC}$, $\overline{AD}=\overline{BC}=4\,\text{cm}$
③ $\overline{AB}=\overline{BC}=5\,\text{cm}$, $\overline{AD}=\overline{DC}=7\,\text{cm}$
④ $\overline{OA}=\overline{OD}=6\,\text{cm}$, $\overline{OB}=\overline{OC}=4\,\text{cm}$
⑤ ∠DAC=∠BCA=50°, $\overline{AD}=\overline{BC}=6\,\text{cm}$

개념 14 평행사변형과 넓이

(1) 평행사변형의 넓이는 한 대각선에 의하여 이등분된다.

➡ $\triangle ABC = \triangle BCD = \triangle CDA = \triangle DAB = \frac{1}{2}\square ABCD$

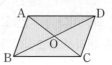

(2) 평행사변형의 넓이는 두 대각선에 의하여 사등분된다.

➡ $\triangle ABO = \triangle BCO = \triangle CDO = \triangle DAO = \frac{1}{4}\square ABCD$

(3) 평행사변형의 내부의 한 점 P에 대하여

$$\triangle PAB + \triangle PCD = \triangle PDA + \triangle PBC = \frac{1}{2}\square ABCD$$

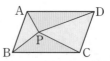

평행사변형과 넓이 ① - 대각선

01 아래 그림과 같은 평행사변형 ABCD에서 다음을 구하시오.

(1) $\triangle ABC = 5\,cm^2$일 때, $\square ABCD$의 넓이

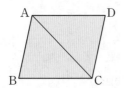

_____

(2) $\triangle ABD = 12\,cm^2$일 때, $\triangle BCD$의 넓이

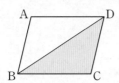

_____

(3) $\square ABCD = 20\,cm^2$일 때, $\triangle ABC$의 넓이

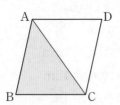

_____

02 아래 그림과 같은 평행사변형 ABCD에서 다음을 구하시오. (단, 점 O는 두 대각선의 교점이다.)

(1) $\square ABCD = 36\,cm^2$일 때, $\triangle OAB$의 넓이

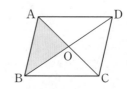

_____

(2) $\triangle OCD = 4\,cm^2$일 때, $\square ABCD$의 넓이

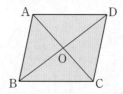

_____

(3) $\square ABCD = 28\,cm^2$일 때, $\triangle OAB$와 $\triangle OCD$의 넓이의 합

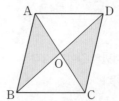

_____

평행사변형과 넓이② - 내부의 한 점

03 아래 그림과 같은 평행사변형 ABCD의 내부에 한 점 P가 있을 때, 다음을 구하시오.

(1) $\triangle$PAB$=10\,\text{cm}^2$, $\triangle$PDA$=8\,\text{cm}^2$, $\triangle$PCD$=12\,\text{cm}^2$일 때, $\triangle$PBC의 넓이

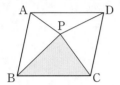

_____

(2) $\triangle$PAB$=15\,\text{cm}^2$, $\triangle$PBC$=11\,\text{cm}^2$, $\triangle$PDA$=14\,\text{cm}^2$일 때, $\triangle$PCD의 넓이

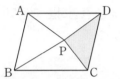

_____

(3) □ABCD$=60\,\text{cm}^2$일 때, $\triangle$PDA와 $\triangle$PBC의 넓이의 합

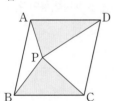

_____

(4) □ABCD$=18\,\text{cm}^2$, $\triangle$PCD$=3\,\text{cm}^2$일 때, $\triangle$PAB의 넓이

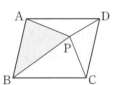

_____

(5) □ABCD$=64\,\text{cm}^2$, $\triangle$PBC$=13\,\text{cm}^2$일 때, $\triangle$PDA의 넓이

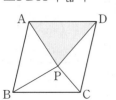

_____

04 아래 그림과 같은 평행사변형 ABCD에서 $\overline{\text{PQ}}$가 두 대각선의 교점 O를 지날 때, 색칠한 부분의 넓이의 합을 구하시오.

(1) □ABCD$=52\,\text{cm}^2$

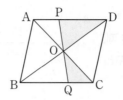

_____

(2) □ABCD$=84\,\text{cm}^2$

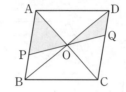

_____

(3) □ABCD$=116\,\text{cm}^2$

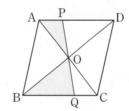

_____

학교 시험 바로 맛보기

05 오른쪽 그림과 같은 평행사변형 ABCD에서 두 대각선의 교점을 O라 하자. $\triangle$OCD$=13\,\text{cm}^2$일 때, □ABCD의 넓이를 구하시오.

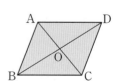

기본기 탄탄 문제 (개념 12 ~ 14)

1 오른쪽 그림과 같은 평행사변형 ABCD에서 두 대각선의 교점을 O라 하자. $\overline{AC}=28\,cm$, $\overline{BC}=16\,cm$, $\overline{BD}=20\,cm$일 때, △AOD의 둘레의 길이를 구하시오.

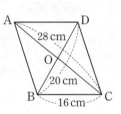

2 오른쪽 그림과 같은 평행사변형 ABCD에서 ∠D의 이등분선이 $\overline{BC}$와 만나는 점을 E라 하고, 꼭짓점 A에서 $\overline{DE}$에 내린 수선의 발을 F라 하자. ∠B=62°일 때, ∠BAF의 크기를 구하시오.

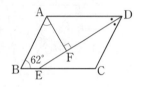

3 오른쪽 그림과 같은 평행사변형 ABCD에서 ∠ADB=40°, ∠ACB=60°일 때, ∠x+∠y의 값을 구하시오.
(단, 점 O는 두 대각선의 교점이다.)

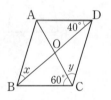

4 다음 중 □ABCD가 평행사변형인 것은?
(단, 점 O는 두 대각선의 교점이다.)

① $\overline{AB}=\overline{DC}$, $\overline{AC}=\overline{BD}$
② $\overline{AB}=\overline{DC}$, $\overline{AD}/\!\!/\overline{BC}$
③ $\overline{OA}=\overline{OC}$, $\overline{OB}=\overline{OD}$
④ $\overline{OA}=\overline{OD}$, $\overline{AD}/\!\!/\overline{BC}$
⑤ ∠OAB=∠OBA, ∠OCD=∠ODC

5 오른쪽 그림과 같은 □ABCD가 평행사변형이 되도록 하는 x, y에 대하여 xy의 값을 구하시오.

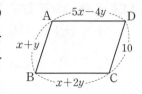

6 다음은 평행사변형 ABCD에서 두 대각선의 교점을 O라 하고 대각선 BD 위에 $\overline{BE}=\overline{DF}$가 되도록 두 점 E, F를 잡을 때, □AECF가 평행사변형임을 증명하는 과정이다. (개)~(라)에 알맞은 것을 구하시오.

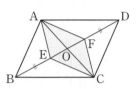

□ABCD가 평행사변형이므로
$\overline{OA}=$ [(개)] …… ㉠
또 $\overline{OB}=$ [(나)] 이고 $\overline{BE}=$ [(다)] 이므로
[(라)] $=\overline{OF}$ …… ㉡
따라서 ㉠, ㉡에서 □AECF는 평행사변형이다.

7 오른쪽 그림과 같은 평행사변형 ABCD에서 ∠A와 ∠C의 이등분선이 $\overline{BC}$, $\overline{AD}$와 만나는 점을 각각 E, F라 하자. $\overline{AB}=6\,cm$, $\overline{BC}=10\,cm$이고 □ABCD의 넓이가 50 cm²일 때, □AECF의 넓이를 구하시오.

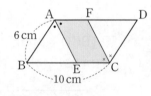

8 오른쪽 그림과 같은 평행사변형 ABCD의 넓이가 70 cm²일 때, 색칠한 부분의 넓이를 구하시오. (단, 점 O는 두 대각선의 교점이다.)

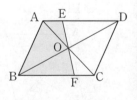

개념 15 직사각형의 뜻과 성질

(1) **직사각형**

네 내각의 크기가 모두 같은 사각형

➡ $\angle A = \angle B = \angle C = \angle D = 90°$

참고 직사각형은 두 쌍의 대각의 크기가 각각 같으므로 평행사변형이다.

(2) **직사각형의 성질**

직사각형의 두 대각선은 길이가 같고, 서로 다른 것을 이등분한다.

➡ $\overline{AC} = \overline{BD}$, $\overline{AO} = \overline{BO} = \overline{CO} = \overline{DO}$

(3) 평행사변형이 다음 중 어느 한 조건을 만족시키면 직사각형이 된다.

① 한 내각이 직각이다. ➡ $\angle A = 90°$

② 두 대각선의 길이가 같다. ➡ $\overline{AC} = \overline{BD}$

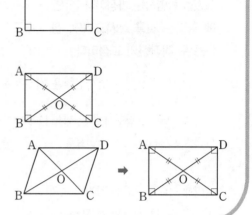

• 정답 및 해설 011쪽

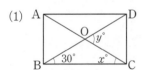

직사각형의 뜻과 성질

01 다음 그림과 같은 직사각형 ABCD에서 x, y의 값을 각각 구하시오. (단, 점 O는 두 대각선의 교점이다.)

(1)
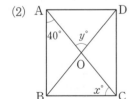
_____

(2)

_____

(3)
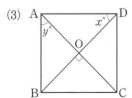
_____

02 다음 그림과 같은 직사각형 ABCD에서 x의 값을 구하시오. (단, 점 O는 두 대각선의 교점이다.)

(1)
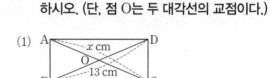
_____

(2)
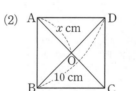
_____

(3)
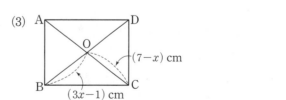
_____

(4)
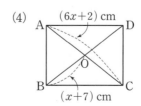
_____

평행사변형이 직사각형이 되는 조건

03 다음은 오른쪽 그림의 평행사변형 ABCD가 직사각형이 되는 조건을 증명하는 과정이다. □ 안에 알맞은 것을 쓰시오. (단, 점 O는 두 대각선의 교점이다.)

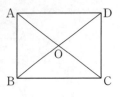

(1) 한 내각이 직각인 평행사변형은 직사각형이다.

> ∠A=90°인 평행사변형 ABCD에 대하여
> ∠A+∠B=□°이므로
> ∠B=□°
> 이때 ∠C와 ∠D는 각각 ∠A와 ∠B의 대각이므로
> ∠C=∠D=∠A=∠B=□°
> 따라서 □ABCD는 네 내각의 크기가 모두 같으므로
> □이다.

(2) 두 대각선의 길이가 같은 평행사변형은 직사각형이다.

> $\overline{AC}=\overline{BD}$인 평행사변형 ABCD에 대하여
> △ABC와 △DCB에서
> $\overline{AC}=\overline{DB}$, $\overline{AB}=$□, $\overline{BC}$는 공통이므로
> △ABC≡△DCB (□ 합동)
> ∴ ∠B=∠□   ······ ㉠
> □ABCD는 평행사변형이므로
> ∠A=∠C, ∠B=∠□   ······ ㉡
> 즉, ㉠, ㉡에서 ∠A=∠B=∠C=∠D
> 따라서 □ABCD는 네 내각의 크기가 모두 같으므로
> □이다.

04 다음 조건 중 오른쪽 그림의 평행사변형 ABCD가 직사각형이 되는 것에는 ○표, 되지 않는 것에는 ×표를 쓰시오. (단, 점 O는 두 대각선의 교점이다.)

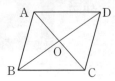

(1) $\overline{AB}=\overline{AD}$

(2) $\overline{AC}=\overline{BD}$

(3) ∠A=∠B

(4) $\overline{AO}=\overline{CO}$

(5) ∠A=∠C

(6) ∠A=90°

●━━━ 학교 시험 **바로** 맛보기 ━━━

05 오른쪽 그림과 같은 직사각형 ABCD에서 두 대각선의 교점을 O라 하자. ∠ABD=50°일 때, $x+y$의 값을 구하시오.

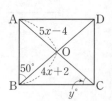

마름모의 뜻과 성질

(1) 마름모

네 변의 길이가 모두 같은 사각형

➡ $\overline{AB}=\overline{BC}=\overline{CD}=\overline{DA}$

참고 마름모는 두 쌍의 대변의 길이가 각각 같으므로 평행사변형이다.

(2) 마름모의 성질

마름모의 두 대각선은 서로 다른 것을 수직이등분한다.

➡ $\overline{AC}\perp\overline{BD}$, $\overline{AO}=\overline{CO}$, $\overline{BO}=\overline{DO}$

(3) 평행사변형이 다음 중 어느 한 조건을 만족시키면 마름모가 된다.

① 이웃하는 두 변의 길이가 같다. ➡ $\overline{AB}=\overline{AD}$

② 두 대각선이 서로 수직이다. ➡ $\overline{AC}\perp\overline{BD}$

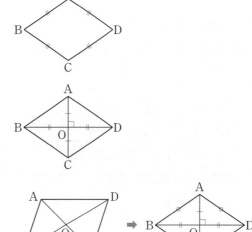

• 정답 및 해설 012쪽

마름모의 뜻과 성질

01 다음 그림과 같은 마름모 ABCD에서 x, y의 값을 각각 구하시오. (단, 점 O는 두 대각선의 교점이다.)

(1)

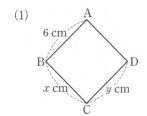

_____

(2)

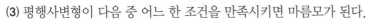

_____

(3)

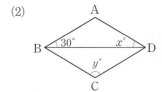

_____

(4)

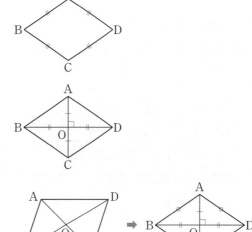

_____

(5)

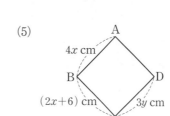

_____

(6)

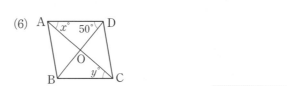

_____

(7)

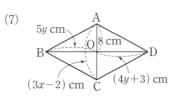

_____

평행사변형이 마름모가 되는 조건

02 다음은 평행사변형 ABCD가 마름모가 되는 조건을 증명하는 과정이다. □ 안에 알맞은 것을 쓰시오.

(1) 이웃하는 두 변의 길이가 같은 평행사변형은 마름모이다.

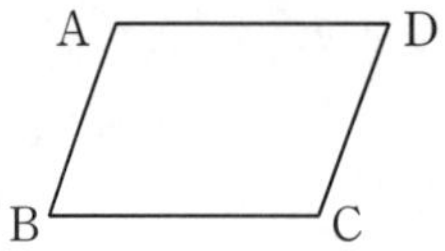

□ABCD는 평행사변형이므로
$\overline{AB}=$ □, $\overline{BC}=$ □
이때 $\overline{AB}=\overline{BC}$이므로 $\overline{AB}=\overline{BC}=$ □ $=$ □
따라서 □ABCD는 네 변의 길이가 모두 같으므로
□ 이다.

(2) 두 대각선이 서로 수직인 평행사변형은 마름모이다. (단, 점 O는 두 대각선의 교점이다.)

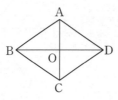

△ABO와 △ADO에서
$\overline{BO}=$ □, $\overline{AO}$는 공통,
$\angle AOB = \angle$ □ $=90°$이므로
$△ABO \equiv △ADO$ (□ 합동)
∴ $\overline{AB}=$ □ …… ㉠
□ABCD는 평행사변형이므로
$\overline{AB}=$ □, $\overline{BC}=$ □ …… ㉡
즉, ㉠, ㉡에서 $\overline{AB}=\overline{BC}=\overline{CD}=\overline{DA}$
따라서 □ABCD는 네 변의 길이가 모두 같으므로
□ 이다.

03 다음 조건 중 오른쪽 그림의 평행사변형 ABCD가 마름모가 되는 것에는 ○표, 되지 않는 것에는 ×표를 쓰시오. (단, 점 O는 두 대각선의 교점이다.)

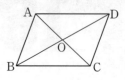

(1) $\angle A = \angle B$

_____

(2) $\overline{AB} = \overline{AD}$

_____

(3) $\angle AOB = 90°$

_____

(4) $\angle A = \angle C$

_____

(5) $\overline{AC} \perp \overline{BD}$

_____

(6) $\angle ABD = \angle ADB$

_____

학교 시험 바로 맛보기

04 오른쪽 그림과 같은 마름모 ABCD에서 두 대각선의 교점을 O라 하자. $\overline{AB}=12$cm, $\angle BDC=26°$일 때, $x+y$의 값을 구하시오.

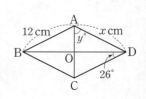

개념 17 정사각형의 뜻과 성질

(1) 정사각형

네 변의 길이가 모두 같고, 네 내각의 크기가 모두 같은 사각형

➡ $\overline{AB}=\overline{BC}=\overline{CD}=\overline{DA}$, $\angle A=\angle B=\angle C=\angle D=90°$

참고 정사각형은 네 변의 길이가 모두 같으므로 마름모이고,
네 내각의 크기가 모두 같으므로 직사각형이다.

(2) 정사각형의 성질

정사각형의 두 대각선은 길이가 같고, 서로 다른 것을 수직이등분한다.

➡ $\overline{AC}=\overline{BD}$, $\overline{AC}\perp\overline{BD}$, $\overline{AO}=\overline{BO}=\overline{CO}=\overline{DO}$

(3) 직사각형이 정사각형이 되는 조건

직사각형이 다음 중 어느 한 조건을 만족시키면 정사각형이 된다.

① 이웃하는 두 변의 길이가 같다.

➡ $\overline{AB}=\overline{AD}$

② 두 대각선이 서로 수직이다.

➡ $\overline{AC}\perp\overline{BD}$

(4) 마름모가 정사각형이 되는 조건

마름모가 다음 중 어느 한 조건을 만족시키면 정사각형이 된다.

① 한 내각이 직각이다.

➡ $\angle A=90°$

② 두 대각선의 길이가 같다.

➡ $\overline{AC}=\overline{BD}$

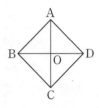

· 정답 및 해설 012쪽

정사각형의 뜻과 성질

01 다음 그림과 같은 정사각형 ABCD에서 x, y의 값을 각각 구하시오. (단, 점 O는 두 대각선의 교점이다.)

(1)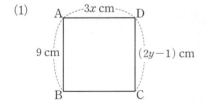

_____

(2)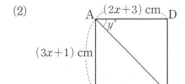

_____

(3)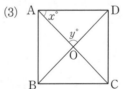

_____

(4)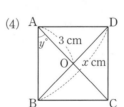

_____

(5)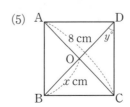

_____

(6)

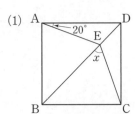

────────────

(7)

────────────

(3)

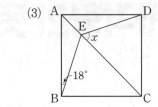

────────────

(4)

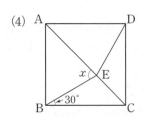

────────────

정사각형의 성질의 응용

02 다음 그림과 같이 정사각형 ABCD의 대각선 위에 한 점 E가 있을 때, ∠x의 크기를 구하시오.

(1)

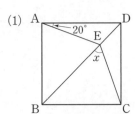

────────────

풀이 ❶ △AED와 △CED에서

$\overline{\text{AD}}=$□, ∠ADE=∠CDE=□°,

□는 공통

∴ △AED≡△CED(□ 합동)

❷ △DEC에서 ∠DCE=∠□=□°,

∠CDE=□°이므로

∠x=∠DCE+∠CDE

=□°+□°=□°

(2)

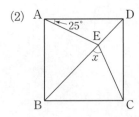

────────────

(5)

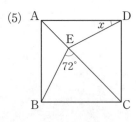

────────────

(6)

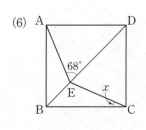

────────────

(7)

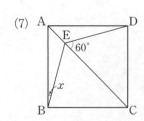

────────────

03 다음 그림과 같은 정사각형 ABCD에서 두 변 BC, CD 위에 $\overline{BE}=\overline{CF}$인 점 E, F를 각각 잡고, $\overline{AE}$와 $\overline{BF}$의 교점을 G라 할 때, $\angle x$의 크기를 구하시오.

(1)
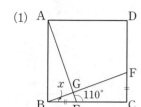

 ❶ △ABE와 △BCF에서

$\overline{AB}=\boxed{}$, $\overline{BE}=\boxed{}$,

$\angle ABE=\angle\boxed{}$

∴ △ABE≡△BCF ($\boxed{}$ 합동)

❷ △ABE에서 $\angle BAE=\angle CBF=\angle\boxed{}$,

$\angle AEB=180°-\boxed{}°=\boxed{}°$이므로

$\angle x=180°-(90°+\boxed{}°)=\boxed{}°$

(2)
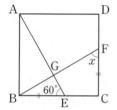

(3)
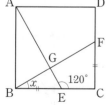

04 다음 그림과 같이 정사각형 ABCD의 내부에 △EBC 가 정삼각형이 되도록 점 E를 잡았을 때, $\angle x$의 크기를 구하시오.

(1)
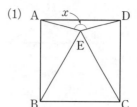

 ❶ △EBC가 정삼각형이므로

$\angle EBC=\angle ECB=\angle BEC=\boxed{}°$

∴ $\angle ABE=\angle DCE=90°-\boxed{}°=\boxed{}°$

❷ $\overline{BC}=\overline{AB}=\overline{CD}=\overline{BE}=\overline{CE}$이므로

$\angle BAE=\angle BEA=\angle CED=\angle CDE$

∴ $\angle BAE=\dfrac{1}{2}\times(180°-\boxed{}°)=\boxed{}°$

❸ $\angle EAD=\angle EDA=90°-\boxed{}°=\boxed{}°$

❹ △EDA에서

$\angle x=180°-(\boxed{}°+\boxed{}°)=\boxed{}°$

(2)
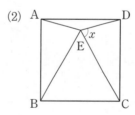

(3)
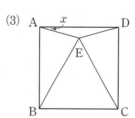

정사각형이 되는 조건

05 다음 조건 중 오른쪽 그림의 직사각형 ABCD가 정사각형이 되는 것에는 ○표, 되지 <u>않는</u> 것에는 ×표를 쓰시오. (단, 점 O는 두 대각선의 교점이다.)

(1) $\overline{AB}=\overline{AD}$

_____

(2) $\overline{AC}=\overline{BD}$

_____

(3) ∠AOB=90°

_____

(4) $\overline{BO}=\overline{CO}$

_____

(5) $\overline{AC}\perp\overline{BD}$

_____

06 다음 조건 중 오른쪽 그림의 마름모 ABCD가 정사각형이 되는 것에는 ○표, 되지 <u>않는</u> 것에는 ×표를 쓰시오. (단, 점 O는 두 대각선의 교점이다.)

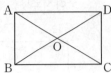

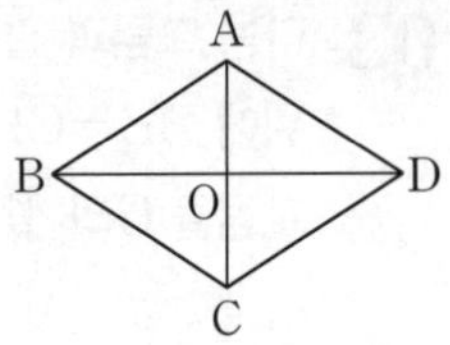

(1) $\overline{AB}=\overline{BC}$

_____

(2) ∠AOB=90°

_____

(3) ∠B=90°

_____

(4) $\overline{AC}=\overline{BD}$

_____

(5) $\overline{BO}=\overline{CO}$

_____

◀●●●● 학교 시험 바로 맛보기

07 오른쪽 그림과 같은 정사각형 ABCD에서 $\overline{AD}=\overline{AE}$이고 ∠ABE=25°일 때, ∠EAD의 크기를 구하시오.

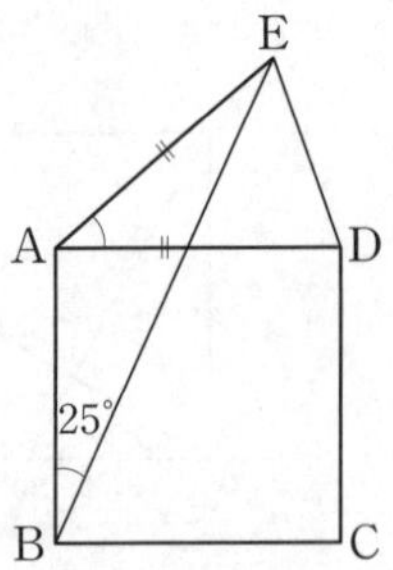

등변사다리꼴의 뜻과 성질

(1) **사다리꼴**: 한 쌍의 대변이 평행한 사각형 ➡ $\overline{AD} \# \overline{BC}$

(2) **등변사다리꼴**: 아랫변의 양 끝 각의 크기가 같은 사다리꼴
　➡ $\overline{AD} \# \overline{BC}$, $\angle B = \angle C$

(3) **등변사다리꼴의 성질**

　① 평행하지 않은 한 쌍의 대변의 길이가 같다. ➡ $\overline{AB} = \overline{DC}$

　② 두 대각선의 길이가 같다. ➡ $\overline{AC} = \overline{BD}$

　참고 $\overline{AD} \# \overline{BC}$인 등변사다리꼴 ABCD에서

　　① $\angle A = \angle D$, $\angle B = \angle C$

　　② $\angle A + \angle B = \angle C + \angle D = 180°$

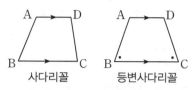

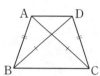

• 정답 및 해설 013쪽

등변사다리꼴의 뜻과 성질

01 다음 그림과 같이 $\overline{AD} \# \overline{BC}$인 등변사다리꼴 ABCD
에서 x의 값을 구하시오.

(1)

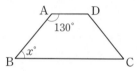

130°

$x°$

_____

(2)

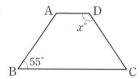

$x°$

55°

_____

(3)

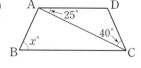

25°

40°

$x°$

_____

(4)

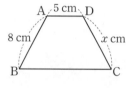

5 cm

8 cm

x cm

_____

(5)

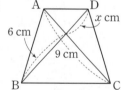

6 cm

9 cm

x cm

_____

(6)

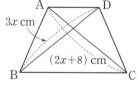

$3x$ cm

$(2x+8)$ cm

_____

등변사다리꼴의 성질의 응용

02 다음 그림과 같이 $\overline{AD} /\!/ \overline{BC}$인 등변사다리꼴 ABCD 에서 $\overline{AB}=\overline{AD}$일 때, $\angle x$의 크기를 구하시오.

(1)

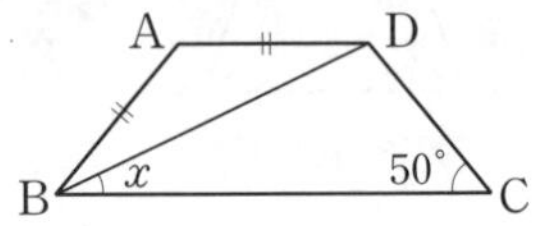

(풀이) ❶ $\angle ADB=\angle DBC=\angle\boxed{}$ (엇각)

$\angle ABD=\angle ADB=\angle\boxed{}$

❷ $\angle B=\angle C$이므로 $\boxed{}\angle x=\boxed{}^\circ$

$\therefore \angle x=\boxed{}^\circ$

(2)

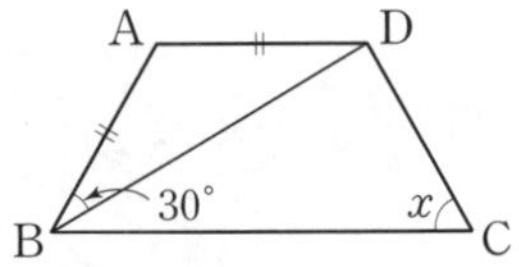

(3)

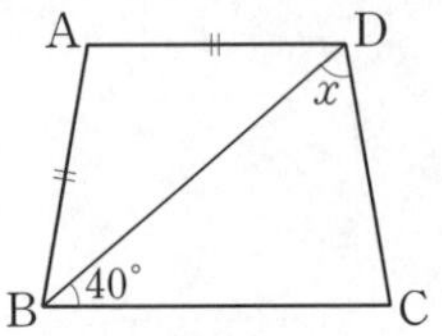

(4)

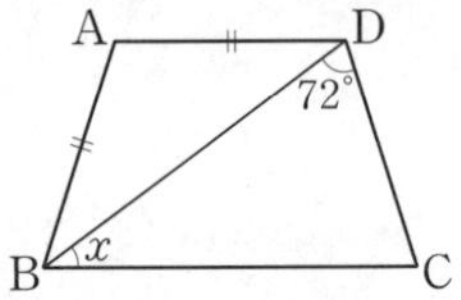

03 다음 그림과 같이 $\overline{AD} /\!/ \overline{BC}$인 등변사다리꼴 ABCD 에서 x의 값을 구하시오.

(1)

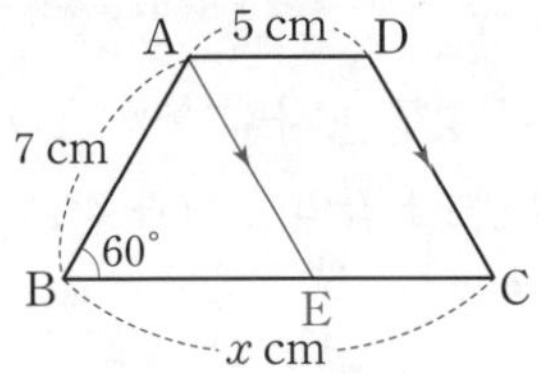

(풀이) ❶ $\overline{DC}$와 평행하도록 $\overline{AE}$를 그으면

□AECD는 $\boxed{}$이므로

$\overline{EC}=\boxed{}=\boxed{}$ cm

❷ $\angle AEB=\angle DCE=\angle B=\boxed{}^\circ$이므로

△ABE는 $\boxed{}$이다.

❸ $\overline{BE}=\boxed{}=\boxed{}$ cm이므로

$\overline{BC}=\overline{BE}+\overline{EC}=\boxed{}$ (cm) $\therefore x=\boxed{}$

(2)

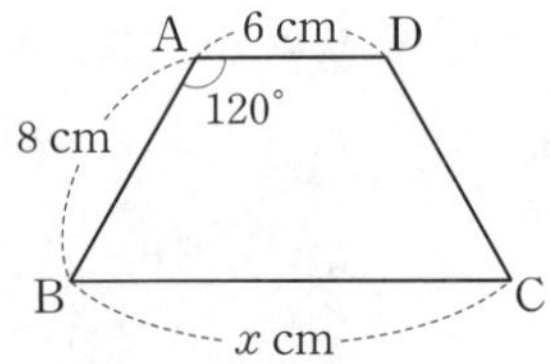

(3)

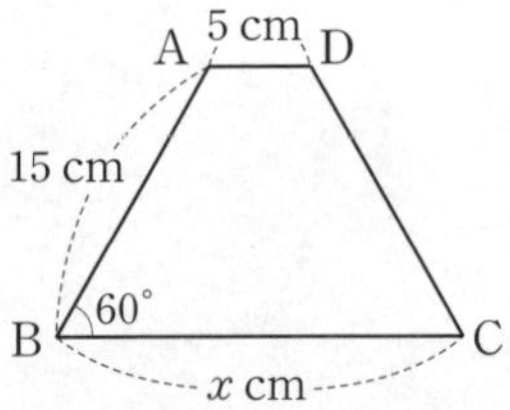

학교 시험 **바로** 맛보기

04 오른쪽 그림과 같이 $\overline{AD} /\!/ \overline{BC}$ 인 등변사다리꼴 ABCD에서 $\overline{AD}=\overline{CD}$이고 $\angle ACB=33°$ 일 때, 다음을 구하시오.

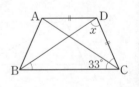

(1) $\angle DCA$와 $\angle DBC$의 크기

(2) $\angle x$의 크기

(1) 여러 가지 사각형 사이의 관계를 그림으로 나타내면 다음과 같다.

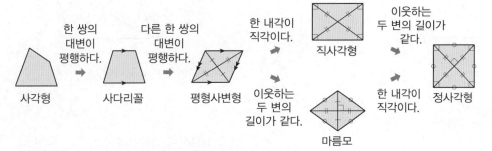

(2) 평행사변형의 [두 대각선의 길이가 같으면 ➡ 직사각형
　　　　　　　　[두 대각선이 서로 수직이면 ➡ 마름모

(3) 직사각형의 두 대각선이 서로 수직이면]
　　마름모의 두 대각선의 길이가 같으면] ➡ 정사각형

• 정답 및 해설 014쪽

여러 가지 사각형 사이의 관계

01 다음 설명 중에서 옳은 것에는 ○표, 옳지 <u>않은</u> 것에는 ✕표를 쓰시오.

(1) 사다리꼴은 평행사변형이다. ＿＿＿＿＿＿＿

(2) 직사각형은 평행사변형이다. ＿＿＿＿＿＿＿

(3) 정사각형은 마름모이다. ＿＿＿＿＿＿＿

(4) 마름모의 두 대각선의 길이가 같으면 정사각형이다.
＿＿＿＿＿＿＿

(5) 평행사변형의 두 대각선이 서로 수직이면 직사각형이다.
＿＿＿＿＿＿＿

(6) 직사각형이고 마름모인 사각형은 정사각형이다.
＿＿＿＿＿＿＿

02 다음과 같은 대각선의 성질을 만족시키는 사각형을 |보기|에서 모두 고르시오.

보기
ㄱ. 사다리꼴　　　　ㄴ. 등변사다리꼴 ㄷ. 평행사변형　　　ㄹ. 직사각형 ㅁ. 마름모　　　　　ㅂ. 정사각형

(1) 두 대각선의 길이가 같은 사각형
＿＿＿＿＿＿＿

(2) 두 대각선이 서로 다른 것을 이등분하는 사각형
＿＿＿＿＿＿＿

(3) 두 대각선이 서로 다른 것을 수직이등분하는 사각형
＿＿＿＿＿＿＿

(4) 두 대각선의 길이가 같고, 서로 다른 것을 수직이등분하는 사각형
＿＿＿＿＿＿＿

03 아래 그림과 같은 평행사변형 ABCD가 다음 조건을 만족시키면 어떤 사각형이 되는지 말하시오.

(단, 점 O는 두 대각선의 교점이다.)

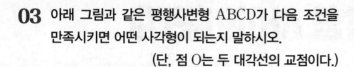

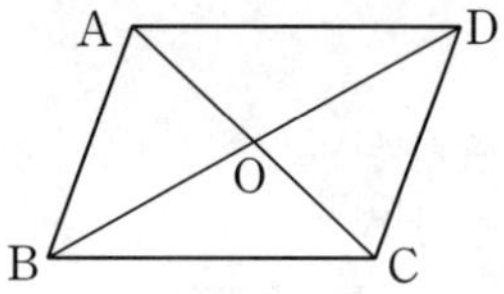

(1) ∠A=90°

_____

(2) $\overline{AC} \perp \overline{BD}$

_____

(3) $\overline{AB}=\overline{BC}$

_____

(4) $\overline{AC}=\overline{BD}$, ∠AOD=90°

_____

(5) ∠D=90°, $\overline{AD}=\overline{DC}$

_____

(6) ∠A=∠B, $\overline{AC} \perp \overline{BD}$

_____

04 아래 그림과 같은 평행사변형 ABCD에 대한 다음 설명 중 옳은 것에는 ○표, 옳지 않은 것에는 ×표를 쓰시오. (단, 점 O는 두 대각선의 교점이다.)

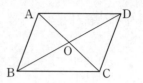

(1) $\overline{AB}=\overline{AD}$이면 마름모이다. _____

(2) $\overline{AC}=\overline{BD}$이면 직사각형이다. _____

(3) ∠B=∠C이면 마름모이다. _____

(4) $\overline{AC} \perp \overline{BD}$이면 정사각형이다. _____

(5) $\overline{AB}=\overline{BC}$, ∠A=90°이면 정사각형이다.

_____

(6) $\overline{AO}=\overline{BO}=\overline{CO}=\overline{DO}$이면 마름모이다.

_____

━━◀◀◀◀◀◀ 학교 시험 **바로** 맛보기 ━━━━━━━

05 다음 중 두 대각선이 서로 다른 것을 이등분하는 사각형이 아닌 것은?

① 정사각형　　② 직사각형　　③ 마름모

④ 평행사변형　　⑤ 등변사다리꼴

개념 20 평행선과 넓이

(1) 평행선과 삼각형의 넓이

두 직선 l, m이 평행할 때, △ABC와 △DBC는 밑변 BC가 공통이고
높이는 h로 같으므로 두 삼각형의 넓이는 같다.

➡ $l /\!/ m$이면 △ABC＝△DBC

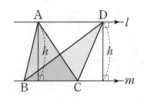

(2) 높이가 같은 삼각형의 넓이의 비

높이가 같은 두 삼각형의 넓이의 비는 두 삼각형의 밑변의 길이의 비와 같다.

➡ $\overline{BD} : \overline{DC}＝m : n$이면 △ABD : △ADC＝m : n

(참고) △ABD＝$\frac{1}{2}mh$, △ADC＝$\frac{1}{2}nh$이므로

△ABD : △ADC＝$\frac{1}{2}mh : \frac{1}{2}nh＝m : n$

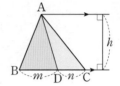

• 정답 및 해설 014쪽

평행선과 삼각형의 넓이

01 다음 그림과 같이 $\overline{AD} /\!/ \overline{BC}$인 사다리꼴 ABCD에서 색칠한 삼각형과 넓이가 같은 삼각형을 말하시오.
(단, 점 O는 두 대각선의 교점이다.)

(1)
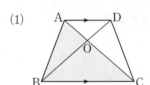
_____

(2)
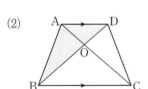
_____

(3)
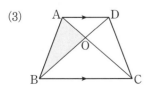
_____

02 다음 그림과 같이 $\overline{AD} /\!/ \overline{BC}$인 사다리꼴 ABCD에서 색칠한 부분의 넓이를 구하시오.
(단, 점 O는 두 대각선의 교점이다.)

(1) △ABC＝40 cm², △OBC＝30 cm²
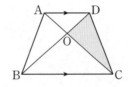
_____

(2) △ABO＝16 cm², △DBC＝45 cm²
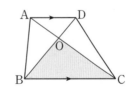
_____

(3) △ACD＝18 cm², △AOD＝6 cm²
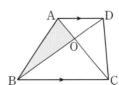
_____

03 다음 그림과 같은 □ABCD에서 $\overline{AE} /\!/ \overline{DC}$일 때, 색칠한 부분과 넓이가 같은 삼각형을 말하시오.

(1)

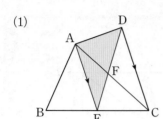

_____

(2)

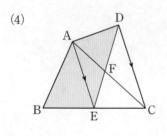

_____

(3)

_____

(4)

_____

04 다음 그림과 같은 □ABCD에서 $\overline{AE} /\!/ \overline{DC}$일 때, 색칠한 부분의 넓이를 구하시오.

(1) $\triangle ABE = 16\,cm^2$, $\triangle AEC = 14\,cm^2$

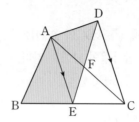

_____

(2) □ABED $= 18\,cm^2$, $\triangle ABE = 8\,cm^2$

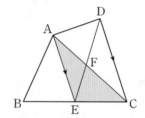

_____

(3) □ABED $= 25\,cm^2$, $\triangle AEC = 10\,cm^2$

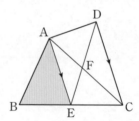

_____

(4) □ABED $= 60\,cm^2$, $\triangle ABE = 36\,cm^2$

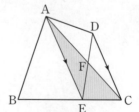

_____

높이가 같은 삼각형의 넓이의 비

05 다음 그림과 같은 △ABC에서 색칠한 부분의 넓이를 구하시오.

(1) △ABD＝6 cm²

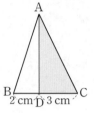

 △ABD : △ADC＝2 : 3이므로

    6 : △ADC＝2 : 3

    ∴ △ADC＝☐(cm²)

(2) △ADC＝15 cm²

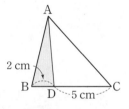

_____

(3) △ABC＝56 cm²

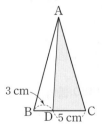

_____

(4) △ABC＝36 cm²

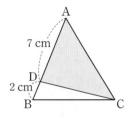

_____

(5) △ADC＝35 cm²

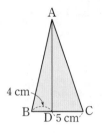

_____

06 다음 그림과 같은 △ABC에서 색칠한 부분의 넓이를 구하시오.

(1) △ABC＝36 cm²,

    $\overline{BD} : \overline{DC}＝1 : 1$, $\overline{AE} : \overline{ED}＝2 : 1$

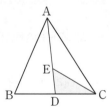

_____

 ❶ $\overline{BD} : \overline{DC}＝1 :$ ☐이므로

    △ADC＝☐△ABC＝☐(cm²)

  ❷ $\overline{AE} : \overline{ED}＝$☐ : 1이므로

    △EDC＝☐△ADC＝☐(cm²)

(2) $\triangle ABC = 40\,cm^2$,
$\overline{BD} : \overline{DC} = 1 : 1$, $\overline{AE} : \overline{ED} = 1 : 1$

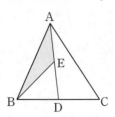

(3) $\triangle AEC = 6\,cm^2$,
$\overline{BD} : \overline{DC} = 2 : 3$, $\overline{AE} : \overline{ED} = 2 : 1$

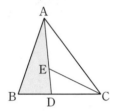

(2) $\triangle ABC = 25\,cm^2$, $\overline{DO} : \overline{OB} = 2 : 3$

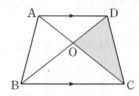

(3) $\triangle AOD = 8\,cm^2$, $\overline{DO} : \overline{OB} = 1 : 2$

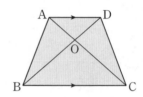

(4) $\triangle ABC = 40\,cm^2$, $\overline{DO} : \overline{OB} = 1 : 4$

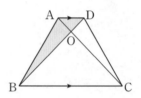

사다리꼴에서 높이가 같은 삼각형의 넓이의 비 〔교과서UP〕

07 다음 그림과 같이 $\overline{AD} /\!/ \overline{BC}$인 사다리꼴 ABCD에서 색칠한 부분의 넓이를 구하시오.
(단, 점 O는 두 대각선의 교점이다.)

(1) $\triangle AOD = 3\,cm^2$, $\overline{DO} : \overline{OB} = 1 : 2$

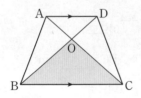

〔풀이〕 ❶ $\triangle ABO = \boxed{}\triangle AOD = \boxed{}(cm^2)$

$\triangle DOC = \triangle \boxed{} = \boxed{}\,cm^2$

❷ $\triangle OBC = \boxed{}\triangle DOC = \boxed{}(cm^2)$

학교 시험 바로 맛보기

08 오른쪽 그림과 같이 $\overline{AD} /\!/ \overline{BC}$인 사다리꼴 ABCD에서 두 대각선의 교점을 O라 하자. $\triangle ABC$의 넓이가 $12\,cm^2$, $\triangle OBC$의 넓이가 $7\,cm^2$일 때, $\triangle DOC$의 넓이를 구하시오.

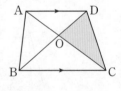

기본기 탄탄 문제 개념 15 ~ 20

1 오른쪽 그림과 같은 직사각형
ABCD에서 두 대각선의 교점을
O라 하자. $\overline{AO}=6$ cm,
∠BAO$=50°$일 때, $y-x$의 값은?

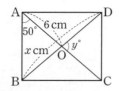

① ∠64　　　② 65　　　③ 66

④ 67　　　⑤ 68

2 다음 중 오른쪽 그림과 같은 평행
사변형 ABCD가 직사각형이 되는
조건이 <u>아닌</u> 것은? (단, 점 O는 두
대각선의 교점이다.)

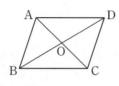

① ∠ABC$=90°$　　　② ∠AOB$=90°$
③ $\overline{AC}=\overline{BD}$　　　④ $\overline{AO}=\overline{DO}$
⑤ ∠B$=$∠C

3 오른쪽 그림과 같은 마름모
ABCD에서 두 대각선의
교점을 O라 하자.
$\overline{BO}=14$ cm이고
∠OBC$=30°$일 때, $x+y$
의 값을 구하시오.

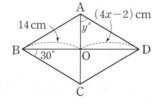

4 다음 중 오른쪽 그림과 같은 평
행사변형 ABCD가 마름모가 되
는 조건은? (단, 점 O는 두 대각
선의 교점이다.)

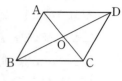

① $\overline{AO}=\overline{BO}$　　　② $\overline{AO}=\overline{CO}$
③ $\overline{AB}=\overline{AD}$　　　④ ∠ABO$=$∠ODC
⑤ ∠BCD$=90°$

5 오른쪽 그림과 같은 정사각형
ABCD에서 대각선 AC 위에
∠DEC$=56°$가 되도록 점 E를 잡
을 때, ∠ABE의 크기를 구하시오.

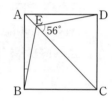

6 다음 조건을 만족시키는 평행사변형 중 정사각형이라 할
수 <u>없는</u> 것은?

① 두 대각선은 길이가 같고, 수직으로 만난다.
② 이웃하는 두 변의 길이가 같고, 두 대각선의 길이도
　같다.
③ 이웃하는 두 변의 길이가 같고, 한 내각의 크기가 $90°$
　이다.
④ 한 내각의 크기가 $90°$이고, 두 대각선의 길이가 같다.
⑤ 한 내각의 크기가 $90°$이고, 두 대각선이 수직으로 만난
　다.

7 오른쪽 그림과 같이 $\overline{AD} /\!/ \overline{BC}$ 인 등변사다리꼴 ABCD의 꼭짓점 A에서 $\overline{BC}$에 내린 수선의 발을 E라 하자. $\overline{AD}=12\,\text{cm}$, $\overline{BE}=5\,\text{cm}$일 때, $\overline{BC}$의 길이를 구하시오.

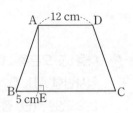

8 오른쪽 그림과 같이 $\overline{AD} /\!/ \overline{BC}$인 등변사다리꼴 ABCD에서 $\overline{AB}=\overline{AD}$이고 $\angle C=76°$일 때, $\angle x$의 크기를 구하시오.

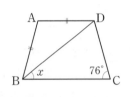

9 오른쪽 그림과 같은 평행사변형 ABCD에서 ∠A와 ∠B의 이등분선과 $\overline{BC}$, $\overline{AD}$의 교점을 각각 E, F라 할 때, 다음 중 □ABEF에 대한 설명으로 옳지 않은 것은?

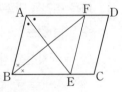

① $\overline{AB}=\overline{AF}$ ② $\overline{AB}=\overline{BE}$
③ $\overline{AF}=\overline{BE}$ ④ $\overline{AE}\perp\overline{BF}$
⑤ ∠AFE=∠BEF

10 다음 그림은 사각형에 조건이 하나씩 추가되어 여러 가지 사각형이 되는 과정을 나타낸 것이다. ①~⑤에 알맞은 조건이 아닌 것은?

① 한 쌍의 대변이 평행하다.
② 다른 한 쌍의 대변도 평행하다.
③ 한 내각의 크기가 90°이다.
④ 두 대각선의 길이가 같다.
⑤ 이웃하는 두 내각의 크기가 같다.

11 다음 |보기| 중 두 대각선이 수직으로 만나는 사각형의 개수를 구하시오.

보기	
ㄱ. 사다리꼴	ㄴ. 등변사다리꼴
ㄷ. 평행사변형	ㄹ. 직사각형
ㅁ. 마름모	ㅂ. 정사각형

12 다음 그림과 같이 □ABCD의 꼭짓점 D를 지나고 $\overline{AC}$에 평행한 직선이 $\overline{BC}$의 연장선과 만나는 점을 E라 하자. △ABC의 넓이가 $40\,\text{cm}^2$, △ACE의 넓이가 $30\,\text{cm}^2$일 때, □ABCD의 넓이를 구하시오.

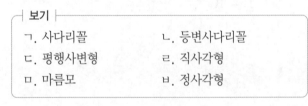

3. 도형의 닮음

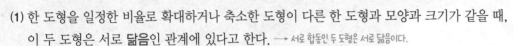

개념 21 닮은 도형

(1) 한 도형을 일정한 비율로 확대하거나 축소한 도형이 다른 한 도형과 모양과 크기가 같을 때, 이 두 도형은 서로 **닮음**인 관계에 있다고 한다. ──→ 서로 합동인 두 도형은 서로 닮음이다.

(2) **닮은 도형**

서로 닮음인 관계에 있는 두 도형을 닮은 도형이라 한다.
△ABC와 △DEF가 닮은 도형일 때, 기호 ∽를 사용하여
다음과 같이 나타낸다.

➡ △ABC∽△DEF

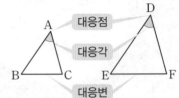

주의 두 도형이 닮음임을 기호로 나타낼 때, 두 도형의 꼭짓점을 대응하는 순서대로 쓴다.

참고 ① 항상 닮음인 평면도형: 두 원, 두 정다각형, 중심각의 크기가 같은 두 부채꼴
② 항상 닮음인 입체도형: 두 구, 면의 개수가 같은 두 정다면체

· 정답 및 해설 016쪽

닮은 도형

01 아래 그림에서 △ABC와 △DEF가 서로 닮음일 때, 다음을 구하시오.

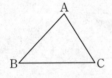 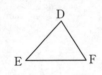

(1) 점 B의 대응점

_____

(2) $\overline{BC}$의 대응변

_____

(3) ∠C의 대응각

_____

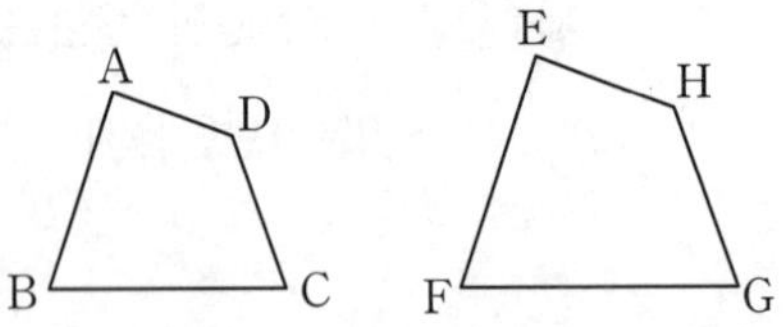

(1) ∠B의 대응각

_____

(2) $\overline{FG}$의 대응변

_____

(3) ∠H의 대응각

_____

(4) 점 F의 대응점

_____

(5) $\overline{AD}$의 대응변

_____

02 아래 그림에서 □ABCD와 □EFGH가 서로 닮음일 때, 다음을 구하시오.

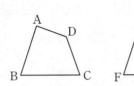

학교 시험 바로 맛보기

03 다음 그림에서 □ABCD∽□GHEF일 때, 점 B의 대응점, $\overline{CD}$의 대응변, ∠G의 대응각을 차례로 구하시오.

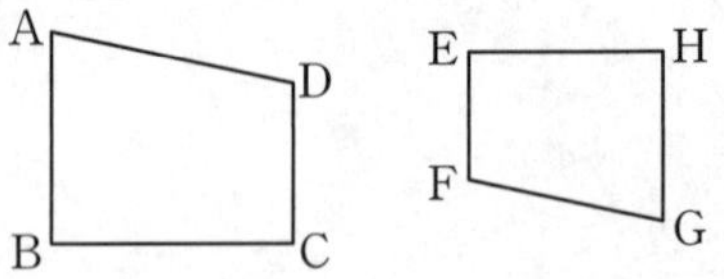

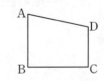

닮음의 성질

(1) **닮음비**: 서로 닮은 두 도형에서 대응하는 변 또는 모서리의 길이의 비

　참고　서로 합동인 두 도형은 닮음이고, 닮음비는 1 : 1이다.

(2) **평면도형에서의 닮음의 성질**

　서로 닮은 두 평면도형에서

　① 대응변의 길이의 비는 일정하다.

　　➡ $\overline{AB} : \overline{DE} = \overline{BC} : \overline{EF} = \overline{CA} : \overline{FD}$

　② 대응각의 크기는 각각 같다.

　　➡ $\angle A = \angle D$, $\angle B = \angle E$, $\angle C = \angle F$

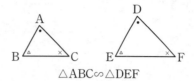

△ABC∽△DEF

(3) **입체도형에서의 닮음의 성질**

　서로 닮은 두 입체도형에서

　① 대응하는 모서리의 길이의 비는 일정하다.

　　➡ $\overline{AB} : \overline{IJ} = \overline{BC} : \overline{JK} = \overline{CD} : \overline{KL} = \cdots$

　② 대응하는 면은 각각 닮은 도형이다.

　　➡ □ABCD∽□IJKL, □ABFE∽□IJNM, …

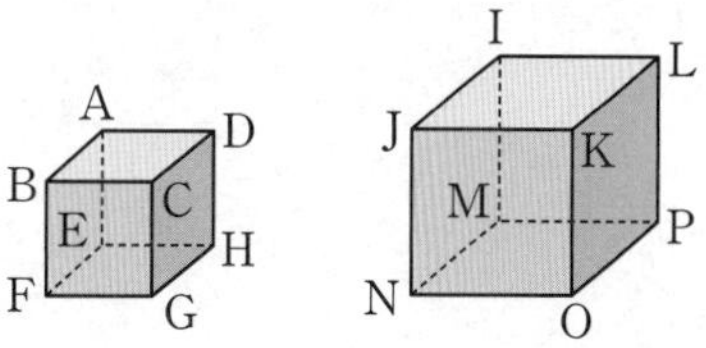

· 정답 및 해설 016쪽

평면도형에서의 닮음의 성질

01 아래 그림에서 △ABC와 △DEF가 서로 닮음일 때, 다음을 구하시오.

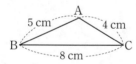

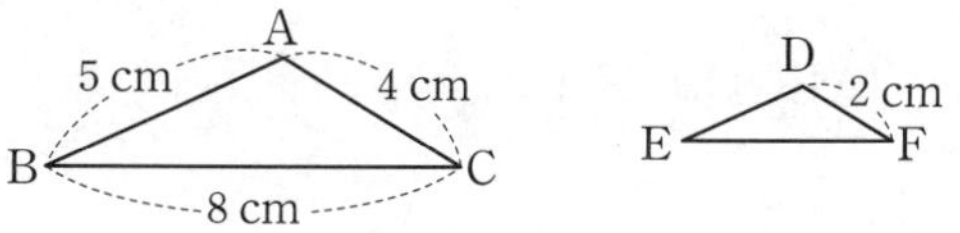

(1) △ABC와 △DEF의 닮음비 ＿＿＿＿＿＿＿

　풀이　$\overline{AC}$의 대응변은 [ ]이고,

　　$\overline{AC}=$[ ] cm, $\overline{DF}=$[ ] cm이므로 구하는 닮음비는

　　$\overline{AC} : \overline{DF}=$[ ] : [ ] = [ ] : [ ]

(2) $\overline{EF}$의 길이 ＿＿＿＿＿＿＿

　풀이　△ABC와 △DEF의 닮음비는 [ ] : [ ]이다.

　　$\overline{EF}$의 대응변은 [ ]이고, 그 길이는 [ ] cm이므로

　　[ ] : [ ] = 8 : $\overline{EF}$　∴ $\overline{EF}=$[ ] (cm)

02 아래 그림에서 △ABC와 △DEF가 서로 닮음일 때, 다음을 구하시오.

 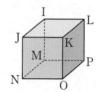

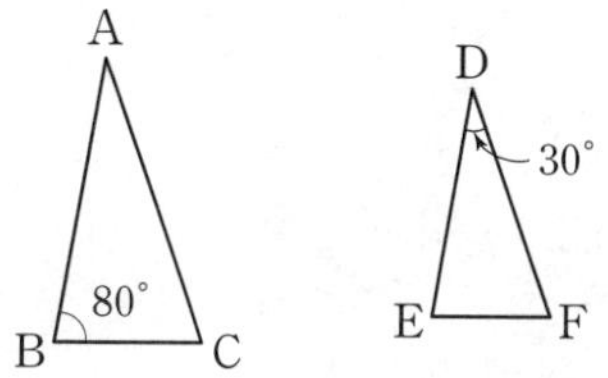

(1) ∠A의 크기 ＿＿＿＿＿＿＿

　풀이　∠A의 대응각은 ∠[ ]이므로 ∠A의 크기는

　　[ ]°이다.

(2) ∠C의 크기 ＿＿＿＿＿＿＿

　풀이　[ ]° + 80° + ∠C = [ ]°　∴ ∠C = [ ]°

(3) ∠F의 크기 ＿＿＿＿＿＿＿

　풀이　∠F의 대응각은 ∠[ ]이므로 ∠F의 크기는

　　[ ]°이다.

03 아래 그림에서 △ABC∽△DEF일 때, 다음을 구하시오.

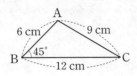

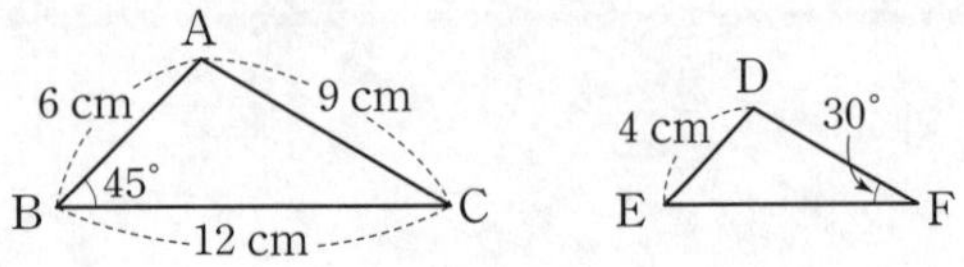

(1) △ABC와 △DEF의 닮음비

_____

(2) $\overline{DF}$의 길이

_____

(3) $\overline{EF}$의 길이

_____

(4) △DEF의 둘레의 길이

_____

(5) ∠E의 크기

_____

(6) ∠D의 크기

_____

04 아래 그림에서 □ABCD∽□EFGH일 때, 다음을 구하시오.

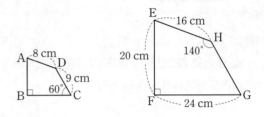

(1) □ABCD와 □EFGH의 닮음비

_____

(2) $\overline{BC}$의 길이

_____

(3) $\overline{HG}$의 길이

_____

(4) □ABCD의 둘레의 길이

_____

(5) ∠D의 크기

_____

(6) ∠E의 크기

_____

입체도형에서의 닮음의 성질

05 아래 그림의 두 삼각기둥은 서로 닮은 도형이다.
면 ABC와 면 GHI가 대응하는 면일 때, 다음을 구하시오.

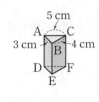
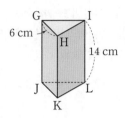

(1) 두 삼각기둥의 닮음비

_____

(2) 면 ADEB에 대응하는 면

_____

(3) 모서리 GI의 길이

_____

(4) 모서리 CF의 길이

_____

(5) 면 GHI의 둘레의 길이

_____

06 아래 그림의 두 직육면체는 서로 닮은 도형이다.
면 ABCD와 면 IJKL이 대응하는 면일 때, 다음을 구하시오.

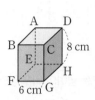
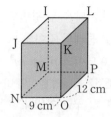

(1) 두 직육면체의 닮음비

_____

(2) 모서리 GH의 길이

_____

(3) 면 EFGH의 둘레의 길이

_____

(4) 모서리 LP의 길이

_____

(5) 면 JNMI의 둘레의 길이

_____

학교 시험 **바로** 맛보기

07 다음 그림에서 △ABC∽△DEF이고 △ABC와 △DEF의 닮음비가 1 : 2일 때, △DEF의 둘레의 길이를 구하시오.

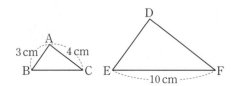

개념 23 닮은 도형의 넓이의 비와 부피의 비

(1) 서로 닮은 두 평면도형의 닮음비가 $m : n$이면
  ① 둘레의 길이의 비 ➡ $m : n$
  ② 넓이의 비 ➡ $m^2 : n^2$
  참고 둘레의 길이의 비 또는 넓이의 비를 알면 닮음비를 구할 수 있다.

(2) 서로 닮은 두 입체도형의 닮음비가 $m : n$이면
  ① 겉넓이의 비 ➡ $m^2 : n^2$
  ② 부피의 비 ➡ $m^3 : n^3$
  참고 겉넓이의 비 또는 부피의 비를 알면 닮음비를 구할 수 있다.

닮은 두 평면도형에서의 비

01 아래 그림에서 △ABC∽△DEF일 때, 다음을 구하시오.

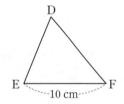

(1) △ABC와 △DEF의 닮음비

_____

(2) △ABC와 △DEF의 둘레의 길이의 비

_____

(3) △ABC와 △DEF의 넓이의 비

_____

(4) △ABC의 넓이가 18 cm²일 때, △DEF의 넓이

_____

02 아래 그림에서 $\overline{DE} \, /\!/ \, \overline{BC}$일 때, 다음을 구하시오.

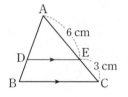

(1) △ADE와 △ABC의 닮음비

_____

(2) △ADE와 △ABC의 둘레의 길이의 비

_____

(3) △ADE와 △ABC의 넓이의 비

_____

(4) △ADE의 넓이가 16 cm²일 때, △ABC의 넓이

_____

닮은 두 입체도형에서의 비

03 아래 그림의 두 원기둥 A, B가 서로 닮음일 때, 다음을 구하시오.

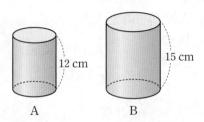

(1) 원기둥 A와 B의 닮음비

_____

(2) 원기둥 A와 B의 밑면의 둘레의 길이의 비

_____

(3) 원기둥 A와 B의 겉넓이의 비

_____

(4) 원기둥 A와 B의 부피의 비

_____

04 아래 그림의 두 삼각뿔 A, B가 서로 닮음일 때, 다음을 구하시오.

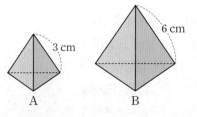

(1) 삼각뿔 A와 B의 닮음비

_____

(2) 삼각뿔 A와 B의 밑면의 넓이의 비

_____

(3) 삼각뿔 A와 B의 겉넓이의 비

_____

(4) 삼각뿔 A와 B의 부피의 비

_____

학교 시험 **바로** 맛보기

05 다음 그림에서 □ABCD∽□EFGH이고 □ABCD 와 □EFGH의 넓이의 비가 1 : 4일 때, $\overline{BC}$의 길이를 구하시오.

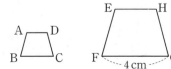

1 오른쪽 그림에서 두 사면체가 서로 닮은 도형이고 면 ABC에 대응하는 면이 면 EFG일 때, 모서리 CD에 대응하는 모서리와 면 FGH에 대응하는 면을 차례로 나열한 것은?

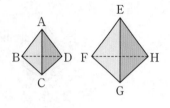

① $\overline{EH}$, 면 ACD   ② $\overline{FG}$, 면 ABD

③ $\overline{FH}$, 면 ACD   ④ $\overline{GH}$, 면 BCD

⑤ $\overline{GE}$, 면 BCD

2 아래 그림에서 △ABC∽△DEF일 때, 다음 중 옳지 않은 것은?

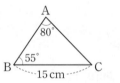

① ∠D=80°   ② $\overline{AB}$=10 cm

③ ∠F=45°   ④ $\overline{AB}$: $\overline{DE}$=5 : 3

⑤ $\overline{AC}$: $\overline{EF}$=5 : 3

3 다음 그림에서 두 직육면체는 서로 닮은 도형이고 면 BFGC에 대응하는 면이 면 JNOK일 때, $x+y$의 값을 구하시오.

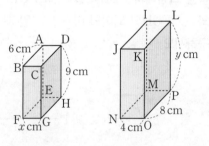

4 서로 닮은 두 원뿔 A와 B가 오른쪽 그림과 같을 때, 원뿔 A의 밑면의 반지름의 길이는?

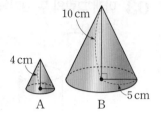

① 1 cm   ② $\dfrac{3}{2}$ cm

③ 2 cm   ④ $\dfrac{5}{2}$ cm

⑤ 3 cm

5 오른쪽 그림에서 두 원 O와 O′의 닮음비가 3 : 5이고, 원 O의 넓이가 36π cm²이다. 이때 원 O′의 넓이를 구하시오.

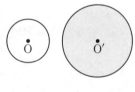

6 서로 닮은 두 직육면체 A와 B의 모서리의 길이의 비가 5 : 4이고 직육면체 A의 겉넓이가 75 cm²일 때, 직육면체 B의 겉넓이를 구하시오.

7 겉넓이의 비가 1 : 9인 두 개의 쇠구슬 A, B가 있다. 쇠구슬 B를 한 개 녹이면 쇠구슬 A를 몇 개까지 만들 수 있는지 구하시오.

개념 24 삼각형의 닮음 조건

다음의 각 경우에 두 삼각형은 서로 닮음이다.

(1) 세 쌍의 대응변의 길이의 비가 같을 때 (SSS 닮음)

➡ $a:a'=b:b'=c:c'$

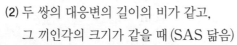

(2) 두 쌍의 대응변의 길이의 비가 같고,
그 끼인각의 크기가 같을 때 (SAS 닮음)

➡ $a:a'=c:c'$, $\angle B=\angle B'$

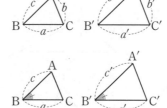

(3) 두 쌍의 대응각의 크기가 각각 같을 때 (AA 닮음)

➡ $\angle B=\angle B'$, $\angle C=\angle C'$

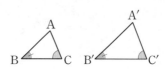

주의 합동 조건은 대응하는 변의 길이가 같고, 닮음 조건은 대응하는 변의 길이의 비가 같음에 주의한다.

• 정답 및 해설 018쪽

삼각형의 닮음 조건

01 다음 그림에서 두 삼각형이 서로 닮음일 때, □ 안에 알맞은 것을 쓰시오.

(1)

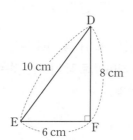

> △ABC와 △EFD에서
>
> $\overline{AB}:\overline{EF}=3:\boxed{}=\boxed{}:\boxed{}$,
>
> $\boxed{}:\overline{FD}=\boxed{}:8=\boxed{}:\boxed{}$,
>
> $\overline{AC}:\boxed{}=5:\boxed{}=\boxed{}:\boxed{}$
>
> ∴ △ABC∽△EFD ($\boxed{}$ 닮음)

(2)

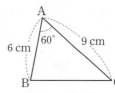
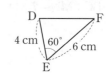

> △ABC와 △EDF에서
>
> $\overline{AB}:\overline{ED}=6:4=\boxed{}:\boxed{}$,
>
> $\overline{AC}:\boxed{}=9:\boxed{}=\boxed{}:\boxed{}$,
>
> $\angle A=\angle E=\boxed{}°$
>
> ∴ △ABC∽△EDF ($\boxed{}$ 닮음)

(3)

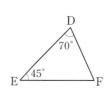

> △ABC와 △EDF에서
>
> $\angle A=\angle \boxed{}=\boxed{}°$,
>
> $\angle B=\angle \boxed{}=\boxed{}°$
>
> ∴ △ABC∽△EDF ($\boxed{}$ 닮음)

02 다음 중 서로 닮은 삼각형을 찾아 □ 안에 알맞은 것을 쓰고, 각각의 닮음 조건을 말하시오.

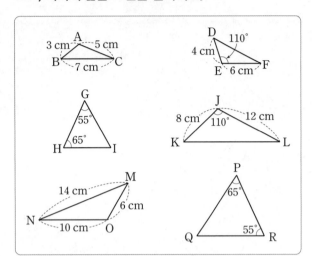

(1) △ABC∽△☐ , ＿＿＿＿＿＿＿

> 풀이 △ABC와 △☐ 에서
> $\overline{AB}$: ☐ =3 : ☐ =1 : ☐ ,
> $\overline{BC}$: $\overline{MN}$=7 : 14=1 : 2,
> $\overline{CA}$: ☐ = ☐ : 10=1 : ☐
> ∴ △ABC∽△☐ (☐ 닮음)

(2) △DEF∽△☐ , ＿＿＿＿＿＿＿

> 풀이 △DEF와 △☐ 에서
> $\overline{DE}$: ☐ =4 : ☐ =1 : ☐ ,
> $\overline{EF}$: $\overline{JL}$=6 : 12=1 : 2,
> ∠E=∠☐ =☐ °
> ∴ △DEF∽△☐ (☐ 닮음)

(3) △GHI∽△☐ , ＿＿＿＿＿＿＿

> 풀이 △GHI와 △☐ 에서
> ∠☐ =∠R=☐ °,
> ∠☐ =∠P=☐ °
> ∴ △GHI∽△☐ (☐ 닮음)

03 다음 중 아래 그림에서 △ABC∽△DEF가 되도록 하는 조건인 것에는 ○표, 조건이 <u>아닌</u> 것에는 ✕표를 쓰시오.

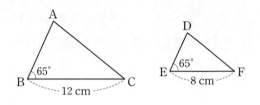

(1) $\overline{AB}$=6 cm, $\overline{DE}$=4 cm ＿＿＿＿＿

(2) ∠C=35°, ∠F=50° ＿＿＿＿＿

(3) $\overline{AB}$=9 cm, $\overline{DE}$=5 cm ＿＿＿＿＿

(4) ∠A=75°, ∠D=75° ＿＿＿＿＿

(5) $\overline{AC}$=9 cm, $\overline{DF}$=6 cm ＿＿＿＿＿

학교 시험 **바로** 맛보기

04 다음 |보기| 중 서로 닮은 삼각형을 찾아 기호 ∽를 사용하여 바르게 나타낸 것은?

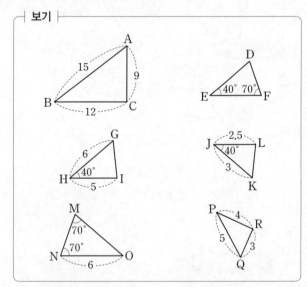

① △ABC∽△GHI   ② △ABC∽△KJL

③ △GHI∽△KJL   ④ △DEF∽△KJL

⑤ △KJL∽△MON

개념 25 삼각형의 닮음 조건의 응용

(1) SAS 닮음의 응용

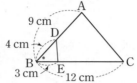 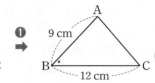 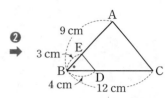

❶ 공통인 각을 기준으로 삼각형 2개를 찾는다.

❷ 대응변의 길이의 비가 일정하도록 삼각형을 뒤집는다.

➡ △ABC∽△EBD (SAS 닮음)

∠B는 공통,
$\overline{AB} : \overline{EB} = 3 : 1$,
$\overline{BC} : \overline{BD} = 3 : 1$

(2) AA 닮음의 응용

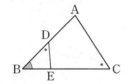 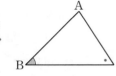 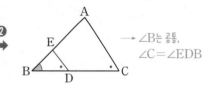

❶ 공통인 각을 기준으로 삼각형 2개를 찾는다.

❷ 크기가 같은 각이 같은 방향에 오도록 삼각형을 뒤집는다.

➡ △ABC∽△EBD (AA 닮음)

∠B는 공통,
∠C=∠EDB

• 정답 및 해설 018쪽

닮은 삼각형 찾기

01 다음 그림에서 닮은 삼각형을 찾아 기호를 사용하여 나타내고, 닮음 조건을 말하시오.

(1)

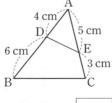

△ABC∽△ ☐ , _____

(2)

△ABC∽△ ☐ , _____

(3)

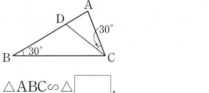

△ABC∽△ ☐ , _____

(4)

△ABC∽△ ☐ , _____

3. 도형의 닮음 • 075

닮은 삼각형을 찾아 변의 길이 구하기

02 다음 그림과 같은 △ABC에서 x의 값을 구하시오.

(1)
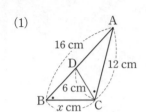

(풀이) △ABC∽△ ▢ (▢ 닮음)이고,

닮음비는 $\overline{AB} : \overline{AC}$ = 16 : ▢ = ▢ : ▢ 이므로

$x : 6$ = ▢ : ▢   ∴ x = ▢

(2)
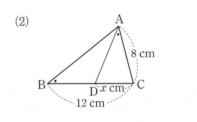

(3)
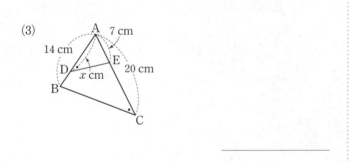

(4)
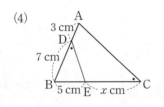

03 다음 그림과 같은 △ABC에서 x의 값을 구하시오.

(1)
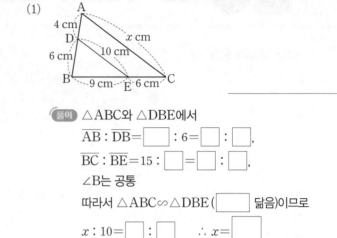

(풀이) △ABC와 △DBE에서

$\overline{AB} : \overline{DB}$ = ▢ : 6 = ▢ : ▢,

$\overline{BC} : \overline{BE}$ = 15 : ▢ = ▢ : ▢,

∠B는 공통

따라서 △ABC∽△DBE (▢ 닮음)이므로

$x : 10$ = ▢ : ▢   ∴ x = ▢

(2)
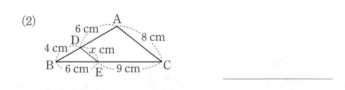

(3)
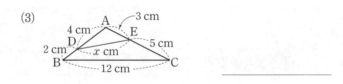

(4)
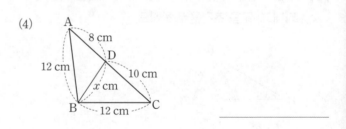

━◗◗◗◗ 학교 시험 **바로** 맛보기

04 다음 그림과 같은 △ABC에서 ∠B=∠EDC일 때, $x+y$의 값을 구하시오.

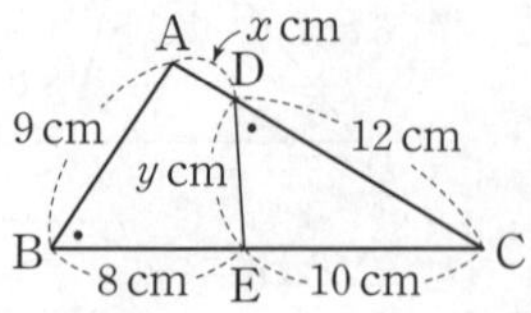

한 예각의 크기가 같은 두 직각삼각형은 서로 닮음이다.

예 △ABC와 △AED에서
∠A는 공통, ∠ABC=∠AED=90°이므로
△ABC∽△AED(AA 닮음)

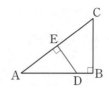

• 정답 및 해설 019쪽

직각삼각형의 닮음

01 오른쪽 그림과 같이 ∠A=90°
인 직각삼각형 ABC의 꼭짓점
A에서 빗변 BC에 내린 수선
의 발을 H라 할 때, 다음은 두
직각삼각형이 서로 닮음임을 증명하는 과정이다. ☐ 안
에 알맞은 것을 쓰시오.

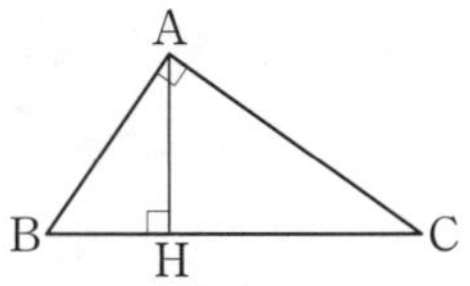

(1) △ABC와 △HBA

△ABC와 △HBA에서
∠☐는 공통, ∠BAC=∠☐=☐°
∴ △ABC∽△☐(☐ 닮음)

(2) △ABC와 △HAC

△ABC와 △HAC에서
∠☐는 공통, ∠BAC=∠☐=90°
∴ △ABC∽△☐(☐ 닮음)

(3) △HAB와 △HCA

△HAB와 △HCA에서
∠AHB=∠☐=90°
∠HAB+∠HBA=90°, ∠☐+∠HBA=90°
이므로 ∠HAB=∠☐
∴ △HAB∽△☐(☐ 닮음)

02 아래 그림과 같은 △ABC에서 다음을 구하시오.

(1) △ABC와 닮음인 삼각형 _____

(2) $\overline{AC}$의 길이 _____

풀이 △ABC∽△☐(☐ 닮음)이고,
닮음비는 $\overline{BC}$: ☐=15 : ☐=3 : ☐이므로
$\overline{AC}$: ☐=3 : ☐ ∴ $\overline{AC}$=☐(cm)

(3) $\overline{AD}$의 길이 _____

풀이 $\overline{AD}=\overline{AC}-\overline{CD}$
=☐-☐=☐(cm)

━━●●●● 학교 시험 **바로** 맛보기 ━━━

03 오른쪽 그림과 같이 ∠C=90°인
직각삼각형 ABC에서
$\overline{AB}⊥\overline{ED}$이고 $\overline{AD}$=10 cm,
$\overline{BD}$=6 cm, $\overline{BE}$=8 cm일 때,
$\overline{CE}$의 길이를 구하시오.

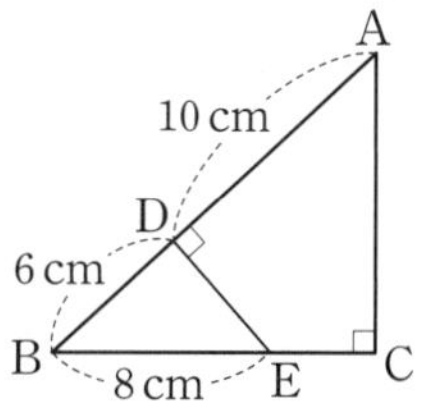

∠A=90°인 직각삼각형 ABC의 꼭짓점 A에서 빗변 BC에 내린 수선의 발을 H라 하면

$$\triangle ABC \backsim \triangle HBA \backsim \triangle HAC \text{ (AA 닮음)}$$

(1)

$$\triangle ABC \backsim \triangle HBA \text{ (AA 닮음)}$$
$$\overline{AB} : \overline{HB} = \overline{BC} : \overline{BA}$$
$$\therefore \overline{AB}^2 = \overline{BH} \times \overline{BC}$$

(2)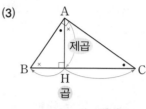

$$\triangle ABC \backsim \triangle HAC \text{ (AA 닮음)}$$
$$\overline{BC} : \overline{AC} = \overline{AC} : \overline{HC}$$
$$\therefore \overline{AC}^2 = \overline{CH} \times \overline{CB}$$

(3)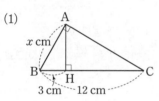

$$\triangle HBA \backsim \triangle HAC \text{ (AA 닮음)}$$
$$\overline{HB} : \overline{HA} = \overline{HA} : \overline{HC}$$
$$\therefore \overline{AH}^2 = \overline{HB} \times \overline{HC}$$

직각삼각형의 닮음의 응용

01 다음 그림의 직각삼각형 ABC에서 x의 값을 구하시오.

(1)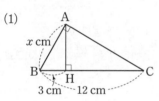

_____

(2)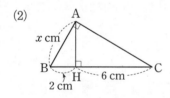

_____

(3)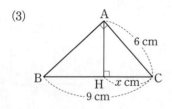

_____

(4)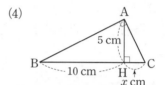

_____

(5)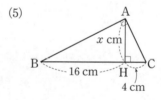

_____

(6)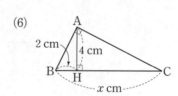

_____

(7)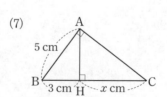

_____

02 다음 그림의 직각삼각형 ABC에서 x, y의 값을 각각 구하시오.

(1)
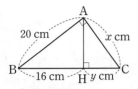

풀이 $\overline{AB}^2 = \overline{BH} \times \overline{BC}$이므로

$20^2 = \boxed{} \times (\boxed{} + y)$　　∴ $y = \boxed{}$

$\overline{AC}^2 = \overline{CH} \times \overline{CB}$이므로

$x^2 = \boxed{} \times \boxed{}$　　∴ $x = \boxed{}$ ($\because x > 0$)

(2)
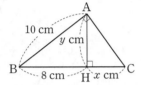

03 다음 그림의 직각삼각형 ABC에서 x의 값을 구하시오.

(1)
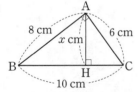

풀이 삼각형의 넓이에서 $\overline{AB} \times \overline{AC} = \overline{AH} \times \overline{BC}$이므로

$8 \times 6 = x \times \boxed{}$　　∴ $x = \boxed{}$

(2)
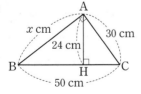

04 다음 그림의 직각삼각형 ABC에서 색칠한 부분의 넓이를 구하시오.

(1)
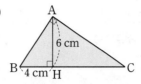

풀이 $6^2 = \boxed{} \times \overline{CH}$　　∴ $\overline{CH} = \boxed{}$ (cm)

∴ $\triangle ABC = \dfrac{1}{2} \times (4 + \boxed{}) \times \boxed{} = \boxed{}$ (cm²)

(2)
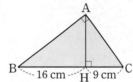

(3)
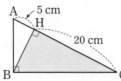

(4)
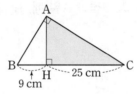

학교 시험 바로 맛보기

05 오른쪽 그림과 같이 ∠A = 90°인 직각삼각형 ABC에서 $\overline{AH} \perp \overline{BC}$이고 $\overline{AB} = 15$ cm, $\overline{BH} = 9$ cm, $\overline{BC} = 25$ cm일 때, $x + y$의 값을 구하시오.

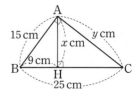

기본기 탄탄 문제 _{개념} 24 ~ 27

1 다음 중 오른쪽 그림과 같은 삼각형과 닮음인 삼각형이 <u>아닌</u> 것은?

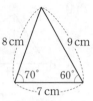

①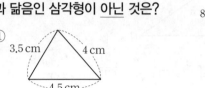

② 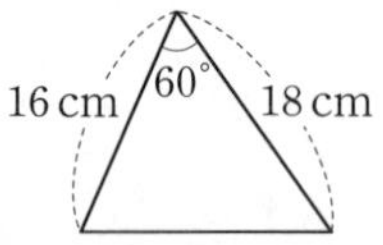 ③
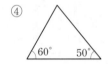 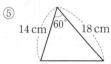

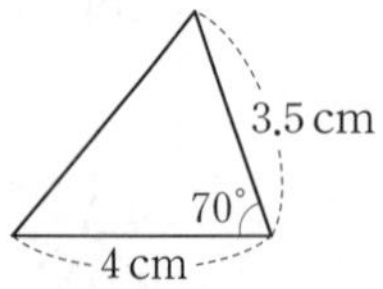

④ ⑤

2 다음 그림에서 $\overline{BE}$와 $\overline{CD}$의 교점이 A일 때, $\overline{BC}$의 길이는?

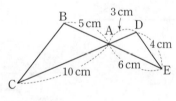

① 6 cm   ② $\dfrac{19}{3}$ cm   ③ $\dfrac{20}{3}$ cm

④ 7 cm   ⑤ $\dfrac{22}{3}$ cm

3 오른쪽 그림과 같은 △ABC에서 ∠AED=∠ABC이고 $\overline{AD}=5$ cm, $\overline{AE}=7$ cm, $\overline{DB}=9$ cm일 때, $\overline{CE}$의 길이를 구하시오.

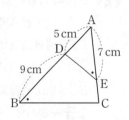

4 오른쪽 그림과 같은 △ABC에서 ∠ABC=∠ACD이고 $\overline{AC}=12$ cm, $\overline{AD}=9$ cm일 때, $\overline{BD}$의 길이는?

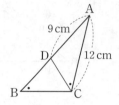

① 4 cm   ② 5 cm
③ 6 cm   ④ 7 cm
⑤ 8 cm

5 오른쪽 그림과 같은 △ABC에서 $\overline{AB} \perp \overline{CD}$, $\overline{AC} \perp \overline{BE}$이고 $\overline{BE}$와 $\overline{CD}$의 교점이 F일 때, △ABE와 닮음인 삼각형이 <u>아닌</u> 것을 모두 고르면? (정답 2개)

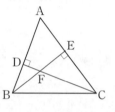

① △ACD   ② △ABC   ③ △FBD
④ △FCE   ⑤ △FBC

6 오른쪽 그림과 같이 ∠C=90°인 직각삼각형 ABC의 꼭짓점 C에서 $\overline{AB}$에 내린 수선의 발을 D라 하자. $\overline{BC}=20$ cm, $\overline{BD}=16$ cm일 때, $\overline{CD}$의 길이를 구하시오.

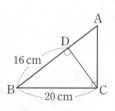

개념 **28** 삼각형에서 평행선과 선분의 길이의 비 (1)

△ABC에서 두 점 D, E가 각각 $\overline{AB}$, $\overline{AC}$ 또는 그 연장선 위의 점일 때

(1) $\overline{BC}$ ∥ $\overline{DE}$이면
$a : a' = b : b' = c : c'$

 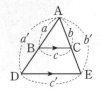

(2) $\overline{BC}$ ∥ $\overline{DE}$이면
$a : a' = b : b'$

삼각형에서 평행선과 선분의 길이의 비 ①

01 다음 그림에서 $\overline{BC}$ ∥ $\overline{DE}$일 때, x의 값을 구하시오.

(1)
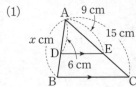

> 풀이 $\overline{AB} : \overline{AD} = \overline{AC} : \boxed{}$ 이므로
> $x : \boxed{} = 15 : \boxed{}$ ∴ $x = \boxed{}$

(2)
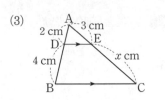

(3)

2 cm 3 cm
D ──── E
4 cm x cm
B ──────── C

> 풀이 $\overline{AD} : \boxed{} = \overline{AE} : \overline{EC}$ 이므로
> $2 : \boxed{} = 3 : \boxed{}$ ∴ $x = \boxed{}$

(4)
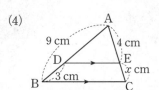

9 cm 4 cm
D ──── E
B 3 cm x cm C

02 다음 그림에서 $\overline{BC}$ ∥ $\overline{DE}$일 때, x, y의 값을 각각 구하시오.

(1)
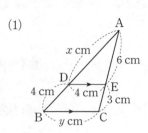

x cm   6 cm
D ──── E
4 cm   4 cm   3 cm
B y cm   C

> 풀이 $\overline{AD} : \overline{DB} = \overline{AE} : \overline{EC}$ 이므로
> $\boxed{} : 4 = 6 : 3$ ∴ $x = \boxed{}$
> $\overline{AE} : \overline{AC} = \overline{DE} : \overline{BC}$ 이므로
> $6 : (6+3) = \boxed{} : y$ ∴ $y = \boxed{}$

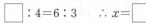

(2)

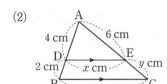

_____

(3)

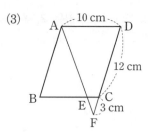

_____

(3)

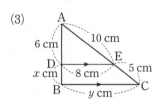

_____

삼각형에서 평행선과 선분의 길이의 비 ②

04 다음 그림에서 $\overline{BC} /\!/ \overline{DE}$일 때, x의 값을 구하시오.

(1)

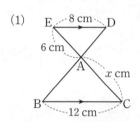

_____

풀이 $\overline{BC} : \overline{DE} = \boxed{} : 8 = \boxed{} : \boxed{}$

$\overline{BC} : \overline{DE} = \overline{AC} : \overline{AE}$이므로

$\boxed{} : \boxed{} = x : \boxed{} \qquad \therefore x = \boxed{}$

03 다음 평행사변형 ABCD에서 $\overline{BC}$ 위의 점 E에 대하여 $\overline{AE}$의 연장선과 $\overline{CD}$의 연장선의 교점을 F라 할 때, $\overline{BE}$의 길이를 구하시오.

(1)

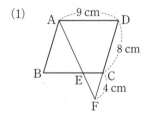

_____

풀이 △AFD에서

$4 : (4 + \boxed{}) = \overline{EC} : \boxed{}$

$\therefore \overline{EC} = \boxed{}$ (cm)

$\therefore \overline{BE} = \overline{BC} - \overline{EC} = \boxed{}$ (cm)

(2)

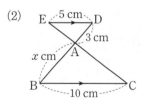

_____

(3)

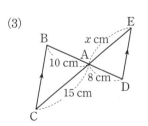

_____

(2)

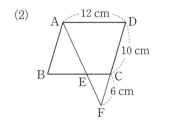

_____

(4)

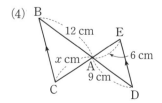

_____

05 다음 그림에서 $\overline{BC} /\!/ \overline{DE}$일 때, x, y의 값을 각각 구하시오.

(1)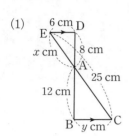

풀이 $\overline{DA} : \overline{DB} = \overline{EA} : \overline{EC}$이므로

$8 : (8+12) = x : \boxed{}$ ∴ $x = \boxed{}$

$\overline{DA} : \overline{BA} = \overline{DE} : \overline{BC}$이므로

$8 : 12 = \boxed{} : y$ ∴ $y = \boxed{}$

(2)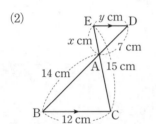

(3)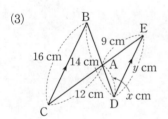

(4)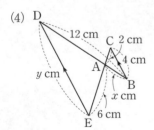

06 다음 그림과 같이 $\overline{BC} /\!/ \overline{DE} /\!/ \overline{FG}$이고 선분의 길이의 비가 주어질 때, x, y의 값을 각각 구하시오.

(1) $\overline{BA} : \overline{AD} : \overline{DF} = 2 : 1 : 3$

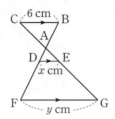

풀이 $\overline{BA} : \overline{AD} = 2 : 1$이므로

$6 : x = \boxed{} : 1$ ∴ $x = \boxed{}$

$\overline{BA} : \overline{AF} = 2 : \boxed{} = 1 : \boxed{}$이므로

$6 : y = 1 : \boxed{}$ ∴ $y = \boxed{}$

(2) $\overline{CA} : \overline{AE} : \overline{EG} = 2 : 3 : 2$

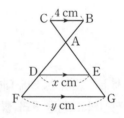

학교 시험 **바로** 맛보기

07 오른쪽 그림에서 $\overline{BC} /\!/ \overline{DE}$일 때, △ABC의 둘레의 길이를 구하시오.

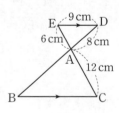

삼각형에서 평행선과 선분의 길이의 비(2)

△ABC에서 $\overline{AB}$, $\overline{AC}$ 또는 그 연장선 위에 각각 점 D, 점 E가 있을 때

(1) $\overline{AB} : \overline{AD} = \overline{AC} : \overline{AE} = \overline{BC} : \overline{DE}$이면 $\overline{BC} /\!/ \overline{DE}$

(2) $\overline{AD} : \overline{DB} = \overline{AE} : \overline{EC}$이면 $\overline{BC} /\!/ \overline{DE}$

• 정답 및 해설 021쪽

삼각형에서 평행선 찾기

01 다음 그림에서 $\overline{BC} /\!/ \overline{DE}$인 것에는 ○표, $\overline{BC} /\!/ \overline{DE}$가 아닌 것에는 ×표를 쓰시오.

(1)

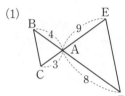

_____

(2)

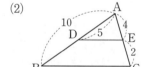

_____

(3)

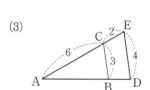

_____

(4)

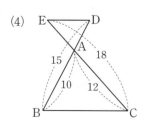

_____

(5)

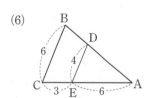

_____

(6)

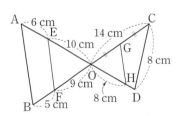

_____

●●●● 학교 시험 바로 맛보기 ─────

02 다음 그림에서 점 O가 $\overline{AD}$, $\overline{BC}$의 교점이고 점 G가 $\overline{OC}$의 중점일 때, 서로 평행한 선분을 찾아 기호로 나타내시오.

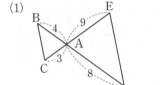

(1) △ABC에서
$\overline{BC} \# \overline{DE}$일 때
$a:b=c:d=e:f$

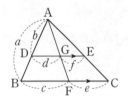

(2) △ABC에서
$\overline{BC} \# \overline{DE}$, $\overline{BE} \# \overline{DF}$일 때
$a:b=c:d=e:f$

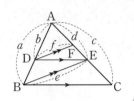

🔹 **삼각형에서 평행선이 1쌍일 때, 선분의 길이의 비**

01 다음 그림의 △ABC에서 $\overline{BC} \# \overline{DE}$일 때, x의 값을 구하시오.

(1)

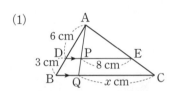

풀이 $\overline{AD} : \overline{AB} = 6 : 9 = \boxed{} : \boxed{}$
$\overline{AD} : \overline{AB} = \overline{PE} : \overline{QC}$이므로
$\boxed{} : \boxed{} = 8 : x$　∴ $x = \boxed{}$

(2)

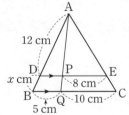

(3)

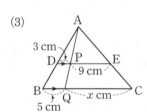

(4)

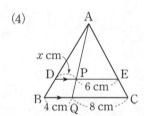

(5)

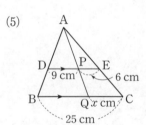

삼각형에서 평행선이 2쌍일 때, 선분의 길이의 비

02 다음 그림과 같은 △ABC에서 두 쌍의 선분이 평행할 때 x의 값을 구하시오.

(1)

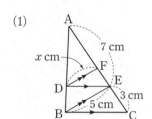

풀이 $\overline{AC} : \overline{AE} = \overline{BE} : \overline{DF}$이므로

$(7 + \boxed{}) : 7 = \boxed{} : x$ ∴ $x = \boxed{}$

(2)

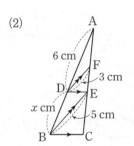

(3)

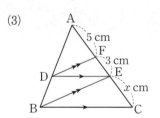

풀이 △ABE에서 $\overline{DF} \,/\!/\, \overline{BE}$이므로

$\overline{AD} : \overline{DB} = \overline{AF} : \overline{FE} = 5 : 3$

△ABC에서 $\overline{DE} \,/\!/\, \overline{BC}$이므로

$\overline{AE} : \overline{EC} = \overline{AD} : \overline{DB} = 5 : 3$

$(5 + 3) : x = \boxed{} : \boxed{}$

∴ $x = \boxed{}$

(4)

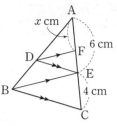

(5)

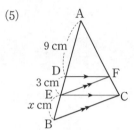

(6)

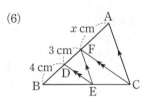

━━━●●●● 학교 시험 바로 맛보기 ━━━━━━

03 오른쪽 그림과 같은 △ABC에서 $\overline{BC} \,/\!/\, \overline{DE}$, $\overline{BE} \,/\!/\, \overline{DF}$일 때, 다음 물음에 답하시오.

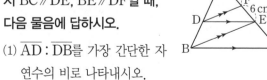

(1) $\overline{AD} : \overline{DB}$를 가장 간단한 자연수의 비로 나타내시오.

(2) $\overline{CE}$의 길이를 구하시오.

개념 31 삼각형의 각의 이등분선

(1) 삼각형의 내각의 이등분선

△ABC에서 ∠A의 이등분선과 $\overline{BC}$가 만나는 점을 D라 하면

➡ $\overline{AB} : \overline{AC} = \overline{BD} : \overline{CD}$

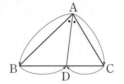

(2) 삼각형의 외각의 이등분선

△ABC에서 ∠A의 외각의 이등분선과 $\overline{BC}$의 연장선이 만나는 점을 D라 하면

➡ $\overline{AB} : \overline{AC} = \overline{BD} : \overline{CD}$

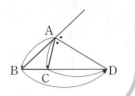

삼각형의 내각의 이등분선

01 다음 그림의 △ABC에서 $\overline{AD}$가 ∠A의 이등분선일 때, x의 값을 구하시오.

(1)

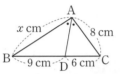

풀이 $\overline{AB} : \boxed{} = \boxed{} : \overline{CD}$이므로

$x : \boxed{} = 9 : \boxed{}$ ∴ $x = \boxed{}$

(2)

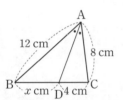

(3)

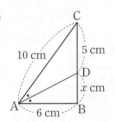

(4)

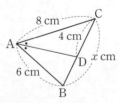

02 다음 그림의 △ABC에서 $\overline{AD}$가 ∠A의 이등분선일 때, 색칠한 부분의 넓이를 구하시오.

(1) △ADC = 12 cm²

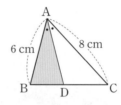

풀이 ❶ $\overline{AB} : \overline{AC} = \boxed{} : 8 = \boxed{} : \boxed{}$이므로

$\overline{BD} : \overline{CD} = \boxed{} : 4$

❷ △ABD : △ADC = $\overline{BD} : \overline{CD} = \boxed{} : \boxed{}$이므로

△ABD : 12 = $\boxed{} : \boxed{}$

∴ △ABD = $\boxed{}$ (cm²)

(2) △ABD = 20 cm²

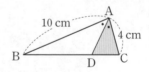

(3) △ABD = 16 cm²

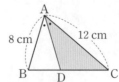

삼각형의 외각의 이등분선

03 다음 그림의 △ABC에서 $\overline{AD}$가 ∠A의 외각의 이등분선일 때, x의 값을 구하시오.

(1)
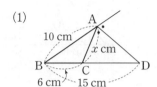

풀이 $\overline{AB} : \overline{AC} = \boxed{} : \overline{CD}$이므로

    $\boxed{} : x = \boxed{} : (15-6)$ ∴ $x = \boxed{}$

(2)
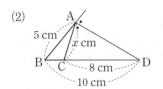

(3)
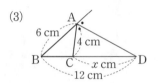

04 다음 그림의 △ABC에서 $\overline{AD}$가 ∠A의 외각의 이등분선일 때, x의 값을 구하시오.

(1)
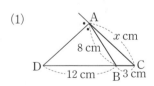

(2)
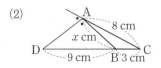

05 다음 그림의 △ABC에서 $\overline{AD}$가 ∠A의 외각의 이등분선일 때, 색칠한 부분의 넓이를 구하시오.

(1) △ABD $=18\,\text{cm}^2$
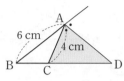

풀이 ❶ $\overline{AB} : \overline{AC} = 6 : \boxed{} = \boxed{} : \boxed{}$이므로

    $\overline{BD} : \overline{CD} = \boxed{} : \boxed{}$

   ❷ △ABD : △ACD $= \overline{BD} : \overline{CD} = \boxed{} : \boxed{}$이므로

    $18 : △\text{ACD} = \boxed{} : \boxed{}$

    ∴ △ACD $= \boxed{}\,(\text{cm}^2)$

(2) △ABD $=20\,\text{cm}^2$
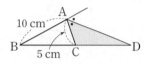

(3) △ABD $=24\,\text{cm}^2$

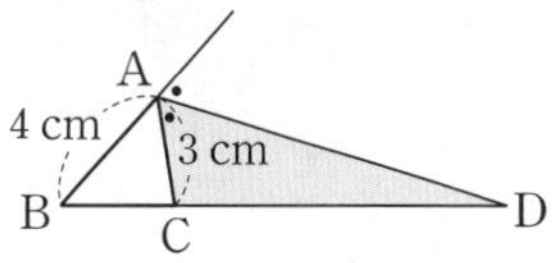

학교 시험 **바로** 맛보기

06 다음 그림의 △ABC에서 $\overline{AD}$가 ∠A의 이등분선이고 $\overline{AB}=10\,\text{cm}$, $\overline{BC}=12\,\text{cm}$, $\overline{CA}=5\,\text{cm}$일 때, $\overline{BD}$의 길이를 구하시오.

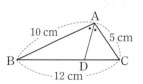

기본기 탄탄 문제 개념 28 ~ 31

1 오른쪽 그림의 △ABC에서 $\overline{AC} /\!/ \overline{DE}$일 때, $x+y$의 값을 구하시오.

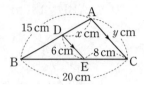

2 오른쪽 그림에서 $\overline{BC} /\!/ \overline{DE}$일 때, $x-y$의 값은?

① 8 ② 9
③ 10 ④ 11
⑤ 14

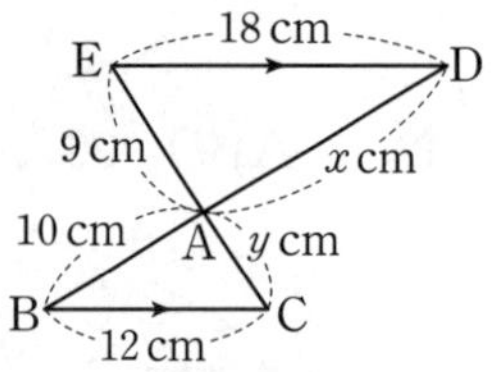

3 다음 |보기| 중 $\overline{BC} /\!/ \overline{DE}$인 것을 모두 고르시오.

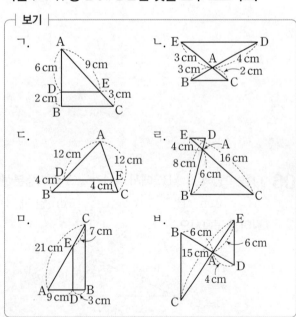

4 오른쪽 그림의 △ABC에서 $\overline{BC} /\!/ \overline{DE}$일 때, $\overline{AE}$의 길이는?

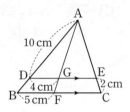

① 6 cm ② 7 cm
③ 8 cm ④ 9 cm
⑤ 10 cm

5 오른쪽 그림의 △ABC에서 $\overline{AD}$가 ∠A의 이등분선일 때, x의 값은?

① 5 ② 6
③ 7 ④ 8
⑤ 9

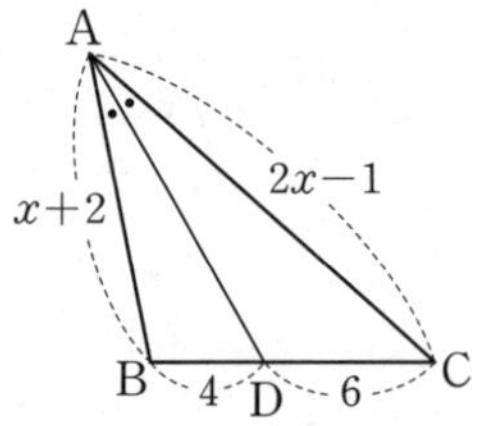

6 오른쪽 그림의 △ABC에서 $\overline{AD}$는 ∠A의 이등분선이고 △ABD의 넓이는 $24\,\text{cm}^2$, △ADC의 넓이는 $40\,\text{cm}^2$일 때, $\overline{AB} : \overline{AC}$를 가장 간단한 자연수의 비로 나타내시오.

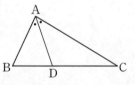

7 오른쪽 그림의 △ABC에서 $\overline{AD}$가 ∠A의 외각의 이등분선일 때, $\overline{AC}$의 길이를 구하시오.

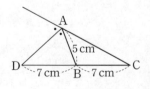

삼각형의 두 변의 중점을 연결한 선분의 성질

(1) △ABC에서 $\overline{AB}$, $\overline{AC}$의 중점을 각각 M, N이라 하면
➡ $\overline{MN} /\!/ \overline{BC}$, $\overline{MN} = \dfrac{1}{2}\overline{BC}$

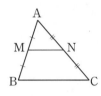 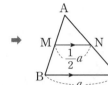

(2) △ABC에서 $\overline{AM} = \overline{MB}$, $\overline{MN} /\!/ \overline{BC}$이면
➡ $\overline{AN} = \overline{NC}$, $\overline{MN} = \dfrac{1}{2}\overline{BC}$ ← $\overline{AM} = \overline{MB}$, $\overline{AN} = \overline{NC}$이므로 (1)에 의하여 성립한다.

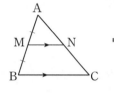 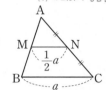

· 정답 및 해설 023쪽

삼각형의 두 변의 중점을 연결한 선분의 성질 ①

01 다음 그림의 △ABC에서 $\overline{AB}$, $\overline{AC}$의 중점을 각각 M, N이라 할 때, x의 값을 구하시오.

(1)
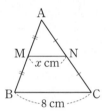

_____

(2)
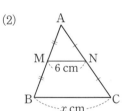

_____

(3)
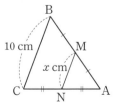

_____

(4)

_____

02 오른쪽 그림의 △ABC에서 $\overline{AB}$, $\overline{AC}$의 중점을 각각 M, N이라 하자. ∠B = 70°, ∠C = 50°이고 $\overline{BC}$ = 18 cm일 때, 다음을 구하시오.

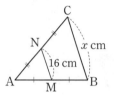

(1) ∠AMN의 크기 _____

(2) $\overline{MN}$의 길이 _____

삼각형의 두 변의 중점을 연결한 선분의 성질 ②

03 다음 그림의 △ABC에서 $\overline{AM} = \overline{MB}$, $\overline{MN} /\!/ \overline{BC}$일 때, x의 값을 구하시오.

(1)
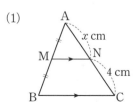

_____

(2)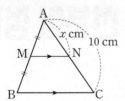

(2)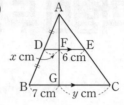

(3)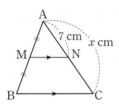

(3)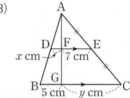

(4)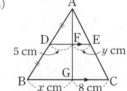

04 다음 그림의 △ABC에서 $\overline{DE} \parallel \overline{BC}$일 때, x, y의 값을 각각 구하시오.

(1)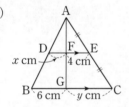

풀이 ❶ $\overline{AE} = \overline{EC}$, $\overline{FE} \parallel \overline{GC}$이므로 $\overline{AF} = \boxed{}$

$\overline{DF} = \dfrac{1}{2}\overline{BG} = \boxed{}$ (cm) ∴ $x = \boxed{}$

❷ $\overline{GC} = 2\overline{FE} = \boxed{}$ (cm) ∴ $y = \boxed{}$

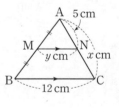

05 오른쪽 그림의 △ABC에서 점 M은 $\overline{AB}$의 중점이고, $\overline{MN} \parallel \overline{BC}$이다. $\overline{AN} = 5\,\text{cm}$, $\overline{BC} = 12\,\text{cm}$일 때, $x + y$의 값을 구하시오.

개념 33 삼각형의 두 변의 중점을 연결한 선분의 성질의 응용(1)

(1) △ABC에서 세 변의 중점이 각각 D, E, F일 때

① $\overline{FE}=\dfrac{1}{2}\overline{AB}$, $\overline{DF}=\dfrac{1}{2}\overline{BC}$, $\overline{ED}=\dfrac{1}{2}\overline{CA}$

② (△DEF의 둘레의 길이)$=\dfrac{1}{2}\times$(△ABC의 둘레의 길이)

③ △ADF≡△DBE≡△FEC≡△EFD (SSS 합동)

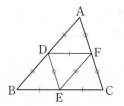

(2) $\overline{AD}/\!/\overline{BC}$인 사다리꼴 ABCD에서 두 점 M, N이 각각 $\overline{AB}$, $\overline{DC}$의 중점일 때

① $\overline{AD}/\!/\overline{MN}/\!/\overline{BC}$

② $\overline{MN}=\overline{MP}+\overline{PN}=\dfrac{1}{2}a+\dfrac{1}{2}b=\dfrac{1}{2}(a+b)$

③ $\overline{PQ}=\overline{MQ}-\overline{MP}=\dfrac{1}{2}b-\dfrac{1}{2}a=\dfrac{1}{2}(b-a)$ (단, $b>a$)

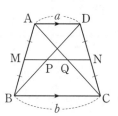

• 정답 및 해설 024쪽

삼각형의 각 변의 중점을 연결하여 만든 삼각형

01 다음 그림의 △ABC에서 세 점 D, E, F가 각각 $\overline{AB}$, $\overline{BC}$, $\overline{CA}$의 중점일 때, △DEF의 둘레의 길이를 구하시오.

(1)

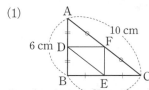

풀이 $\overline{DF}=\dfrac{1}{2}\boxed{}=\boxed{}$(cm)

$\overline{DE}=\dfrac{1}{2}\boxed{}=\boxed{}$(cm)

$\overline{EF}=\dfrac{1}{2}\boxed{}=\boxed{}$(cm)

∴ (△DEF의 둘레의 길이)

$=\boxed{}+\boxed{}+\boxed{}=\boxed{}$(cm)

(2)

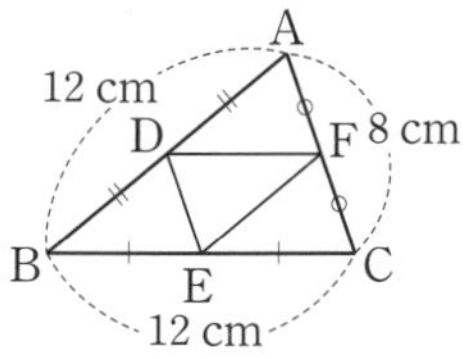

(3)

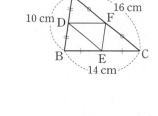

(4)

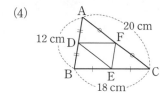

(5)

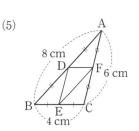

사다리꼴에서 두 변의 중점을 연결한 선분의 성질

02 다음 그림과 같이 $\overline{AD}\,/\!/\,\overline{BC}$인 사다리꼴 ABCD에서 두 점 M, N이 각각 $\overline{AB}$, $\overline{DC}$의 중점일 때, x, y의 값을 각각 구하시오.

(1)

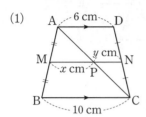

> **풀이** ❶ △ABC에서 $\overline{MP}=\dfrac{1}{2}\overline{BC}=\boxed{}$(cm)
>
> $\therefore x=\boxed{}$
>
> ❷ △ACD에서 $\overline{PN}=\dfrac{1}{2}\overline{AD}=\boxed{}$(cm)
>
> $\therefore y=\boxed{}$

(2)

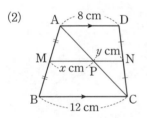

(3)

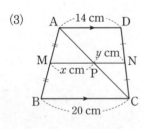

(4)

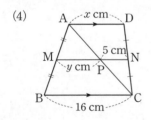

(5)

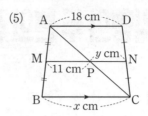

(6)

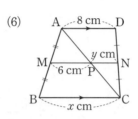

03 다음 그림과 같이 $\overline{AD}\,/\!/\,\overline{BC}$인 사다리꼴 ABCD에서 두 점 M, N이 각각 $\overline{AB}$, $\overline{CD}$의 중점일 때, x의 값을 구하시오.

(1)

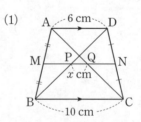

> **풀이** ❶ △ABC에서 $\overline{MQ}=\dfrac{1}{2}\overline{BC}=\boxed{}$(cm)
>
> ❷ △ABD에서 $\overline{MP}=\dfrac{1}{2}\overline{AD}=\boxed{}$(cm)
>
> ❸ $\overline{PQ}=\overline{MQ}-\overline{MP}$
>
> $\quad=\boxed{}-\boxed{}=\boxed{}$(cm)
>
> $\therefore x=\boxed{}$

(2)
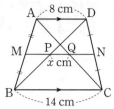

_____

(3)
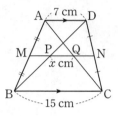

_____

(4)
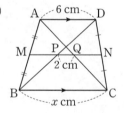

_____

(5)
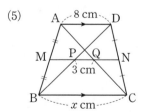

_____

(6)
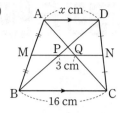

_____

(7)
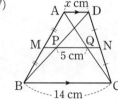

_____

●●●● 학교 시험 바로 맛보기

04 다음 그림과 같이 $\overline{AD} /\!/ \overline{BC}$인 사다리꼴 ABCD에서 $\overline{AB}$, $\overline{DC}$의 중점을 각각 M, N이라 하자. $\overline{BC}=10\,\text{cm}$, $\overline{PN}=4\,\text{cm}$일 때, $x+y$의 값을 구하시오.

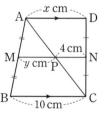

개념 34 삼각형의 두 변의 중점을 연결한 선분의 성질의 응용(2)

(1) 삼등분점이 주어진 경우

△ABC에서 $\overline{AE}=\overline{EF}=\overline{FB}$,
$\overline{BD}=\overline{DC}$, $\overline{AG}=\overline{GD}$이고,
$\overline{EG}=a$일 때

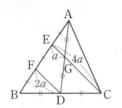

① △AFD에서 $\overline{FD}=2a$
② △BCE에서 $\overline{EC}=4a$
③ $\overline{GC}=4a-a=3a$

(2) 평행선이 주어진 경우

△ABC에서
$\overline{AD}=\overline{DB}$, $\overline{DE}=\overline{EF}$이고,
$\overline{DG}/\!/\overline{BC}$일 때

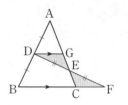

① △DEG≡△FEC
   (ASA 합동)
② $\overline{BC}=2\overline{DG}=2\overline{CF}$

삼등분점이 주어진 경우

01 다음 그림에서 x의 값을 구하시오.

(1)

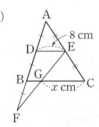

풀이 ❶ △ABC에서 $\overline{DE}/\!/\overline{BC}$이므로

$\overline{BC}=\boxed{}\ \overline{DE}=\boxed{}$ (cm)

❷ △DFE에서 $\overline{BG}=\boxed{}\ \overline{DE}=\boxed{}$ (cm)

❸ $\overline{GC}=\overline{BC}-\overline{BG}$

$=\boxed{}-\boxed{}=\boxed{}$ (cm)

$\therefore x=\boxed{}$

(2)

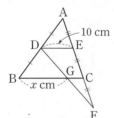

(3)

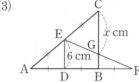

(4)

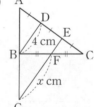

(5)

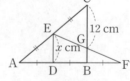

02 다음 그림에서 x의 값을 구하시오.

(1)

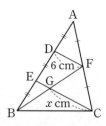

_____

풀이 ❶ △AEC에서 $\overline{DF}$∥$\overline{EC}$이므로

$\overline{EC}=\boxed{}\ \overline{DF}=\boxed{}$(cm)

❷ △DBF에서 $\overline{EG}=\boxed{}\ \overline{DF}=\boxed{}$(cm)

❸ $\overline{GC}=\overline{EC}-\overline{EG}=\boxed{}-\boxed{}=\boxed{}$(cm)

∴ $x=\boxed{}$

(2)

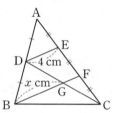

_____

(3)

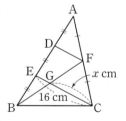

_____

(4)

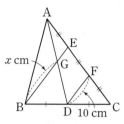

_____

(5)

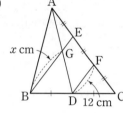

_____

(6)

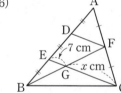

_____

(7)

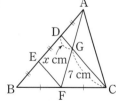

_____

평행선이 주어진 경우

03 다음 그림에서 x의 값을 구하시오.

(1)

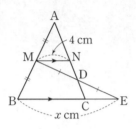

> **풀이** ❶ △ABC에서 $\overline{BC}=\boxed{}$ $\overline{MN}=\boxed{}$ (cm)
> ❷ △MDN≡△$\boxed{}$ ($\boxed{}$ 합동)이므로
> $\overline{CE}=\boxed{}=\boxed{}$ cm
> ❸ $\overline{BE}=\overline{BC}+\overline{CE}$
> $\qquad=\boxed{}+\boxed{}=\boxed{}$ (cm)
> $\therefore x=\boxed{}$

(2)

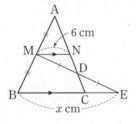

(3)

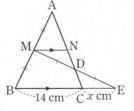

(4)

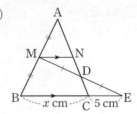

(5)

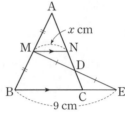

(6)

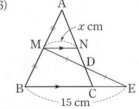

──◀◖◖◖◖ 학교 시험 **바로** 맛보기 ─────

04 오른쪽 그림에서 $\overline{AB}$의 연장선 위에 $\overline{AB}=\overline{AD}$가 되도록 점 D를 잡고, $\overline{AC}$의 중점을 E, $\overline{DE}$의 연장선이 $\overline{BC}$와 만나는 점을 F라 하자. $\overline{AG}/\!/\overline{BC}$이고 $\overline{BF}=16$ cm 일 때, $\overline{CF}$의 길이는?

① 4 cm ② 5 cm ③ 6 cm
④ 7 cm ⑤ 8 cm

평행한 세 직선이 다른 두 직선과 만나서 생긴 선분의 길이의 비는 같다.

➡ $l \parallel m \parallel n$이면

$a : b = a' : b'$ 또는 $a : a' = b : b'$

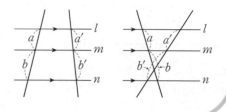

• 정답 및 해설 026쪽

평행선 사이의 선분의 길이의 비

01 다음 그림에서 $l \parallel m \parallel n$일 때, x의 값을 구하시오.

(1)
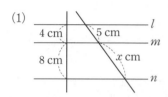

(풀이) $4 : 8 = \boxed{} : x$ ∴ $x = \boxed{}$

(2)
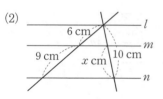

(3)
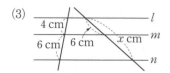

(4)
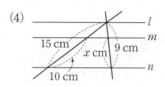

(5)
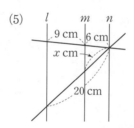

(6)
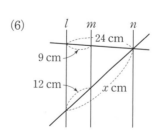

02 다음 그림에서 $l /\!/ m /\!/ n$일 때, x의 값을 구하시오.

(1)
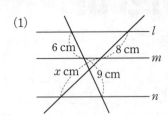

(2)
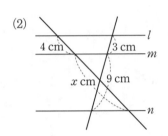

(3)
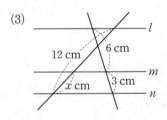

(4)
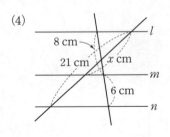

03 다음 그림에서 $l /\!/ m /\!/ n$일 때, x, y의 값을 각각 구하시오.

(1)
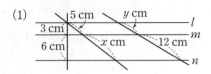

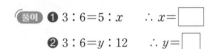

풀이 ❶ $3 : 6 = 5 : x$ ∴ $x = \boxed{}$

❷ $3 : 6 = y : 12$ ∴ $y = \boxed{}$

(2)
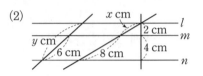

(3)
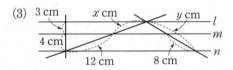

(4)
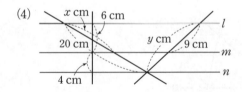

●━━●●●● 학교 시험 **바로** 맛보기 ━━━

04 다음 그림에서 $l /\!/ m /\!/ n$일 때, $x + y$의 값을 구하시오.

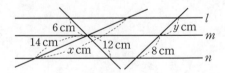

사다리꼴 ABCD에서 $\overline{AD}\,/\!/\,\overline{EF}\,/\!/\,\overline{BC}$일 때, $\overline{EF}$의 길이를 구하는 방법은 다음과 같다.

방법1 $\overline{DC}$에 평행한 $\overline{AH}$ 긋기

△ABH에서

$\overline{EG}:\overline{BH}=m:(m+n)$

$\overline{GF}=\overline{AD}=\overline{HC}$

➡ $\overline{EF}=\overline{EG}+\overline{GF}$

$=\dfrac{an+bm}{m+n}$

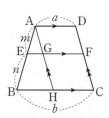

방법2 대각선 $\overline{AC}$ 긋기

△ABC에서

$\overline{EG}:\overline{BC}=m:(m+n)$

△CDA에서

$\overline{GF}:\overline{AD}=n:(n+m)$

➡ $\overline{EF}=\overline{EG}+\overline{GF}$

$=\dfrac{an+bm}{m+n}$

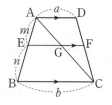

• 정답 및 해설 026쪽

사다리꼴에서 평행선 사이의 선분의 길이의 비

01 다음 그림과 같은 사다리꼴 ABCD에서
$\overline{AD}\,/\!/\,\overline{EF}\,/\!/\,\overline{BC}$일 때, x, y의 값을 각각 구하시오.

(1)

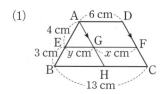

_____

풀이 ❶ □AHCD는 평행사변형이므로

$\overline{GF}=\overline{HC}=\overline{AD}=$ ☐ cm

∴ $x=$ ☐

❷ $\overline{BH}=\overline{BC}-\overline{HC}=13-$ ☐ $=$ ☐ (cm)

△ABH에서 $\overline{EG}\,/\!/\,\overline{BH}$이므로

$4:7=y:$ ☐   ∴ $y=$ ☐

(2)

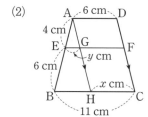

_____

(3)

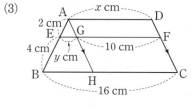

_____

(4)

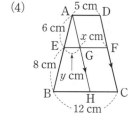

_____

(5)

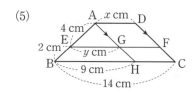

_____

02 다음 그림과 같은 사다리꼴 ABCD에서 $\overline{AD} /\!/ \overline{EF} /\!/ \overline{BC}$일 때, x, y의 값을 각각 구하시오.

(1)
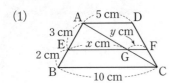

풀이 ❶ △ABC에서 $\overline{EG} /\!/ \overline{BC}$이므로

$3 : 5 = x : 10$ ∴ $x = \boxed{}$

❷ △ACD에서 $\overline{GF} /\!/ \overline{AD}$이므로

$2 : 5 = y : 5$ ∴ $y = \boxed{}$

(2)
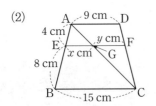

(3)
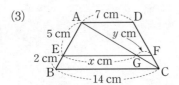

(4)
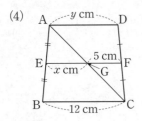

03 다음 그림과 같은 사다리꼴 ABCD에서 $\overline{AD} /\!/ \overline{EF} /\!/ \overline{BC}$일 때, x의 값을 구하시오.

(1)
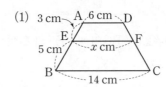

(2)
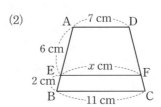

(3)
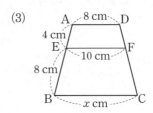

•••• 학교 시험 바로 맛보기

04 오른쪽 그림과 같은 사다리꼴 ABCD에서 $\overline{AD} /\!/ \overline{EF} /\!/ \overline{BC}$일 때, $x + y$의 값을 구하시오.

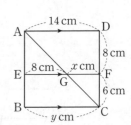

기본기 탄탄 문제

1 오른쪽 그림과 같은 △ABC에서 $\overline{AB}$의 중점을 M, $\overline{AC}$의 중점을 N이라 할 때, 다음 중 옳지 <u>않은</u> 것은?

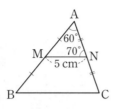

① △AMN∽△ABC ② $\overline{BC}$=10 cm

③ ∠ABC=50° ④ $\overline{MN}$∥$\overline{BC}$

⑤ ∠C=60°

2 오른쪽 그림과 같은 △ABC에서 점 D는 $\overline{AB}$의 중점이고, 점 D를 지나고 $\overline{BC}$에 평행한 직선이 $\overline{AC}$와 만나는 점을 E, 점 E를 지나고 $\overline{AB}$에 평행한 직선이 $\overline{BC}$와 만나는 점을 F라 하자. $\overline{CF}$=4 cm일 때, $\overline{BF}$의 길이를 구하시오.

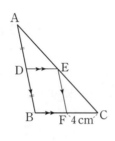

3 오른쪽 그림의 △ABC에서 세 변의 중점을 각각 D, E, F라 할 때, △ABC의 둘레의 길이를 구하시오.

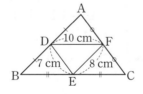

4 오른쪽 그림과 같이 $\overline{AD}$∥$\overline{BC}$인 사다리꼴 ABCD에서 $\overline{AB}$의 중점을 M, $\overline{CD}$의 중점을 N이라 하고, $\overline{MN}$이 $\overline{BD}$, $\overline{AC}$와 만나는 점을 각각 P, Q라 하자. $\overline{AD}$=6 cm, $\overline{BC}$=16 cm일 때, 다음을 구하시오.

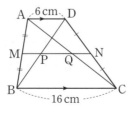

(1) $\overline{MN}$의 길이

(2) $\overline{PQ}$의 길이

5 오른쪽 그림과 같은 직사각형 ABCD에서 네 변의 중점을 각각 E, F, G, H라 하자. 사각형 EFGH의 둘레의 길이가 36 cm일 때, $\overline{BD}$의 길이를 구하시오.

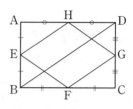

6 오른쪽 그림과 같은 △ABC에서 $\overline{AB}$의 중점을 D라 하고, $\overline{BC}$의 연장선 위에 $\overline{DE}$=$\overline{EF}$가 되도록 점 F를 잡았다. $\overline{AC}$=20 cm일 때, $\overline{CE}$의 길이를 구하시오.

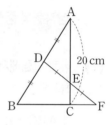

7 오른쪽 그림과 같은 △ABC에서 점 D는 $\overline{AB}$의 중점이고, 두 점 E, F는 각각 $\overline{AC}$의 삼등분점이다. $\overline{BP}$=24 cm일 때, $\overline{PF}$의 길이를 구하시오.

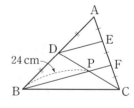

개념 37 삼각형의 무게중심

(1) 삼각형의 중선

① **중선**: 삼각형에서 한 꼭짓점과 그 대변의 중점을 연결한 선분

② 중선에 의하여 나누어진 두 삼각형의 넓이는 같다.

➡ $\triangle ABD = \triangle ACD = \dfrac{1}{2}\triangle ABC$

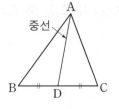

(2) 삼각형의 무게중심

① **무게중심**: 삼각형의 세 중선의 교점

② 삼각형의 무게중심은 세 중선의 길이를 각 꼭짓점으로부터 각각 2 : 1로 나눈다.

➡ $\triangle ABC$의 무게중심을 G라 할 때
$\overline{AG} : \overline{GD} = \overline{BG} : \overline{GE} = \overline{CG} : \overline{GF} = 2 : 1$

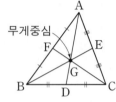

삼각형의 중선

01 아래 그림에서 $\overline{AD}$가 $\triangle ABC$의 중선일 때, 다음을 구하시오.

(1) $\triangle ABC = 12 \, cm^2$일 때, $\triangle ABD$의 넓이

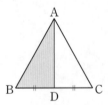

_____

(2) $\overline{AE} = \overline{ED}$이고 $\triangle ABC = 36 \, cm^2$일 때, $\triangle ABE$의 넓이

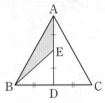

_____

(3) $\overline{AE} = \overline{ED}$이고 $\triangle ABE = 5 \, cm^2$일 때, $\triangle ABC$의 넓이

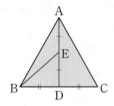

_____

(4) $\overline{AE} = \overline{EF} = \overline{FD}$이고 $\triangle ABC = 60 \, cm^2$일 때, $\triangle EFC$의 넓이

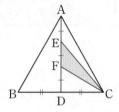

_____

(5) $\overline{AE} = \overline{EF} = \overline{FD}$이고 $\triangle ABE = 7 \, cm^2$일 때, $\triangle ABC$의 넓이

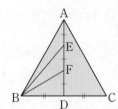

_____

삼각형의 무게중심

02 다음 그림에서 점 G가 △ABC의 무게중심일 때, x의 값을 구하시오.

(1)

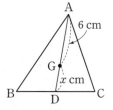

풀이 $\overline{AG} : \overline{GD} = 2 : 1$이므로

$$2 : 1 = \boxed{} : x \qquad \therefore x = \boxed{}$$

(2)

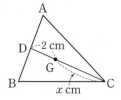

(3)

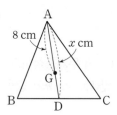

03 다음 그림에서 점 G가 △ABC의 무게중심일 때, x, y의 값을 각각 구하시오.

(1)

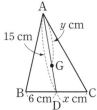

(2)

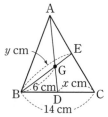

(3)

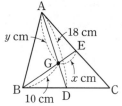

04 다음 그림에서 점 G가 △ABC의 무게중심일 때, x, y의 값을 각각 구하시오.

(1)

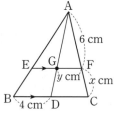

풀이 ❶ △ADC에서 $\overline{AF} : \overline{FC} = 2 : \boxed{}$이므로

$$\boxed{} : x = 2 : \boxed{} \qquad \therefore x = \boxed{}$$

❷ $\overline{DC} = \overline{BD} = \boxed{}$ cm이고,

$\overline{GF} : \overline{DC} = 2 : \boxed{}$이므로

$$y : \boxed{} = 2 : \boxed{} \qquad \therefore y = \boxed{}$$

(2)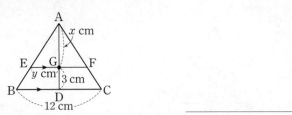

_____

(3)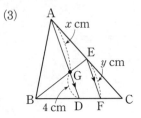

_____

(4)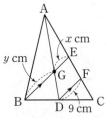

_____

(2)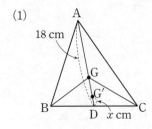

_____

(3)

A

36 cm

G

G′

B x cm D C

_____

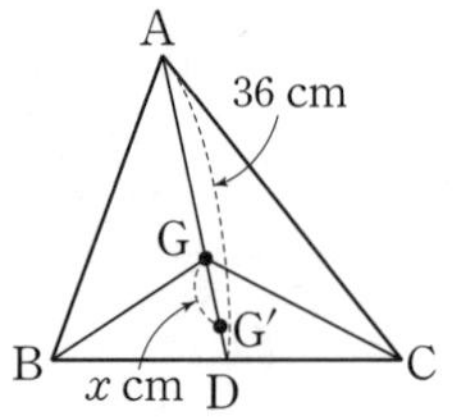

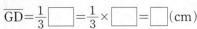 학교 시험 바로 맛보기

05 다음 그림에서 점 G가 △ABC의 무게중심이고 점 G′이 △GBC의 무게중심일 때, x의 값을 구하시오.

(1)

A

18 cm

G

G′

B D x cm C

_____

풀이 ❶ △ABC에서

$$\overline{GD} = \frac{1}{3}\boxed{} = \frac{1}{3} \times \boxed{} = \boxed{} \text{(cm)}$$

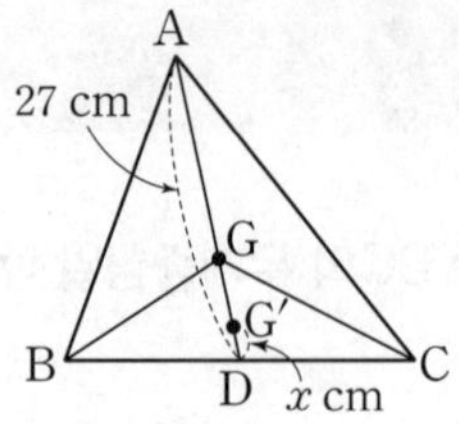

❷ △GBC에서

$$\overline{G'D} = \frac{1}{3}\boxed{} = \frac{1}{3} \times \boxed{} = \boxed{} \text{(cm)}$$

$$\therefore x = \boxed{}$$

06 다음 그림에서 점 G가 △ABC의 무게중심이고 $\overline{BC} = 20 \text{ cm}$, $\overline{BE} = 18 \text{ cm}$일 때, x+y의 값을 구하시오.

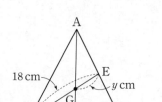

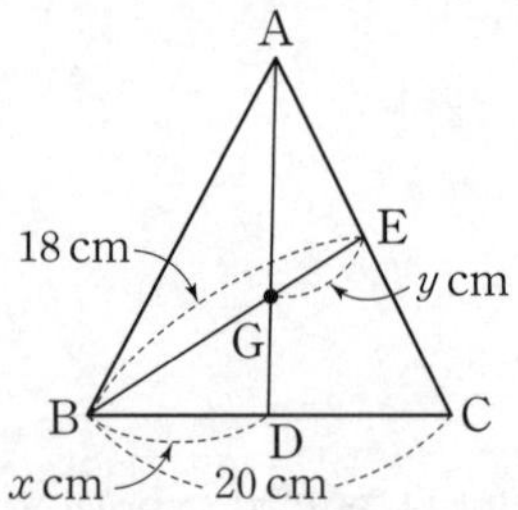

개념 38 삼각형의 무게중심과 넓이

(1) 삼각형의 무게중심과 넓이

점 G가 △ABC의 무게중심일 때

① $\triangle GAF = \triangle GBF = \triangle GBD = \triangle GCD = \triangle GCE = \triangle GAE = \dfrac{1}{6}\triangle ABC$

② $\triangle GAB = \triangle GBC = \triangle GCA = \dfrac{1}{3}\triangle ABC$

(2) 평행사변형에서 삼각형의 무게중심의 응용

평행사변형 ABCD에서 두 대각선의 교점을 O라 하고, $\overline{BC}$, $\overline{CD}$의 중점을 각각 M, N이라 하고, $\overline{AM}$, $\overline{AN}$이 대각선 BD와 만나는 점을 각각 P, Q라 하면

① 두 점 P, Q는 각각 △ABC, △ACD의 무게중심이다.

② $\overline{BP} = \overline{PQ} = \overline{QD} = \dfrac{1}{3}\overline{BD}$

③ $\overline{PO} = \overline{QO} = \dfrac{1}{6}\overline{BD}$

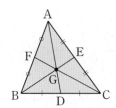

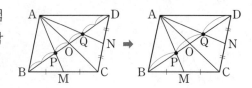

• 정답 및 해설 028쪽

삼각형의 무게중심과 넓이

01 다음 그림에서 점 G가 △ABC의 무게중심이고 △ABC의 넓이가 $30\ cm^2$일 때, 색칠한 부분의 넓이를 구하시오.

(1)

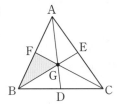

_____

(2)

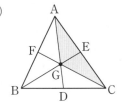

_____

(3)

_____

(4)

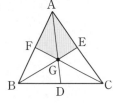

_____

(5)

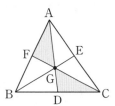

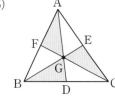

_____

02 다음 그림에서 점 G가 △ABC의 무게중심이고
△GDC=4 cm²일 때, 색칠한 부분의 넓이를 구하시오.

(1)
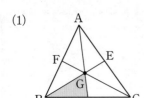

_____

(2)
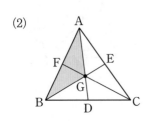

_____

(3)
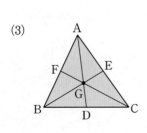

_____

(4)
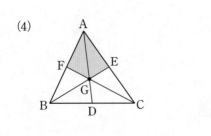

_____

(5)
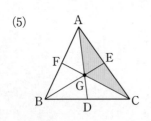

_____

03 다음 그림에서 점 G가 △ABC의 무게중심일 때, 색칠한 부분의 넓이를 구하시오.

(1) △ABC=24 cm²
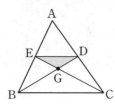

_____

풀이 ❶ △AEC= ☐ △ABC= ☐ (cm²)

❷ △ECD= ☐ △AEC= ☐ (cm²)

❸ △EGD= ☐ △ECD= ☐ (cm²)

(2) △ABC=48 cm²
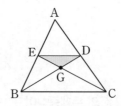

_____

(3) △EGD=6 cm²
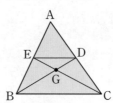

_____

(4) △GBC=36 cm²
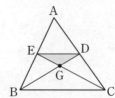

_____

평행사변형에서 삼각형의 무게중심의 응용 교과서UP

04 다음 그림과 같은 평행사변형 ABCD에서 x의 값을 구하시오. (단, 점 O는 두 대각선의 교점이다.)

(1)
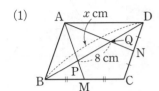

_____

(2)
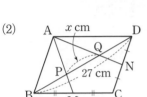

_____

(3)
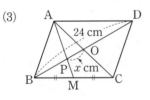

_____

05 다음 그림과 같은 평행사변형 ABCD에서 □ABCD=36 cm²일 때, 색칠한 부분의 넓이를 구하시오. (단, 점 O는 두 대각선의 교점이다.)

(1)
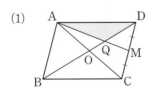

_____

(2)
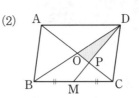

_____

(3)
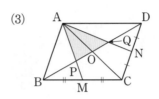

_____

◀◀◀◀◀ 학교 시험 **바로** 맛보기 ────────────

06 다음 그림에서 점 G는 △ABC의 무게중심이다.
△ABC의 넓이가 48 cm²일 때, □DCEG의 넓이는?

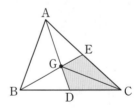

① 10 cm²   ② 12 cm²   ③ 14 cm²
④ 16 cm²   ⑤ 18 cm²

1 오른쪽 그림과 같은 △ABC에서 $\overline{BC}$의 중점을 D, $\overline{AD}$의 중점을 E라 하자. △ABC의 넓이가 $32\,\text{cm}^2$일 때, △AEC의 넓이는?

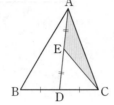

① $4\,\text{cm}^2$　　② $5\,\text{cm}^2$

③ $6\,\text{cm}^2$　　④ $7\,\text{cm}^2$

⑤ $8\,\text{cm}^2$

2 오른쪽 그림에서 점 G는 △ABC의 무게중심이다. $\overline{AG}=8\,\text{cm}$, $\overline{GE}=4\,\text{cm}$일 때, $\overline{AD}+\overline{BE}$의 값은?

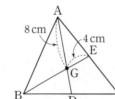

① $23\,\text{cm}$　　② $24\,\text{cm}$

③ $25\,\text{cm}$　　④ $26\,\text{cm}$

⑤ $27\,\text{cm}$

3 오른쪽 그림에서 점 G는 △ABC의 무게중심이고, 점 F는 $\overline{CD}$의 중점이다. $\overline{AG}=3x-1$, $\overline{EF}=2x+3$일 때, 다음 물음에 답하시오.

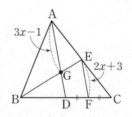

(1) $\overline{AD}$의 길이를 x에 대한 식으로 나타내시오.

(2) x의 값을 구하시오.

4 오른쪽 그림에서 점 G는 △ABC의 무게중심이다. $\overline{BC} /\!/ \overline{EG}$이고 $\overline{EG}=4\,\text{cm}$일 때, $\overline{BC}$의 길이는?

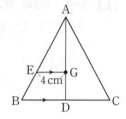

① $12\,\text{cm}$　　② $13\,\text{cm}$

③ $14\,\text{cm}$　　④ $15\,\text{cm}$

⑤ $16\,\text{cm}$

5 오른쪽 그림에서 점 G가 △ABC의 무게중심이고 △ABC의 넓이가 $36\,\text{cm}^2$일 때, 색칠한 부분의 넓이는?

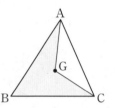

① $20\,\text{cm}^2$　　② $22\,\text{cm}^2$

③ $24\,\text{cm}^2$　　④ $26\,\text{cm}^2$

⑤ $28\,\text{cm}^2$

6 오른쪽 그림과 같은 평행사변형 ABCD에서 $\overline{BC}$와 $\overline{DC}$의 중점을 각각 E, F라 하고, $\overline{BD}$가 $\overline{AE}$, $\overline{AF}$와 만나는 점을 각각 P, Q라 하자. $\overline{BD}=21\,\text{cm}$일 때, $\overline{PQ}$의 길이를 구하시오.

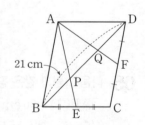

5. 피타고라스 정리

개념 **39** 피타고라스 정리

직각삼각형 ABC에서 직각을 낀 두 변의 길이를 a, b라 하고 빗변의 길이를 c라 하면
$$a^2 + b^2 = c^2$$
즉, 직각삼각형에서 빗변의 길이의 제곱은 나머지 두 변의 길이의 제곱의 합과 같다.
이와 같은 성질을 **피타고라스 정리**라 한다.

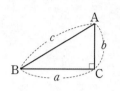

• 정답 및 해설 030쪽

피타고라스 정리

01 다음 그림과 같은 직각삼각형 ABC에서 x의 값을 구하시오.

(1)

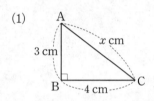

풀이 피타고라스 정리에 의하여
$$\overline{AC}^2 = \overline{AB}^2 + \overline{BC}^2 = 3^2 + \boxed{}^2 = \boxed{}$$
$$\therefore x = \boxed{} \ (\because x > 0)$$

(2)

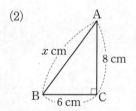

(3)

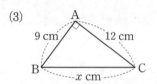

(4)

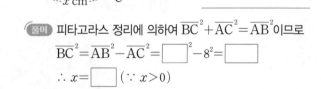

풀이 피타고라스 정리에 의하여 $\overline{BC}^2 + \overline{AC}^2 = \overline{AB}^2$이므로
$$\overline{BC}^2 = \overline{AB}^2 - \overline{AC}^2 = \boxed{}^2 - 8^2 = \boxed{}$$
$$\therefore x = \boxed{} \ (\because x > 0)$$

(5)

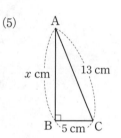

(6)

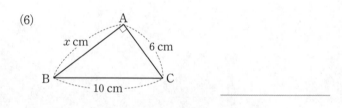

(7)

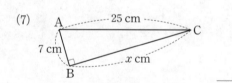

●●●● 학교 시험 **바로** 맛보기

02 오른쪽 그림과 같이 $\angle A = 90°$인 직각삼각형 ABC에서 $\overline{AB} = 10\,cm$, $\overline{BC} = 26\,cm$일 때, △ABC의 둘레의 길이를 구하시오.

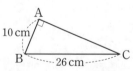

112 • Ⅱ. 도형의 닮음과 피타고라스 정리

오른쪽 그림과 같은 △ABC에서 ∠A＝90°이고 $\overline{AD}\perp\overline{BC}$일 때

(1) 피타고라스 정리에 의하여 $a^2=b^2+c^2$

(2) 직각삼각형의 넓이에서 $\frac{1}{2}bc=\frac{1}{2}ah$이므로 $bc=ah$

(3) 세 직각삼각형 ABC, DBA, DAC는 닮음이므로

$c^2=ax,\ b^2=ay,\ h^2=xy$

참고 ① △ABC∽△DBA(AA 닮음)이므로 $a:c=c:x$ ∴ $c^2=ax$

② △ABC∽△DAC(AA 닮음)이므로 $a:b=b:y$ ∴ $b^2=ay$

③ △DBA∽△DAC(AA 닮음)이므로 $x:h=h:y$ ∴ $h^2=xy$

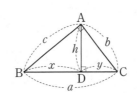

• 정답 및 해설 030쪽

삼각형에서 변의 길이 구하기

01 다음 그림에서 x, y의 값을 각각 구하시오.

(1)
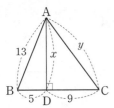

풀이 $\boxed{}^2+x^2=13^2$이므로 $x^2=13^2-\boxed{}^2=\boxed{}$

∴ $x=\boxed{}$ ($\because x>0$)

$9^2+\boxed{}^2=y^2$이므로 $y^2=\boxed{}$

∴ $y=\boxed{}$ ($\because y>0$)

(2)
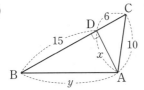

(3)
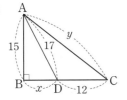

(4)
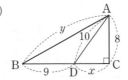

사각형에서 변의 길이 구하기

02 다음 그림의 □ABCD에서 x의 값을 구하시오.

(1)
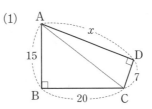

풀이 대각선 AC를 그으면

△ABC에서 $\overline{AC}^2=20^2+\boxed{}^2=\boxed{}$이므로

$\overline{AC}=\boxed{}$ ($\because \overline{AC}>0$)

△ACD에서 $x^2=\boxed{}^2-\boxed{}^2$이므로

$x^2=\boxed{}$ ∴ $x=\boxed{}$ ($\because x>0$)

(2)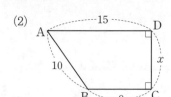

_____

(3)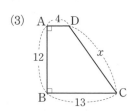

_____

(4)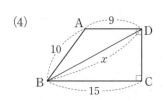

_____

직각삼각형의 닮음을 이용하여 변의 길이 구하기

03 다음 그림에서 x, y, z의 값을 각각 구하시오.

(1)

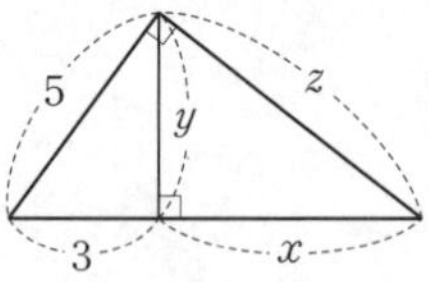

$$x = \boxed{}, \quad y = \boxed{}, \quad z = \boxed{}$$

풀이 $5^2 = \boxed{} \times (\boxed{} + x)$ $\therefore x = \boxed{}$

$y^2 = 3 \times \boxed{} = \boxed{}$ $\therefore y = \boxed{} \ (\because y > 0)$

$z^2 = \boxed{} \times (\boxed{} + 3) = \boxed{}$

$\therefore z = \boxed{} \ (\because z > 0)$

(2)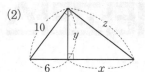

_____

(3)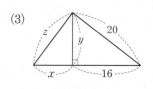

_____

04 오른쪽 그림과 같은 직각삼각형 ABC에서 다음을 구하시오.

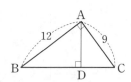

(1) $\overline{AD}$의 길이

_____

풀이 $\overline{BC}^2 = 12^2 + \boxed{}^2 = \boxed{}$ 이므로

$\overline{BC} = \boxed{} \ (\because \overline{BC} > 0)$

$\overline{AB} \times \overline{AC} = \overline{BC} \times \overline{AD}$ 이므로

$12 \times \boxed{} = \boxed{} \times \overline{AD}$ $\therefore \overline{AD} = \boxed{}$

(2) $\overline{BD}$의 길이

_____

풀이 $\overline{AB}^2 = \overline{BD} \times \overline{BC}$ 이므로

$\boxed{}^2 = \overline{BD} \times \boxed{}$ $\therefore \overline{BD} = \boxed{}$

(3) $\overline{CD}$의 길이

_____

05 다음 그림에서 x, y, z의 값을 각각 구하시오.

(1)

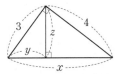

$$x=\boxed{}, \quad y=\boxed{}, \quad z=\boxed{}$$

풀이 $x^2=3^2+4^2=\boxed{}$ $\therefore x=\boxed{} \ (\because x>0)$

$3^2=y\times\boxed{}$ $\therefore y=\boxed{}$

$\boxed{}\times z=3\times4$ $\therefore z=\boxed{}$

(2)

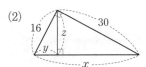

(3)

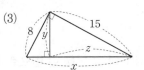

(4)

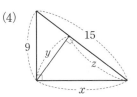

(5)

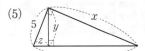

(6)

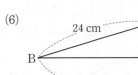

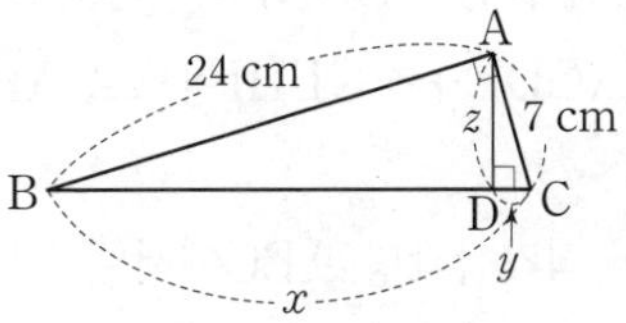

(7)

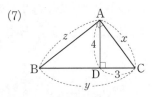

학교 시험 바로 맛보기

06 오른쪽 그림과 같은 △ABC에서 $\overline{AD}\perp\overline{BC}$이고 $\overline{AB}=25\,cm$, $\overline{AD}=15\,cm$, $\overline{BC}=28\,cm$일 때, $\overline{AC}$의 길이는?

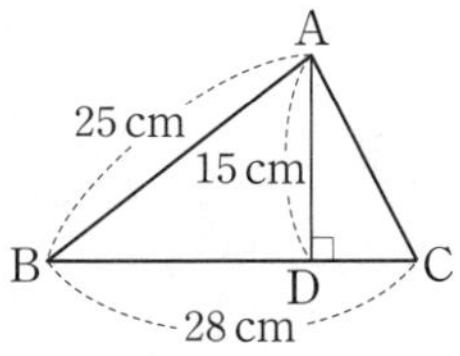

① 13 cm   ② 14 cm   ③ 15 cm

④ 16 cm   ⑤ 17 cm

피타고라스 정리의 증명

(1) 유클리드의 방법

오른쪽 그림과 같은 직각삼각형 ABC에서 빗변 AB를 한 변으로 하는 정사각형
AFGB의 넓이는 나머지 두 변 BC, CA를 각각 한 변으로 하는 두 정사각형
CBHI, ACDE의 넓이의 합과 같다.

① □ACDE=□AFKJ, □CBHI=□JKGB

② □AFGB=□ACDE+□CBHI이므로 $\overline{AB}^2=\overline{CA}^2+\overline{BC}^2$

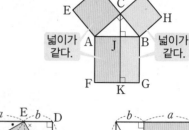

(2) 피타고라스의 방법

오른쪽 그림과 같이 직각삼각형 ABC에서 두 변 AC, BC를 연장하여
한 변의 길이가 $a+b$인 정사각형 FHCD를 만들면

① △ABC≡△EAD≡△GEF≡△BGH (SAS 합동)

② □GBAE는 한 변의 길이가 c인 정사각형

③ 직각삼각형 ABC와 합동인 직각삼각형 3개를 이용하여
한 변의 길이가 $a+b$인 정사각형을 만들면
([그림 1]의 색칠한 부분의 넓이)=([그림 2]의 색칠한 부분의 넓이) ➡ $a^2+b^2=c^2$

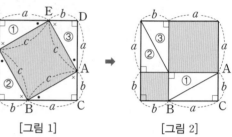

[그림 1]   [그림 2]

유클리드의 방법

01 다음 그림은 직각삼각형 ABC의 각 변을 한 변으로 하는 세 정사각형을 그린 것이다. 두 정사각형의 넓이가 주어졌을 때, 색칠한 정사각형의 넓이를 구하시오.

(1)

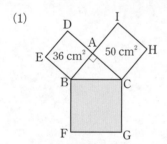

풀이) □BFGC=□ADEB+□ACHI

$=\boxed{}+\boxed{}=\boxed{}$ (cm²)

(2)

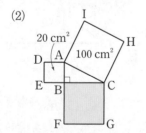

(3)

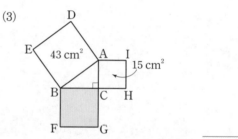

02 다음 그림은 직각삼각형 ABC의 각 변을 한 변으로 하는 세 정사각형을 그린 것이다. 두 정사각형의 넓이가 주어졌을 때, 색칠한 정사각형의 한 변의 길이를 구하시오.

(1)

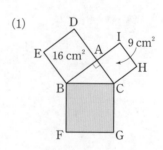

풀이) □BFGC=16+9=$\boxed{}$ (cm²)

즉, $\overline{BC}^2=\boxed{}$ 이므로 $\overline{BC}=\boxed{}$ (cm) ($\because \overline{BC}>0$)

(2)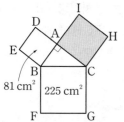

(3)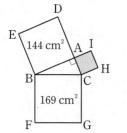

(3)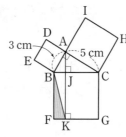

(4)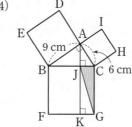

(5)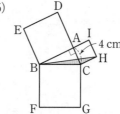

 03 다음 그림은 직각삼각형 ABC의 각 변을 한 변으로 하는 세 정사각형을 그린 것이다. 색칠한 부분의 넓이를 구하시오.

$$풀이 \quad \triangle BCH = \triangle \boxed{} = \frac{1}{2}\square ACHI$$
$$= \frac{1}{2} \times \boxed{}^2 = \boxed{} \,(cm^2)$$

(1)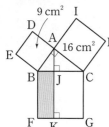

풀이 $\square BFKJ = \square ADEB = \boxed{} \,(cm^2)$

(6)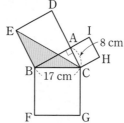

(2)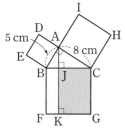

(7)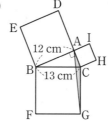

피타고라스의 방법

04 다음 그림에서 □ABCD는 정사각형이고 4개의 직각삼각형이 모두 합동일 때, □EFGH의 넓이를 구하시오.

(1)

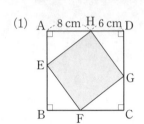

풀이 $\overline{AE}=\overline{DH}=\boxed{}$ cm이므로

△AEH에서 $\overline{EH}^2=8^2+6^2=100$

∴ $\overline{EH}=10(cm)$ $(\because \overline{EH}>0)$

이때 □EFGH는 정사각형이므로

$\square EFGH=\boxed{}^2=\boxed{}(cm^2)$

(2)

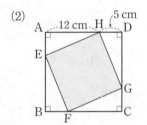

(3)

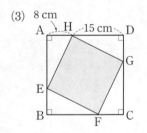

05 다음 그림에서 □ABCD는 정사각형이고 4개의 직각삼각형은 모두 합동이다. □EFGH의 넓이가 주어졌을 때, □ABCD의 넓이를 구하시오.

(1)

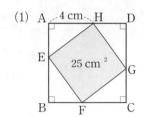

풀이 $\overline{EH}^2=\square EFGH=\boxed{}$ cm²이므로

$\overline{EH}=5(cm)$ $(\because \overline{EH}>0)$

△AEH에서 $4^2+\overline{AE}^2=5^2$이므로

$\overline{AE}^2=5^2-4^2=9$

∴ $\overline{AE}=3(cm)$ $(\because \overline{AE}>0)$

따라서 $\overline{AB}=\boxed{}+\boxed{}=\boxed{}(cm)$이므로

$\square ABCD=\boxed{}^2=\boxed{}(cm^2)$

(2)

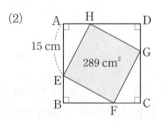

━━━ 학교 시험 바로 맛보기 ━━━

06 오른쪽 그림과 같이 한 변의 길이가 17 cm인 정사각형 ABCD에서 $\overline{AE}=\overline{BF}=\overline{CG}=\overline{DH}=5\,cm$ 일 때, □EFGH의 넓이는?

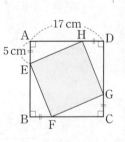

① $168\,cm^2$ ② $169\,cm^2$

③ $170\,cm^2$ ④ $171\,cm^2$

⑤ $172\,cm^2$

기본기 탄탄 문제

1 오른쪽 그림과 같이 ∠A＝90°인 직각삼각형 ABC의 넓이를 구하시오.

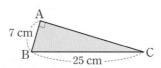

2 오른쪽 그림과 같이 $\overline{AC}$＝13 cm, $\overline{BC}$＝12 cm인 직사각형 ABCD의 넓이는?

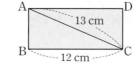

① 50 cm²   ② 55 cm²

③ 60 cm²   ④ 65 cm²

⑤ 70 cm²

3 오른쪽 그림과 같이 ∠C＝90°인 직각삼각형 ABC에서 $\overline{AB}$의 길이를 구하시오.

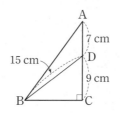

4 오른쪽 그림과 같이 ∠A＝90° 인 직각삼각형 ABC에서 $\overline{AH}\perp\overline{BC}$이고 $\overline{AC}$＝5 cm, $\overline{CH}$＝3 cm일 때, △ABC의 넓이는?

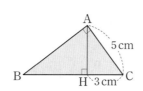

① $\dfrac{50}{3}$ cm²   ② $\dfrac{55}{3}$ cm²   ③ 20 cm²

④ $\dfrac{65}{3}$ cm²   ⑤ $\dfrac{70}{3}$ cm²

5 오른쪽 그림과 같은 사다리꼴 ABCD에서 $\overline{AB}$＝17 cm, $\overline{AD}$＝13 cm, $\overline{BC}$＝21 cm일 때, □ABCD의 넓이를 구하시오.

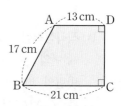

6 오른쪽 그림은 ∠C＝90°인 직각삼각형 ABC의 세 변을 각각 한 변으로 하는 세 정사각형을 그린 것이다. □ACDE의 넓이가 39 cm², □BHIC의 넓이가 25 cm²일 때, $\overline{AB}$의 길이는?

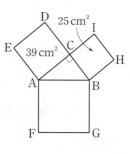

① 7 cm   ② 8 cm   ③ 9 cm

④ 10 cm   ⑤ 11 cm

7 오른쪽 그림과 같이 한 변의 길이가 14 cm인 정사각형 ABCD에서 $\overline{AE}$＝$\overline{BF}$＝$\overline{CG}$＝$\overline{DH}$＝8 cm일 때, □EFGH의 둘레의 길이는?

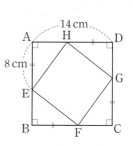

① 36 cm   ② 40 cm   ③ 48 cm

④ 52 cm   ⑤ 56 cm

직각삼각형이 되기 위한 조건

(1) 직각삼각형이 되기 위한 조건

세 변의 길이가 각각 a, b, c인 △ABC에서 $a^2+b^2=c^2$이면 이 삼각형은
빗변의 길이가 c인 직각삼각형이다.
즉, △ABC에서 $a^2+b^2=c^2$이면 ∠C=90°이다.

참고 $a^2+b^2=c^2$을 만족시키는 세 자연수 a, b, c의 순서쌍 (a, b, c)를 피타고라스 수라 한다.

예 $(3, 4, 5)$, $(5, 12, 13)$, $(6, 8, 10)$, $(7, 24, 25)$, $(8, 15, 17)$, $(9, 12, 15)$, …

(2) 삼각형의 변의 길이와 각의 크기 사이의 관계

△ABC에서 $\overline{BC}=a$, $\overline{CA}=b$, $\overline{AB}=c$일 때 (단, c는 가장 긴 변의 길이)

① $a^2+b^2>c^2$이면 ∠C<90°   ② $a^2+b^2=c^2$이면 ∠C=90°   ③ $a^2+b^2<c^2$이면 ∠C>90°

➡ 예각삼각형

➡ 직각삼각형

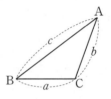

➡ 둔각삼각형

직각삼각형이 되기 위한 조건

01 삼각형의 세 변의 길이가 각각 다음과 같을 때, 직각삼각형인 것에는 ○표, 직각삼각형이 아닌 것에는 ×표를 쓰시오.

(1) 3 cm, 4 cm, 5 cm _____

  풀이 3^2+4^2 ◯ 5^2이므로

  (직각삼각형이다 , 직각삼각형이 아니다).

(2) 2 cm, 4 cm, 5 cm _____

(3) 6 cm, 8 cm, 10 cm _____

(4) 5 cm, 12 cm, 13 cm _____

(5) 7 cm, 9 cm, 11 cm _____

02 세 변의 길이가 각각 다음과 같은 삼각형의 넓이를 구하시오.

(1) 5, 12, 13

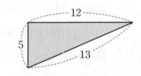

_____

  풀이 5^2+12^2 ◯ 13^2이므로 주어진 삼각형은

  빗변의 길이가 [ ]인 [ ]삼각형이다.

  따라서 삼각형의 넓이는

  $\dfrac{1}{2} \times$ [ ] $\times$ [ ] $=$ [ ]

(2) 9, 12, 15

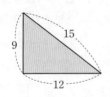

_____

(3) 8, 15, 17

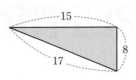

_____

(4) 7, 24, 25

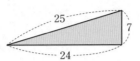

_____

(4) 5 cm, 9 cm, 10 cm

_____

(5) 4 cm, 7 cm, 9 cm

_____

(6) 8 cm, 15 cm, 17 cm

_____

(7) 7 cm, 12 cm, 13 cm

_____

삼각형의 변의 길이와 각의 크기 사이의 관계

03 삼각형의 세 변의 길이가 각각 다음과 같을 때, 예각삼각형인 것에는 '예', 직각삼각형인 것에는 '직', 둔각삼각형인 것에는 '둔'을 쓰시오.

(1) 8 cm, 6 cm, 12 cm

_____

> 풀이 가장 긴 변의 길이가 ☐ cm이고
> ☐^{2} ◯ 8^2+6^2이므로
> 이 삼각형은 ☐ 삼각형이다.

(2) 4 cm, 7 cm, 8 cm

_____

> 풀이 가장 긴 변의 길이가 ☐ cm이고
> ☐^{2} ◯ 4^2+7^2이므로
> 이 삼각형은 ☐ 삼각형이다.

(3) 6 cm, 8 cm, 10 cm

_____

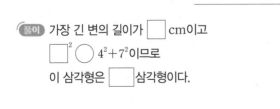
학교 시험 바로 맛보기

04 세 변의 길이가 각각 다음과 같은 삼각형 중 직각삼각형이 **아닌** 것을 모두 고르면? (정답 2개)

① 3 cm, 4 cm, 5 cm
② 5 cm, 12 cm, 13 cm
③ 7 cm, 24 cm, 25 cm
④ 8 cm, 15 cm, 16 cm
⑤ 15 cm, 20 cm, 27 cm

피타고라스 정리의 활용 (1)

(1) 피타고라스 정리를 이용한 직각삼각형의 성질

∠A=90°인 직각삼각형 ABC에서 $\overline{AB}$, $\overline{AC}$ 위에 각각 점 D, E가 있을 때

$$\overline{DE}^2 + \overline{BC}^2 = \overline{BE}^2 + \overline{CD}^2$$

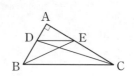

(2) 피타고라스 정리를 이용한 사각형의 성질

① 사각형 ABCD에서 두 대각선 AC와 BD가 직교할 때

$$\overline{AB}^2 + \overline{CD}^2 = \overline{BC}^2 + \overline{DA}^2$$

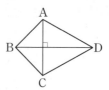

② 직사각형 ABCD의 내부에 한 점 P가 있을 때

$$\overline{AP}^2 + \overline{CP}^2 = \overline{BP}^2 + \overline{DP}^2$$

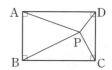

피타고라스 정리를 이용한 직각삼각형의 성질

01 다음 그림과 같은 직각삼각형 ABC에서 $\overline{BC}^2 + \overline{DE}^2$의 값을 구하시오.

(1)

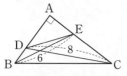

풀이 $\overline{BC}^2 + \overline{DE}^2 = \overline{BE}^2 + \boxed{}^2$

$= 6^2 + \boxed{}^2 = \boxed{}$

(2)

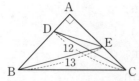

(3)

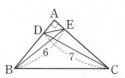

02 다음 그림과 같은 직각삼각형 ABC에서 x^2의 값을 구하시오.

(1)

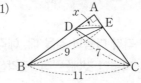

풀이 $\overline{DE}^2 + \overline{BC}^2 = \overline{BE}^2 + \boxed{}^2$이므로

$x^2 + 11^2 = 9^2 + \boxed{}^2$ ∴ $x^2 = \boxed{}$

(2)

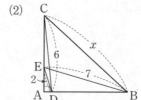

(3)

피타고라스 정리를 이용한 사각형의 성질 ①

03 다음 그림에서 x^2+y^2의 값을 구하시오.

(단, 점 O는 두 대각선의 교점이다.)

(1)

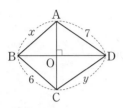

풀이 $x^2+y^2=6^2+\boxed{}^2=\boxed{}$

(2)

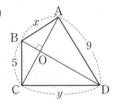

(3)

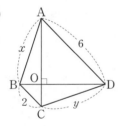

(4)

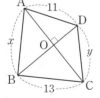

04 다음 그림에서 x^2의 값을 구하시오.

(단, 점 O는 두 대각선의 교점이다.)

(1)

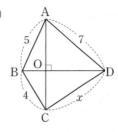

풀이 $\boxed{}^2+x^2=4^2+\boxed{}^2$이므로

$x^2=\boxed{}$

(2)

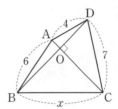

(3)

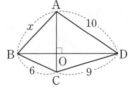

(4)

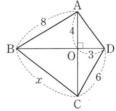

피타고라스 정리를 이용한 사각형의 성질 ②

05 다음 그림에서 x^2+y^2의 값을 구하시오.

(1)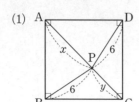

풀이 $x^2+y^2=\boxed{}^2+\boxed{}^2=\boxed{}$

(2)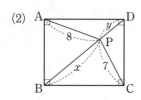

(3)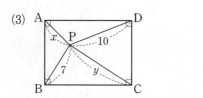

(4)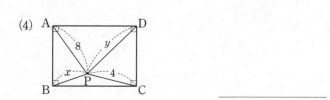

(5)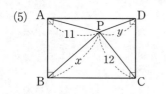

06 다음 그림에서 x^2의 값을 구하시오.

(1)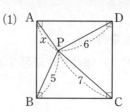

풀이 $x^2+\boxed{}^2=5^2+\boxed{}^2$이므로 $x^2=\boxed{}$

(2)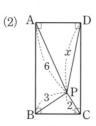

(3)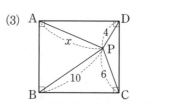

(4)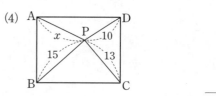

(5)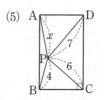

━━━━ 학교 시험 **바로** 맛보기 ━━━━

07 오른쪽 그림과 같이 $\angle A=90°$인 직각삼각형 ABC에서 $\overline{BC}=9$ cm, $\overline{BE}=7$ cm, $\overline{CD}=8$ cm일 때, x^2의 값을 구하시오.

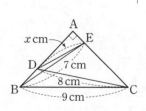

피타고라스 정리의 활용 (2) 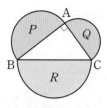 교과서 UP

---

(1) 직각삼각형에서 세 반원 사이의 관계

오른쪽 그림과 같이 직각삼각형 ABC에서 직각을 낀 두 변을 지름으로 하는 반원의 넓이를 각각 P, Q라 하고, 빗변을 지름으로 하는 반원의 넓이를 R이라 할 때

$$P+Q=R$$

(2) 히포크라테스의 원의 넓이

오른쪽 그림과 같이 직각삼각형 ABC의 각 변을 지름으로 하는 반원에서

$$(색칠한 부분의 넓이)=\triangle ABC=\frac{1}{2}bc \quad \text{← 히포크라테스의 원의 넓이}$$

• 정답 및 해설 033쪽

직각삼각형에서 세 반원 사이의 관계

01 다음 그림은 직각삼각형 ABC의 각 변을 지름으로 하는 세 반원을 그린 것이다. 색칠한 부분의 넓이를 구하시오.

(1)

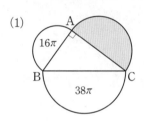

────────────

풀이 (색칠한 부분의 넓이)=□−16π=□

(2)

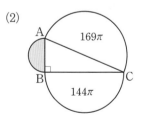

────────────

(3)

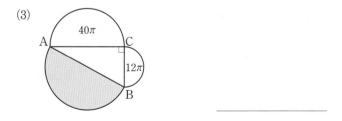

────────────

(4)

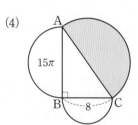

────────────

풀이 $\overline{BC}$를 지름으로 하는 반원의 넓이는

$$\frac{1}{2}\times \pi \times \boxed{}^2=\boxed{}$$

∴ (색칠한 부분의 넓이)=□+15π=□

(5)

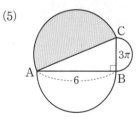

────────────

(6)

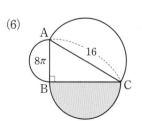

────────────

히포크라테스의 원의 넓이

02 다음 그림은 직각삼각형 ABC의 각 변을 지름으로 하는 세 반원을 그린 것이다. 색칠한 부분의 넓이를 구하시오.

(1)
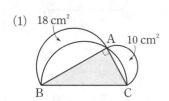

풀이 (색칠한 부분의 넓이)=18+□=□(cm²)

(2)
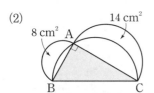

(3)
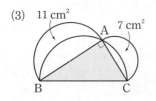

(4)
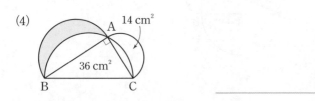

(5)
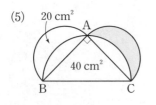

03 다음 그림은 직각삼각형 ABC의 각 변을 지름으로 하는 세 반원을 그린 것이다. 색칠한 부분의 넓이를 구하시오.

(1)
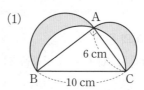

풀이 △ABC에서 $\overline{AB}^2 = 10^2 - 6^2 = $ □

∴ $\overline{AB} = $ □ (cm) ($\because \overline{AB} > 0$)

색칠한 부분의 넓이는 △ABC의 넓이와 같으므로

$\frac{1}{2} \times$ □ $\times 6 = $ □ (cm²)

(2)
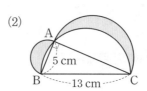

(3)
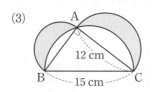

(4)
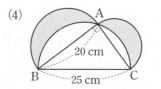

●●●● 학교 시험 바로 맛보기 ●●●●●●●●●●●●●●

04 오른쪽 그림은 직각삼각형 ABC의 세 변을 각각 지름으로 하는 세 반원을 그린 것이다. $\overline{AC}=16$ cm, $\overline{BC}=20$ cm일 때, 색칠한 부분의 넓이를 구하시오.

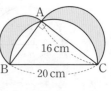

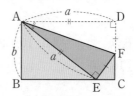
오른쪽 그림과 같이 직사각형 모양의 종이를 접으면

❶ △ABE에서 $\overline{BE}^2=a^2-b^2$

❷ $\overline{EC}=a-\overline{BE}$

❸ △ABE∽△ECF (AA 닮음)이므로 $a:\overline{EF}=b:\overline{EC}$

• 정답 및 해설 033쪽

직사각형 모양의 종이접기

01 직사각형 ABCD를 다음 그림과 같이 접었을 때, $\overline{EF}$ 의 길이를 구하시오.

(1)

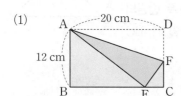

[풀이] $\overline{AE}=\overline{AD}=$ ▯ cm이므로 △ABE에서

$\overline{BE}^2=$ ▯$^2-12^2=$ ▯

∴ $\overline{BE}=$ ▯ (cm) (∵ $\overline{BE}>0$)

∴ $\overline{EC}=20-$ ▯$=$ ▯ (cm)

△ABE∽△ECF (AA 닮음)이므로

$12:4=$ ▯$:\overline{EF}$ ∴ $\overline{EF}=$ ▯ (cm)

(2)

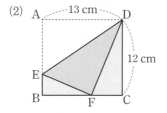

02 직사각형 ABCD를 아래 그림과 같이 접었을 때, 다음을 구하시오.

(1) $\overline{CF}$의 길이

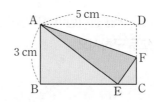

(2) $\overline{EF}$의 길이

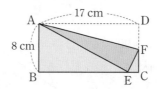

•◀◀◀◀ 학교 시험 **바로** 맛보기 ━━━━

03 다음 그림과 같이 직사각형 ABCD를 점 A가 $\overline{BC}$ 위의 점 E에 오도록 접었을 때, $\overline{BF}$의 길이를 구하시오.

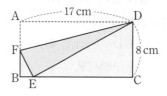

기본기 탄탄 문제 개념 42 ~ 45

1 세 변의 길이가 각각 다음과 같은 삼각형 중 둔각삼각형인 것은?

① 3, 4, 5   ② 4, 6, 7   ③ 5, 10, 12

④ 6, 9, 10   ⑤ 12, 16, 20

2 세 변의 길이가 각각 8, 15, x인 삼각형이 직각삼각형이 되도록 하는 x^2의 값을 모두 구하시오.

3 오른쪽 그림과 같이 $\angle C = 90°$인 직각삼각형 ABC에서 $\overline{AE}^2 + \overline{BD}^2$의 값은?

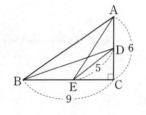

① 142   ② 144

③ 145   ④ 146

⑤ 148

4 오른쪽 그림과 같이 $\overline{AC} \perp \overline{BD}$인 사각형 ABCD에서 $\overline{BC} = 5\,\text{cm}$, $\overline{CD} = 8\,\text{cm}$일 때, $y^2 - x^2$의 값을 구하시오.

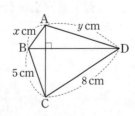

5 오른쪽 그림과 같이 직사각형 ABCD의 내부의 한 점 P에 대하여 $\overline{AP} = 7$, $\overline{BP} = 6$일 때, $\overline{DP}^2 - \overline{CP}^2$의 값을 구하시오.

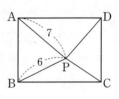

6 오른쪽 그림과 같이 $\angle A = 90°$인 직각삼각형 ABC에서 $\overline{AB}$, $\overline{AC}$를 각각 지름으로 하는 두 반원의 넓이가 각각 32π, 40π일 때, $\overline{BC}$의 길이는?

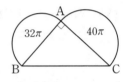

① 22   ② 24   ③ 26

④ 28   ⑤ 30

7 오른쪽 그림은 직각삼각형 ABC의 세 변을 각각 지름으로 하는 세 반원을 그린 것이다. $\overline{AB} = 15\,\text{cm}$, $\overline{BC} = 17\,\text{cm}$일 때, 색칠한 부분의 넓이를 구하시오.

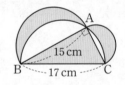

8 오른쪽 그림과 같이 직사각형 ABCD를 대각선 BD를 접는 선으로 하여 접었을 때, $\overline{AD}$의 길이를 구하시오.

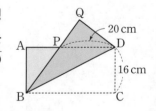

Ⅲ. 확률

6. 경우의 수와 확률

개념 46 사건과 경우의 수

(1) **사건**: 같은 조건에서 반복할 수 있는 실험이나 관찰에 의하여 나타나는 결과
(2) **경우의 수**: 어떤 사건이 일어나는 가짓수

> **주의** 경우의 수를 구할 때는 모든 경우를 빠짐없이, 중복되지 않게 구한다.

예

실험·관찰	사건	경우	경우의 수
한 개의 주사위를 던진다.	짝수의 눈이 나온다.	2, 4, 6	3

주사위에 대한 경우의 수

01 한 개의 주사위를 던질 때, 다음 사건이 일어나는 경우의 수를 구하시오.

(1) 홀수의 눈이 나온다.

$\boxed{}$

> **풀이** 주사위의 눈의 수 중 홀수는 $\boxed{}$, $\boxed{}$, $\boxed{}$이므로 구하는 경우의 수는 $\boxed{}$이다.

(2) 4보다 큰 수의 눈이 나온다.

(3) 소수의 눈이 나온다.

(4) 3의 배수의 눈이 나온다.

02 아래 표는 A, B 두 개의 주사위를 동시에 던질 때 나오는 두 눈의 수를 순서쌍으로 나타낸 것의 일부이다. 표를 완성하고, 다음 물음에 답하시오.

A\B	1	2	3	4	5	6
1	(1, 1)	(1, 2)	(1, 3)	(1, 4)		
2	(2, 1)					
3	(3, 1)					
4						
5						
6						

(1) 모든 경우의 수를 구하시오.

(2) 두 눈의 수가 같은 경우를 위의 표에서 찾아 그 경우의 수를 구하시오.

(3) 두 눈의 수의 합이 6인 경우를 위의 표에서 찾아 그 경우의 수를 구하시오.

카드 뽑기에 대한 경우의 수

03 1부터 10까지의 숫자가 각각 하나씩 적힌 카드 10장 중에서 한 장의 카드를 뽑을 때, 다음 사건이 일어나는 경우의 수를 구하시오.

$\boxed{1}$ $\boxed{2}$ $\boxed{3}$ $\boxed{4}$ $\boxed{5}$
$\boxed{6}$ $\boxed{7}$ $\boxed{8}$ $\boxed{9}$ $\boxed{10}$

(1) 홀수가 나온다.

_____

풀이 홀수는 □, □, □, □, □이므로
구하는 경우의 수는 □이다.

(2) 10의 약수가 나온다.

_____

(3) 4 이하의 수가 나온다.

_____

(4) 3 이상 8 미만의 수가 나온다.

_____

(5) 3의 배수가 나온다.

_____

동전에 대한 경우의 수

04 서로 다른 두 개의 동전을 동시에 던질 때, 다음 사건이 일어나는 경우의 수를 구하시오.

(1) 앞면이 2개 나온다.

_____

풀이 앞면이 2개 나오는 경우는 (앞면, □)이므로
경우의 수는 □이다.

(2) 뒷면이 1개 나온다.

_____

(3) 뒷면이 1개 이상 나온다.

_____

05 100원짜리 동전과 50원짜리 동전을 각각 5개씩 가지고 있을 때, 다음 사건이 일어나는 경우의 수를 구하시오.

(1) 400원을 지불한다.

_____

풀이

100원짜리 동전(개)	4	3	2
50원짜리 동전(개)	0	□	□

따라서 400원을 지불하는 경우의 수는 □이다.

(2) 650원을 지불한다.

_____

━◦◦◦◦ 학교 시험 바로 맛보기 ━━━━

06 오른쪽 그림과 같이 1부터 17까지의 자연수가 각각 하나씩 적힌 공 17개가 들어 있는 상자가 있다. 이 상자에서 공을 한 개 꺼낼 때, 소수가 적힌 공이 나오는 경우의 수를 구하시오.

사건 A 또는 사건 B가 일어나는 경우의 수

두 사건 A와 B가 동시에 일어나지 않을 때,
사건 A가 일어나는 경우의 수가 m, 사건 B가 일어나는 경우의 수가 n이면
➡ (사건 A 또는 사건 B가 일어나는 경우의 수)$=m+n$

참고 일반적으로 '또는', '~이거나'와 같은 표현이 있으면 두 사건이 일어나는 경우의 수를 더한다.

교통 수단에 대한 경우의 수

01 다음을 구하시오.

(1) 희선이네 집에서 미술관까지 가는 버스 노선은 3개, 지하철 노선은 2개일 때, 버스나 지하철을 이용하여 희선이네 집에서 미술관까지 가는 경우의 수

_____

풀이 ❶ 버스를 이용하여 가는 경우의 수: ☐

❷ 지하철을 이용하여 가는 경우의 수: ☐

❸ 버스나 지하철을 이용하여 가는 경우의 수

☐ $+$ ☐ $=$ ☐

(2) 부산에서 제주도까지 가는 교통편으로 비행기 노선은 4개, 배 노선은 3개일 때, 비행기나 배를 이용하여 부산에서 제주도까지 가는 경우의 수

_____

(3) 서울에서 대구까지 가는 교통편으로 KTX 노선은 5개, 고속버스 노선은 4개일 때, KTX나 고속버스를 이용하여 서울에서 대구까지 가는 경우의 수

_____

물건 고르기에 대한 경우의 수

02 다음을 구하시오.

(1) 5종류의 빵과 2종류의 음료수가 있을 때, 빵이나 음료수 중 하나를 고르는 경우의 수

_____

(2) 3종류의 김밥과 5종류의 라면이 있을 때, 김밥이나 라면 중 하나를 고르는 경우의 수

_____

(3) 만화책 6권과 소설책 4권이 있을 때, 만화책이나 소설책 중 한 권을 고르는 경우의 수

_____

(4) 꽃 가게에 장미 4송이, 백합 2송이, 튤립 3송이가 있을 때, 장미나 백합이나 튤립 중 한 송이를 고르는 경우의 수

_____

주사위에 대한 경우의 수

03 서로 다른 두 개의 주사위를 동시에 던질 때, 다음을 구하시오.

(1) 두 눈의 수의 합이 3 또는 6인 경우의 수

_____

풀이 ❶ 두 눈의 수의 합이 3인 경우의 수
$(1, 2), (2, \boxed{}) \Rightarrow \boxed{}$

❷ 두 눈의 수의 합이 6인 경우의 수
$(1, 5), (2, \boxed{}), (3, \boxed{}), (4, \boxed{}), (5, \boxed{})$
$\Rightarrow \boxed{}$

❸ 두 눈의 수의 합이 3 또는 6인 경우의 수
$\boxed{} + \boxed{} = \boxed{}$

(2) 두 눈의 수의 합이 4 또는 12인 경우의 수

_____

(3) 두 눈의 수의 차가 1 또는 3인 경우의 수

_____

(4) 두 눈의 수의 차가 4 이상인 경우의 수

_____

(5) 두 눈의 수의 합이 5의 배수인 경우의 수

_____

카드 뽑기에 대한 경우의 수

04 1에서 20까지의 자연수가 각각 하나씩 적힌 20장의 카드가 들어 있는 주머니에서 한 개의 카드를 꺼낼 때, 다음을 구하시오.

(1) 4 이하이거나 15 이상의 수가 적힌 카드가 나오는 경우의 수

_____

(2) 7 미만이거나 17 초과의 수가 적힌 카드가 나오는 경우의 수

_____

(3) 4의 배수 또는 6의 배수가 적힌 카드가 나오는 경우의 수

_____

풀이 ❶ 4의 배수가 적힌 카드가 나오는 경우의 수
4, 8, 12, 16, 20 $\Rightarrow \boxed{}$

❷ 6의 배수가 적힌 카드가 나오는 경우의 수
6, 12, 18 $\Rightarrow \boxed{}$

❸ 4의 배수 또는 6의 배수가 적힌 카드가 나오는 경우의 수: $\boxed{} + \boxed{} - 1 = \boxed{}$

(4) 3의 배수 또는 5의 배수가 적힌 카드가 나오는 경우의 수

_____

⚫⚫⚫⚫⚫ 학교 시험 바로 맛보기 ━━━━━

05 서로 다른 파란 구슬 3개, 노란 구슬 4개, 빨간 구슬 5개가 들어 있는 주머니에서 한 개의 구슬을 꺼낼 때, 노란 구슬 또는 빨간 구슬이 나오는 경우의 수를 구하시오.

사건 A와 사건 B가 동시에 일어나는 경우의 수

사건 A가 일어나는 경우의 수가 m, 그 각각에 대하여 사건 B가 일어나는 경우의 수가 n이면

➡ (두 사건 A와 B가 동시에 일어나는 경우의 수)$=m \times n$

참고 ① '두 사건 A와 B가 동시에 일어난다.'는 것은 사건 A의 각각의 경우에 대하여 사건 B가 일어난다. 즉, 사건 A와 사건 B가 모두 일어난다는 것을 의미한다.

② 일반적으로 '동시에', '그리고', '~와', '~하고 나서'와 같은 표현이 있으면 두 사건이 일어나는 경우의 수를 곱한다.

동시에 일어나는 경우의 수

01 다음을 구하시오.

(1) 파랑, 보라, 노랑의 3가지 색의 상자와 빨강, 초록의 2가지 색의 리본이 있을 때, 상자와 리본을 각각 하나씩 고르는 경우의 수

_____

풀이

상자	리본	상자	리본	상자	리본
파랑 ⟨	빨강 초록	보라 ⟨	빨강 초록	노랑 ⟨	빨강 초록

상자는 ☐ 가지 색이고 그 각각의 색에 대하여 리본은 ☐ 가지 색을 짝 지을 수 있으므로 상자와 리본을 각각 하나씩 고르는 경우의 수는

☐ × ☐ = ☐

(2) 치킨, 치즈, 새우, 불고기의 4종류의 햄버거와 콜라, 사이다, 주스의 3종류의 음료수가 있다. 햄버거와 음료수를 각각 하나씩 고르는 경우의 수

_____

풀이 $4 \times$ ☐ $=$ ☐

(3) 서로 다른 상의 5벌과 서로 다른 하의 3벌을 짝 지어 입을 수 있는 경우의 수

_____

(4) 2개의 자음 'ㄱ, ㄴ'과 4개의 모음 'ㅏ, ㅓ, ㅗ, ㅜ'에서 자음 한 개와 모음 한 개를 짝 지어 만들 수 있는 글자의 개수

_____

(5) 서로 다른 수학 문제집 5권과 서로 다른 영어 문제집 7권이 있을 때, 수학 문제집과 영어 문제집을 각각 하나씩 고르는 경우의 수

_____

(6) 6종류의 볼펜과 4종류의 필통이 있을 때, 볼펜과 필통을 각각 하나씩 고르는 경우의 수

_____

동전, 가위바위보에 대한 경우의 수

02 다음을 구하시오.

(1) 서로 다른 동전 2개를 동시에 던질 때 일어나는 모든 경우의 수

_____

> **풀이** 동전 1개를 던질 때 나오는 경우의 수는 2이므로 서로 다른 동전 2개를 동시에 던질 때 나오는 경우의 수는
> $\boxed{} \times \boxed{} = \boxed{}$

(2) 서로 다른 동전 3개를 동시에 던질 때 일어나는 모든 경우의 수

_____

(3) 100원짜리 동전 한 개를 4번 던질 때 일어나는 모든 경우의 수

_____

03 다음을 구하시오.

(1) 두 명의 학생이 가위바위보를 할 때 일어나는 모든 경우의 수

_____

> **풀이** 한 명의 학생이 가위바위보를 할 때 나오는 경우의 수는 3이므로 두 명의 학생이 가위바위보를 할 때 나오는 경우의 수는
> $\boxed{} \times \boxed{} = \boxed{}$

(2) 세 명의 학생이 가위바위보를 할 때 일어나는 모든 경우의 수

_____

주사위에 대한 경우의 수

04 한 개의 주사위를 두 번 던질 때, 다음을 구하시오.

(1) 처음에 나온 눈의 수는 6의 약수이고, 나중에 나온 눈의 수는 3의 배수인 경우의 수

_____

> **풀이** ❶ 처음에 6의 약수가 나오는 경우의 수
> 1, 2, $\boxed{}$, $\boxed{}$ ➡ $\boxed{}$
> ❷ 나중에 3의 배수가 나오는 경우의 수
> 3, $\boxed{}$ ➡ $\boxed{}$
> ❸ 처음에 6의 약수가, 나중에 3의 배수가 나오는 경우의 수는
> $\boxed{} \times \boxed{} = \boxed{}$

(2) 두 눈의 수가 모두 홀수인 경우의 수

_____

(3) 두 눈의 수가 모두 소수인 경우의 수

_____

(4) 처음에 나온 눈의 수는 3 미만이고, 나중에 나온 눈의 수는 2의 배수인 경우의 수

_____

(5) 처음에 나온 눈의 수는 4의 약수이고, 나중에 나온 눈의 수는 5 이상인 경우의 수

_____

05 다음을 구하시오.

(1) 서로 다른 동전 2개와 주사위 1개를 동시에 던질 때 일어나는 모든 경우의 수

_____

풀이 ❶ 서로 다른 동전 2개를 던질 때 일어나는 모든 경우의 수
➡ □ × □ = □

❷ 주사위 1개를 던질 때 일어나는 모든 경우의 수
➡ □

❸ 구하는 경우의 수
➡ □ × □ = □

(2) 동전 1개와 서로 다른 주사위 2개를 동시에 던질 때 일어나는 모든 경우의 수

_____

(3) 동전 1개와 주사위 1개를 동시에 던질 때, 동전은 앞면이 나오고 주사위는 홀수의 눈이 나오는 경우의 수

_____

(4) 서로 다른 동전 2개와 주사위 1개를 동시에 던질 때, 동전은 서로 같은 면이 나오고 주사위는 소수의 눈이 나오는 경우의 수

_____

(5) 서로 다른 동전 2개와 주사위 1개를 동시에 던질 때, 동전은 서로 다른 면이 나오고 주사위는 5의 약수의 눈이 나오는 경우의 수

_____

도로망에 대한 경우의 수

06 A지점과 B지점, B지점과 C지점 사이의 길이 다음 그림과 같을 때, A지점에서 C지점까지 가는 경우의 수를 구하시오. (단, 같은 지점은 두 번 이상 지나지 않는다.)

(1)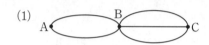

_____

풀이 ❶ A지점에서 B지점까지 가는 경우의 수
➡ □

❷ B지점에서 C지점까지 가는 경우의 수
➡ □

❸ A지점에서 C지점까지 가는 경우의 수
➡ □ × □ = □

(2)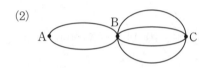

_____

(3)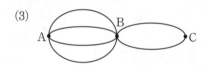

_____

(4)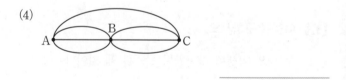

_____

●●●● 학교 시험 **바로** 맛보기

07 어느 아이스크림 가게에서 컵이나 콘에 바닐라 맛, 초콜릿 맛, 딸기 맛, 민트 맛 아이스크림 중에서 한 가지를 담아 판매하고 있다. 이 가게에서 아이스크림 한 개를 주문하는 경우의 수를 구하시오.

경우의 수의 응용(1) – 한 줄로 세우기

(1) 한 줄로 세우기

① n명을 한 줄로 세우는 경우의 수

➡ $n \times (n-1) \times (n-2) \times \cdots \times 2 \times 1$

      └→ 2명을 뽑고 남은 $(n-2)$명 중에서 1명을 뽑는 경우의 수

    └→ 1명을 뽑고 남은 $(n-1)$명 중에서 1명을 뽑는 경우의 수

  └→ n명 중에서 1명을 뽑는 경우의 수

② n명 중에서 2명을 뽑아 한 줄로 세우는 경우의 수

➡ $n \times (n-1)$

③ n명 중에서 3명을 뽑아 한 줄로 세우는 경우의 수

➡ $n \times (n-1) \times (n-2)$

(2) 이웃하여 한 줄로 세우기

❶ 이웃하는 것을 하나로 묶어 한 줄로 세우는 경우의 수를 구한다.

❷ 묶음 안에서 자리를 바꾸는 경우의 수를 구한다.

❸ ❶과 ❷의 경우의 수를 곱한다.

➡ $\left(\begin{array}{c}\text{이웃하는 것을 하나로 묶어}\\\text{한 줄로 세우는 경우의 수}\end{array}\right) \times \left(\begin{array}{c}\text{묶음 안에서 자리를}\\\text{바꾸는 경우의 수}\end{array}\right)$

          └→ 묶음 안에서 한 줄로 세우는 경우의 수와 같다.

• 정답 및 해설 036쪽

한 줄로 세우기

01 A, B, C 세 명을 한 줄로 세울 때, 다음 물음에 답하시오.

(1) 다음 ☐ 안에 알맞은 것을 쓰시오.

첫 번째   두 번째   세 번째

           B —— C

A ⟨

           C —— B

           A —— C

B ⟨

           C —— ☐

           A —— ☐

C ⟨

           ☐ —— ☐

(2) 모든 경우의 수를 구하시오. _____

풀이 첫 번째에 설 수 있는 사람은 ☐명, 두 번째에 설 수 있는 사람은 첫 번째에 선 사람을 제외한 ☐명, 세 번째에 설 수 있는 사람은 첫 번째와 두 번째에 선 사람을 제외한 1명이다.

따라서 구하는 경우의 수는

☐ × ☐ × 1 = ☐

02 다음을 구하시오.

(1) 미영, 경은, 지훈, 수현 4명의 학생들을 한 줄로 세우는 경우의 수

_____

(2) 서로 다른 책 5권을 책꽂이에 한 줄로 꽂는 경우의 수

_____

(3) 운동회에 참가할 이어달리기 선수 6명을 선발하였을 때, 이 선수들이 달리는 순서를 정하는 경우의 수

_____

03 다음을 구하시오.

(1) 3명의 학생 중 2명을 뽑아 한 줄로 세우는 경우의 수

_____

풀이 첫 번째에 설 수 있는 학생은 ☐명, 두 번째에 설 수 있는 학생은 첫 번째에 선 학생을 제외한 ☐명이다.

따라서 구하는 경우의 수는

☐ × ☐ = ☐

(2) 5명의 학생 중 2명을 뽑아 한 줄로 세우는 경우의 수

_____

(3) 4명의 학생 중 3명을 뽑아 한 줄로 세우는 경우의 수
_____

(풀이) $4 \times \boxed{} \times \boxed{} = \boxed{}$

(4) 6명의 학생 중 3명을 뽑아 한 줄로 세우는 경우의 수
_____

특정한 사람의 자리를 고정하여 한 줄로 세우기

04 4명의 학생 A, B, C, D가 있다. 다음을 구하시오.

(1) 4명의 학생을 한 줄로 세울 때, A가 맨 앞에 서는 경우의 수
_____

(풀이) 다음 □ 안에 설 수 있는 사람 수를 쓰면

첫 번째	두 번째	세 번째	네 번째
고정 → A	$\boxed{}$	$\boxed{}$	$\boxed{}$

따라서 구하는 경우의 수는
$\boxed{} \times \boxed{} \times \boxed{} = \boxed{}$

(2) 4명의 학생을 한 줄로 세울 때, B가 맨 뒤에 서는 경우의 수
_____

05 5명의 학생 A, B, C, D, E가 있다. 다음을 구하시오.

(1) 5명의 학생을 한 줄로 세울 때, B를 한가운데에 세우는 경우의 수
_____

(2) 5명의 학생을 한 줄로 세울 때, A를 맨 앞에, E를 맨 뒤에 세우는 경우의 수
_____

(3) 5명의 학생을 한 줄로 세울 때, A, B를 양 끝에 세우는 경우의 수
_____

이웃하여 한 줄로 세우기

06 다음을 구하시오.

(1) A, B, C 3명의 학생을 한 줄로 세울 때, A, B가 이웃하여 서는 경우의 수
_____

(풀이) ❶ 이웃하는 학생을 한 명으로 묶어 생각한다. ➡ $\boxed{AB}$
❷ $\boxed{AB}$, C를 한 줄로 세우는 경우의 수는 2명을 한 줄로 세우는 경우의 수와 같으므로 $\boxed{}$이다.
❸ 묶음 안에서 A와 B가 서로 자리를 바꾸는 경우의 수는 $\boxed{AB}$, $\boxed{BA}$의 $\boxed{}$이다.
❹ 구하는 경우의 수는 $\boxed{} \times \boxed{} = \boxed{}$

(2) A, B, C, D 4명의 학생을 한 줄로 세울 때, B, C가 이웃하여 서는 경우의 수
_____

(3) 남학생 4명, 여학생 2명을 한 줄로 세울 때, 여학생끼리 이웃하여 서는 경우의 수
_____

(4) 미연, 지유, 서현, 경민, 진수 5명을 한 줄로 세울 때, 미연이와 지유가 이웃하여 서는 경우의 수
_____

(5) 미연, 지유, 서현, 경민, 진수 5명을 한 줄로 세울 때, 서현, 경민, 진수가 이웃하여 서는 경우의 수
_____

──◆◆◆◆ 학교 시험 바로 맛보기 ──────

07 다음 그림과 같이 6개의 알파벳이 각각 하나씩 적힌 카드 6장이 있다. 6장의 카드를 한 줄로 나열할 때, S가 적힌 카드가 맨 앞에 오도록 하는 경우의 수를 구하시오.

S	U	N	D	A	Y

개념 50 경우의 수의 응용(2) - 자연수 만들기

> **(1) 자연수 만들기 – 0을 포함하지 않는 경우**
>
> 0이 아닌 서로 다른 한 자리의 숫자가 각각 하나씩 적힌 n장의 카드 중에서
>
> ① 2장을 뽑아 만들 수 있는 두 자리의 자연수의 개수 ➡ $n \times (n-1)$(개)
>
> ② 3장을 뽑아 만들 수 있는 세 자리의 자연수의 개수 ➡ $n \times (n-1) \times (n-2)$(개)
>
> **(2) 자연수 만들기 – 0을 포함하는 경우**
>
> 0을 포함한 서로 다른 한 자리의 숫자가 각각 하나씩 적힌 n장의 카드 중에서
>
> ① 2장을 뽑아 만들 수 있는 두 자리의 자연수의 개수 ➡ $(n-1) \times (n-1)$(개)
>
> ② 3장을 뽑아 만들 수 있는 세 자리의 자연수의 개수 ➡ $(n-1) \times (n-1) \times (n-2)$(개)
>
> **주의** 숫자 중에서 0이 포함된 경우 0은 맨 앞자리에 올 수 없다.

· 정답 및 해설 036쪽

0을 포함하지 않는 경우 자연수 만들기

01 다음 숫자 카드 중에서 2장을 동시에 뽑아 만들 수 있는 두 자리의 자연수의 개수를 구하시오.

(1) ⟦1⟧ ⟦2⟧ ⟦7⟧

_____

> **풀이** 십의 자리에 올 수 있는 숫자는 1, ☐, ☐의 3개,
> 일의 자리에 올 수 있는 숫자는 십의 자리의 숫자를
> 제외한 ☐개이므로 구하는 자연수의 개수는
> $3 \times ☐ = ☐$(개)

(2) ⟦3⟧ ⟦4⟧ ⟦5⟧ ⟦8⟧

_____

(3) ⟦1⟧ ⟦2⟧ ⟦6⟧ ⟦7⟧ ⟦9⟧

_____

02 숫자 카드 ⟦2⟧, ⟦4⟧, ⟦5⟧, ⟦8⟧ 중에서 2장을 동시에 뽑아 두 자리의 자연수를 만들 때, 다음 조건을 만족시키는 자연수의 개수를 구하시오.

(1) 짝수

_____

> **풀이** 일의 자리에 올 수 있는 숫자는 ☐, ☐, ☐의 3개,
> 십의 자리에 올 수 있는 숫자는 일의 자리의 숫자를
> 제외한 ☐개이므로 구하는 짝수의 개수는
> $3 \times ☐ = ☐$(개)

(2) 홀수

_____

(3) 50보다 작은 수

_____

0을 포함하는 경우 자연수 만들기

03 다음 숫자 카드 중에서 2장을 동시에 뽑아 만들 수 있는 두 자리의 자연수의 개수를 구하시오.

(1) ⓪ ③ ④

───────────────

풀이 십의 자리에 올 수 있는 숫자는 ☐, ☐의 2개,
일의 자리에 올 수 있는 숫자는 십의 자리의 숫자를
제외한 ☐개이므로 구하는 두 자리의 자연수의 개수는
$2 \times$ ☐ $=$ ☐(개)

(2) ⓪ ① ⑤ ⑦

───────────────

(3) ⓪ ② ④ ⑥ ⑨

───────────────

04 다음 숫자 카드 중에서 3장을 동시에 뽑아 만들 수 있는 세 자리의 자연수의 개수를 구하시오.

(1) ⓪ ① ④ ⑨

───────────────

(2) ⓪ ② ⑤ ⑦ ⑧

───────────────

05 숫자 카드 ⓪, ①, ④, ⑤ 중에서 2장을 동시에 뽑아 두 자리의 자연수를 만들 때, 다음 조건을 만족시키는 자연수의 개수를 구하시오.

(1) 짝수

───────────────

풀이 짝수이려면 일의 자리에 올 수 있는 숫자는 0, 4이므로

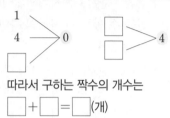

따라서 구하는 짝수의 개수는
☐ $+$ ☐ $=$ ☐(개)

(2) 홀수

───────────────

(3) 5의 배수

───────────────

(4) 40 이상인 수

───────────────

06 숫자 카드 ⓪, ②, ③, ⑦ 중에서 3장을 동시에 뽑아 세 자리의 자연수를 만들 때, 350보다 작은 수의 개수를 구하시오.

───────────────

●━◆◆◆◆ 학교 시험 **바로** 맛보기 ─────────

07 1, 2, 3, 4, 5의 숫자가 각각 하나씩 적힌 5장의 카드 중에서 2장을 동시에 뽑아 만들 수 있는 40보다 작은 두 자리의 자연수의 개수를 구하시오.

개념 51 경우의 수의 응용(3) - 대표 뽑기

(1) 대표 뽑기 – 자격이 다른 경우 ← 뽑는 순서와 관계가 있는 경우

① n명 중에서 자격이 다른 2명의 대표를 뽑는 경우의 수 ➡ $n \times (n-1)$

② n명 중에서 자격이 다른 3명의 대표를 뽑는 경우의 수 ➡ $n \times (n-1) \times (n-2)$

(2) 대표 뽑기 – 자격이 같은 경우 ← 뽑는 순서와 관계가 없는 경우

① n명 중에서 자격이 같은 2명의 대표를 뽑는 경우의 수 ➡ $\dfrac{n \times (n-1)}{2}$

└── 2명이 자리를 바꾸는 경우의 수, 즉 $2 \times 1 = 2$로 나눈다.

② n명 중에서 자격이 같은 3명의 대표를 뽑는 경우의 수 ➡ $\dfrac{n \times (n-1) \times (n-2)}{6}$

└── 3명이 자리를 바꾸는 경우의 수, 즉 $3 \times 2 \times 1 = 6$으로 나눈다.

· 정답 및 해설 037쪽

자격이 다른 경우 대표 뽑기

01 4명의 후보 A, B, C, D 중에서 다음과 같이 뽑는 경우의 수를 구하시오.

(1) 회장 1명, 부회장 1명

_____

풀이 회장이 될 수 있는 사람은 4명, 부회장이 될 수 있는 사람은 회장을 제외한 ☐명이므로 구하는 경우의 수는

$4 \times \boxed{} = \boxed{}$

(2) 회장 1명, 부회장 1명, 총무 1명

_____

(3) 회장 1명, 부회장 1명, 총무 1명, 서기 1명

_____

자격이 같은 경우 대표 뽑기

02 4명의 후보 A, B, C, D 중에서 다음과 같이 뽑는 경우의 수를 구하시오.

(1) 대표 2명

_____

풀이 대표 2명으로 A, B가 뽑히는 경우와 B, A가 뽑히는 경우는 서로 같다. 즉, 중복되는 경우가 2가지씩 생기므로 대표 2명을 뽑는 경우의 수는

$\dfrac{4 \times \boxed{}}{2 \times 1} = \boxed{}$

(2) 대표 3명

_____

풀이 $\dfrac{\boxed{} \times \boxed{} \times \boxed{}}{3 \times 2 \times 1} = \boxed{}$

(3) 대표 2명, 총무 1명

_____

풀이 대표 2명을 뽑는 경우의 수는 ☐, 나머지 2명 중에서 총무 1명을 뽑는 경우의 수는 2이므로 대표 2명, 총무 1명을 뽑는 경우의 수는

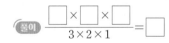

$\boxed{} \times 2 = \boxed{}$

03 남학생 2명, 여학생 3명 중에서 다음과 같이 뽑는 경우의 수를 구하시오.

(1) 회장 1명, 부회장 1명 _____

(2) 회장 1명, 부회장 1명, 총무 1명 _____

(3) 대표 2명 _____

(4) 대표 3명 _____

(5) 남학생 대표 1명, 여학생 대표 1명 _____

(6) 회장 1명, 부회장 2명 _____

선분 또는 삼각형의 개수

04 오른쪽 그림과 같이 원 위에 4개의 점 A, B, C, D가 있다. 다음을 구하시오.

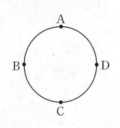

(1) 2개의 점을 이어 만들 수 있는 선분의 개수 _____

풀이 $\overline{AB}$와 $\overline{BA}$는 서로 같다.
따라서 만들 수 있는 선분의 개수는 4명 중에서 자격이 같은 2명을 뽑는 경우의 수와 같으므로
$$\frac{\boxed{} \times \boxed{}}{2 \times 1} = \boxed{}(개)$$

(2) 3개의 점을 이어 만들 수 있는 삼각형의 개수 _____

풀이 △ABC, △ACB, △BAC, △BCA, △CAB, △CBA는 모두 같은 삼각형이다.
따라서 만들 수 있는 삼각형의 개수는 4명 중에서 자격이 같은 3명을 뽑는 경우의 수와 같으므로
$$\frac{\boxed{} \times \boxed{} \times 2}{3 \times 2 \times 1} = \boxed{}(개)$$

05 오른쪽 그림과 같이 원 위에 5개의 점 A, B, C, D, E가 있다. 다음을 구하시오.

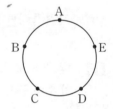

(1) 2개의 점을 이어 만들 수 있는 선분의 개수 _____

(2) 3개의 점을 이어 만들 수 있는 삼각형의 개수 _____

●●●● 학교 시험 **바로** 맛보기

06 어느 중학교의 7명의 탁구부 부원 중에서 대회에 출전할 대표 3명을 뽑는 경우의 수를 구하시오.

기본기 탄탄 문제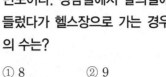

1 1부터 40까지의 자연수가 각각 하나씩 적혀 있는 40장의 카드 중에서 1장을 뽑을 때, 다음 사건 중 경우의 수가 가장 큰 것은?

① 5의 배수가 나온다.
② 40의 약수가 나온다.
③ 20 이상의 수가 나온다.
④ 2와 서로소인 수가 나온다.
⑤ 4로 나눈 나머지가 3인 수가 나온다.

2 주연이는 떡볶이를 먹고 3000원을 내려고 한다. 지갑을 살펴보니 500원짜리 동전 6개, 1000원짜리 지폐 3장이 있을 때, 떡볶이의 값을 지불하는 경우의 수를 구하시오.
(단, 거스름돈이 생기지 않도록 지불한다.)

3 스마트폰을 한 개 구입하기 위해 대리점에 갔더니 A사의 모델이 5가지, B사의 모델이 4가지, C사의 모델이 3가지가 있었다. 이때 A사 또는 B사의 모델을 구입하는 경우의 수를 구하시오.

4 1부터 30까지의 자연수가 각각 하나씩 적힌 30장의 카드가 있다. 이 중에서 카드를 한 장 뽑았을 때, 3의 배수 또는 20 이상의 수가 나오는 경우의 수는?

① 13   ② 14   ③ 15
④ 16   ⑤ 17

5 오른쪽 그림은 어느 체육관의 단면도이다. 상담실에서 탈의실에 들렀다가 헬스장으로 가는 경우의 수는?

① 8   ② 9
③ 10   ④ 11
⑤ 12

6 오른쪽 그림과 같이 5개의 자음과 5개의 모음이 각각 하나씩 적힌 10장의 카드가 있다. 자음과 모음이 적힌 카드를 각각 한 장씩 뽑아 만들 수 있는 글자의 개수를 구하시오.

7 서로 다른 동전 2개와 주사위 1개를 동시에 던질 때, 동전은 1개만 뒷면이 나오고 주사위는 4의 약수의 눈이 나오는 경우의 수는?

① 4   ② 5   ③ 6
④ 7   ⑤ 8

8 어느 영화관에서 하루에 네 편의 영화를 한 번씩 상영한다고 할 때, 네 편의 영화의 상영 순서를 정하는 경우의 수를 구하시오.

9 A, B, C, D, E, F 6명의 학생이 가상 현실 게임을 하기 위해 순서를 정하려고 한다. 가장 처음에 A가, 가장 나중에 F가 게임을 하도록 순서를 정하는 경우의 수는?

① 12　　　　② 24　　　　③ 48
④ 120　　　⑤ 720

10 f, a, l, s, e의 5개의 문자를 한 줄로 나열할 때, 모음끼리 이웃하는 경우의 수를 구하시오.

11 1부터 7까지의 자연수가 각각 하나씩 적힌 7장의 카드가 있다. 이 중에서 한 장을 뽑아 나온 숫자를 십의 자리의 숫자로, 다시 한 장을 뽑아 나온 숫자를 일의 자리의 숫자로 할 때, 만들 수 있는 두 자리의 자연수의 개수를 구하시오. (단, 뽑은 카드는 다시 넣지 않는다.)

12 0, 1, 2, 3, 4, 5, 6의 7개의 숫자를 사용하여 만들 수 있는 두 자리의 자연수 중 홀수의 개수는?
(단, 같은 숫자를 중복하여 사용하지 않는다.)

① 10개　　　② 12개　　　③ 15개
④ 16개　　　⑤ 18개

13 그리기 대회에 출품된 5개의 작품 중에서 대상 1개, 최우수상 1개를 선정하는 경우의 수를 구하시오.

14 6명의 학생 A, B, C, D, E, F 중에서 기마전에 출전할 4명의 학생을 선발할 때, 두 학생 A, B가 포함되는 경우의 수는?

① 4　　　　② 6　　　　③ 8
④ 10　　　⑤ 12

15 오른쪽 그림과 같이 원 위에 6개의 점이 있다. 이 중에서 두 점을 이어 만들 수 있는 선분의 개수는?

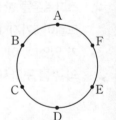

① 6개　　　② 12개
③ 15개　　　④ 20개
⑤ 30개

확률의 뜻과 성질

(1) 확률

같은 조건에서 실험이나 관찰을 여러 번 반복할 때, 어떤 사건이 일어나는 상대도수가 일정한 값에 가까워지면 이 일정한 값을 그 사건이 일어날 **확률**이라 한다.

(2) 사건 A가 일어날 확률

어떤 실험이나 관찰에서 각 경우가 일어날 가능성이 모두 같을 때, 일어날 수 있는 모든 경우의 수가 n, 사건 A가 일어나는 경우의 수가 a이면 사건 A가 일어날 확률 p는

$$p = \frac{(\text{사건 } A \text{가 일어나는 경우의 수})}{(\text{모든 경우의 수})} = \frac{a}{n}$$

(3) 확률의 성질

① 어떤 사건이 일어날 확률을 p라 하면 $0 \le p \le 1$이다.

② 절대로 일어나지 않는 사건의 확률은 0이고, 반드시 일어나는 사건의 확률은 1이다.

• 정답 및 해설 038쪽

공 꺼내기에 대한 확률

01 다음을 구하시오.

(1) 빨간 공 2개, 파란 공 3개가 들어 있는 주머니에서 한 개의 공을 꺼낼 때, 파란 공을 꺼낼 확률

    풀이 ❶ 모든 경우의 수: ☐ + ☐ = ☐

    ❷ 파란 공을 꺼내는 경우의 수: ☐

    ❸ 파란 공을 꺼낼 확률: ☐

(2) 초록 공 4개, 주황 공 3개가 들어 있는 주머니에서 한 개의 공을 꺼낼 때, 초록 공을 꺼낼 확률

(3) 흰 바둑돌 6개, 검은 바둑돌 4개가 들어 있는 주머니에서 한 개의 바둑돌을 꺼낼 때, 검은 바둑돌을 꺼낼 확률

카드 뽑기에 대한 확률

02 아래 그림과 같이 10장의 숫자 카드가 있다. 이 중에서 한 장을 뽑을 때, 다음과 같은 조건의 수가 적힌 카드를 뽑을 확률을 구하시오.

3 7 8 10 12
15 18 20 21 25

(1) 짝수

    풀이 ❶ 모든 경우의 수: ☐

    ❷ 짝수가 적힌 카드를 뽑는 경우의 수: ☐

    ❸ 짝수가 적힌 카드를 뽑을 확률: ☐

(2) 10보다 작은 수

(3) 5의 배수

동전 던지기에 대한 확률

03 서로 다른 두 개의 동전을 동시에 던질 때, 다음을 구하시오.

(1) 서로 다른 면이 나올 확률

_____

> 풀이 ❶ 모든 경우의 수: ☐
>
> ❷ 서로 다른 면이 나오는 경우의 수: ☐
>
> ❸ 서로 다른 면이 나올 확률: ☐

(2) 앞면이 1개 나올 확률

_____

04 서로 다른 세 개의 동전을 동시에 던질 때, 다음을 구하시오.

(1) 3개 모두 같은 면이 나올 확률

_____

(2) 앞면이 1개, 뒷면이 2개 나올 확률

_____

(3) 앞면이 3개 나올 확률

_____

주사위 던지기에 대한 확률

05 서로 다른 두 개의 주사위를 동시에 던질 때, 다음을 구하시오.

(1) 두 눈의 수의 합이 5일 확률

_____

> 풀이 ❶ 모든 경우의 수: ☐
>
> ❷ 두 눈의 수의 합이 5인 경우의 수: ☐
>
> ❸ 두 눈의 수의 합이 5일 확률: ☐

(2) 두 눈의 수의 합이 7일 확률

_____

(3) 두 눈의 수의 차가 0일 확률

_____

(4) 두 눈의 수의 차가 2일 확률

_____

(5) 두 눈의 수의 곱이 4일 확률

_____

(6) 두 눈의 수의 곱이 6일 확률

_____

한 줄로 세우기, 대표 뽑기에 대한 확률

06 미진, 수희, 경민, 지윤 4명이 한 줄로 서서 사진을 찍을 때, 미진이와 경민이가 이웃하여 서서 사진을 찍을 확률을 구하려고 한다. 다음 물음에 답하시오.

(1) 4명이 한 줄로 서는 경우의 수를 구하시오.

    ―――――――――

(2) 미진이와 경민이가 이웃하여 서는 경우의 수를 구하시오.

    ―――――――――

(3) 미진이와 경민이가 이웃하여 서서 사진을 찍을 확률을 구하시오.

    ―――――――――

07 A, B, C, D 네 명의 학생 중에서 회장 1명, 부회장 1명을 뽑을 때, A가 회장으로 뽑힐 확률을 구하려고 한다. 다음 물음에 답하시오.

(1) 4명 중에서 회장 1명, 부회장 1명을 뽑는 경우의 수를 구하시오.

    ―――――――――

(2) A가 회장으로 뽑히는 경우의 수를 구하시오.

    ―――――――――

(3) A가 회장으로 뽑힐 확률을 구하시오.

    ―――――――――

자연수 만들기에 대한 확률

08 1, 3, 5, 6의 4장의 숫자 카드 중에서 2장을 동시에 뽑아 두 자리의 자연수를 만들 때, 다음을 구하시오.

(1) 두 자리의 자연수가 홀수일 확률

    ―――――――――

풀이 ❶ 만들 수 있는 두 자리의 자연수의 개수: ☐ 개

❷ 두 자리의 자연수 중 홀수의 개수: ☐ 개

❸ 두 자리의 자연수가 홀수일 확률: ☐

(2) 두 자리의 자연수가 5의 배수일 확률

    ―――――――――

09 0, 2, 5, 7의 4장의 숫자 카드 중에서 2장을 동시에 뽑아 두 자리의 자연수를 만들 때, 다음을 구하시오.

(1) 두 자리의 자연수가 2의 배수일 확률

    ―――――――――

풀이 ❶ 만들 수 있는 두 자리의 자연수의 개수: ☐ 개

❷ 두 자리의 자연수 중 2의 배수의 개수: ☐ 개

❸ 두 자리의 자연수가 2의 배수일 확률: ☐

(2) 두 자리의 자연수가 60보다 작을 확률

    ―――――――――

• 정답 및 해설 039쪽

확률의 성질

10 다음을 구하시오.

(1) 주사위 한 개를 던질 때, 나온 눈의 수가 0일 확률

_____

(2) 주사위 한 개를 던질 때, 나온 눈의 수가 6 이하일 확률

_____

(3) 빨간 공 4개, 파란 공 3개가 들어 있는 상자 속에서 1개의 공을 꺼낼 때, 초록 공이 나올 확률

_____

(4) 여학생 5명 중에서 대표 2명을 뽑을 때, 대표가 모두 여학생일 확률

_____

11 검은 바둑돌 10개가 들어 있는 주머니에서 바둑돌 한 개를 임의로 꺼낼 때, 다음을 구하시오.

(1) 꺼낸 바둑돌이 흰 바둑돌일 확률

_____

(2) 꺼낸 바둑돌이 검은 바둑돌일 확률

_____

12 2, 4, 6, 8, 10의 5장의 숫자 카드 중에서 한 장을 임의로 뽑을 때, 다음을 구하시오.

(1) 2의 배수가 적힌 카드를 뽑을 확률

_____

(2) 10보다 큰 수가 적힌 카드를 뽑을 확률

_____

13 서로 다른 두 개의 주사위를 동시에 던질 때, 다음을 구하시오.

(1) 두 눈의 수의 곱이 36보다 클 확률

_____

(2) 두 눈의 수의 합이 12 이하일 확률

_____

━●●●● 학교 시험 바로 맛보기 ━━━━━

14 다음 표는 희수네 중학교 2학년 전체 학생들의 혈액형을 조사하여 나타낸 것이다. 2학년 학생들 중 한 명을 선택할 때, 선택한 학생의 혈액형이 B형일 확률은?

혈액형	A형	B형	O형	AB형
학생 수(명)	60	45	30	15

① $\frac{1}{5}$ ② $\frac{3}{10}$ ③ $\frac{2}{5}$

④ $\frac{1}{2}$ ⑤ $\frac{3}{5}$

개념 53 어떤 사건이 일어나지 않을 확률

'최소한', '적어도', '~가 아닐', '~하지 못할' 등과 같은 조건이 있는 사건의 확률은 어떤 사건이 일어나지 않을 확률을 이용하는 것이 편리하다.

➡ 사건 A가 일어날 확률을 p라 하면

　　(사건 A가 일어나지 않을 확률)$=1-p$

참고 어떤 사건이 일어날 확률과 그 사건이 일어나지 않을 확률의 합은 1이다.

• 정답 및 해설 039쪽

어떤 사건이 일어나지 않을 확률

01 다음을 구하시오.

(1) 주사위 한 개를 던질 때, 5의 약수가 나오지 않을 확률

　　 _____

> 풀이 주사위 한 개를 던졌을 때, 5의 약수가 나올 확률은
>
> ☐ 이므로 5의 약수가 나오지 않을 확률은
>
> $1-$ ☐ $=$ ☐

(2) A, B 두 사람의 수영 시합에서 A가 이길 확률이 $\dfrac{3}{5}$일 때, B가 이길 확률 (단, 비기는 경우는 없다.)

　　 _____

(3) 3개의 당첨 제비가 들어 있는 7개의 제비 중에서 한 개의 제비를 임의로 뽑았을 때, 당첨되지 않을 확률

　　 _____

(4) 1부터 15까지의 자연수가 각각 하나씩 적힌 15장의 카드 중에서 한 장의 카드를 임의로 뽑았을 때, 6의 배수가 아닌 수가 적힌 카드를 뽑을 확률

　　 _____

적어도 ~일 확률

02 다음을 구하시오.

(1) 서로 다른 두 개의 동전을 동시에 던질 때, 적어도 한 개는 앞면이 나올 확률

　　 _____

> 풀이 (적어도 한 개는 앞면이 나올 확률)
>
> $=1-$(두 개 모두 뒷면이 나올 확률)
>
> $=1-$ ☐ $=$ ☐

(2) 서로 다른 세 개의 동전을 동시에 던질 때, 적어도 한 개는 뒷면이 나올 확률

　　 _____

(3) 서로 다른 두 개의 주사위를 동시에 던질 때, 적어도 한 개는 짝수의 눈이 나올 확률

　　 _____

(4) 남학생 3명, 여학생 2명 중에서 대표 두 명을 뽑을 때, 적어도 1명은 남학생이 뽑힐 확률

　　 _____

●●●● 학교 시험 바로 맛보기

03 1부터 20까지의 자연수가 각각 하나씩 적힌 20장의 카드 중에서 한 장의 카드를 임의로 뽑을 때, 그 카드에 적힌 수가 3의 배수가 아닐 확률을 구하시오.

개념 54 사건 A 또는 사건 B가 일어날 확률

두 사건 A와 B가 동시에 일어나지 않을 때, 사건 A가 일어날 확률을 p, 사건 B가 일어날 확률을 q라 하면

➡ (사건 A 또는 사건 B가 일어날 확률)=(사건 A가 일어날 확률)+(사건 B가 일어날 확률)

$=p+q$ ←— 확률의 덧셈

참고 일반적으로 동시에 일어나지 않는 두 사건에 대하여 '또는', '~이거나'와 같은 표현이 있으면 확률의 덧셈을 이용한다.

· 정답 및 해설 039쪽

사건 A 또는 사건 B가 일어날 확률

01 다음을 구하시오.

(1) 1에서 10까지의 자연수가 각각 하나씩 적힌 10장의 카드 중에서 한 장의 카드를 임의로 꺼낼 때, 3의 배수 또는 4의 배수가 나올 확률

─────────

풀이 ❶ 3의 배수가 나올 확률: ☐

❷ 4의 배수가 나올 확률: ☐

❸ 3의 배수 또는 4의 배수가 나올 확률
☐+☐=☐

(2) 빨간 공 5개, 노란 공 3개, 파란 공 4개가 들어 있는 주머니에서 한 개의 공을 임의로 꺼낼 때, 노란 공 또는 파란 공을 꺼낼 확률

─────────

(3) 1에서 20까지의 자연수가 각각 하나씩 적힌 20장의 카드 중에서 한 장의 카드를 임의로 뽑을 때, 3의 배수 또는 7의 배수가 적힌 카드가 나올 확률

─────────

(4) 서로 다른 두 개의 주사위를 동시에 던질 때, 나오는 두 눈의 수의 합이 6 또는 11일 확률

─────────

풀이 ❶ 두 눈의 수의 합이 6일 확률: ☐

❷ 두 눈의 수의 합이 11일 확률: ☐

❸ 두 눈의 수의 합이 6 또는 11일 확률
☐+☐=☐

(5) 서로 다른 두 개의 주사위를 동시에 던질 때, 나오는 두 눈의 수의 차가 1 또는 5일 확률

─────────

(6) A, B, C, D, E 5명의 사람이 한 줄로 설 때, B 또는 D가 맨 앞에 올 확률

─────────

━◀◀◀◀ 학교 시험 바로 맛보기

02 다음 표는 어느 반 학생들의 일주일 동안의 도서관 방문 횟수를 조사하여 나타낸 것이다. 이 반 학생들 중 한 명을 임의로 선택할 때, 이 학생의 도서관 방문 횟수가 2회 이하일 확률을 구하시오.

횟수(회)	1	2	3	4	합계
학생 수(명)	3	12	6	4	25

개념 55 사건 A와 사건 B가 동시에 일어날 확률

두 사건 A, B가 서로 영향을 끼치지 않을 때, 사건 A가 일어날 확률을 p, 사건 B가 일어날 확률을 q라 하면

➡ (두 사건 A와 B가 동시에 일어날 확률)=(사건 A가 일어날 확률)×(사건 B가 일어날 확률)

$$=p \times q \leftarrow \text{확률의 곱셈}$$

참고 일반적으로 서로 영향을 끼치지 않는 두 사건에 대하여 '동시에', '그리고', '~와', '~하고 나서'와 같은 표현이 있으면 확률의 곱셈을 이용한다.

주의 '동시에 일어난다.'는 것은 같은 시간에 일어난다는 것만을 뜻하는 것이 아니라 두 사건 A, B가 모두 일어난다는 뜻이다. 즉, 사건 A가 일어나는 각각의 경우에 대하여 사건 B도 일어난다는 뜻이다.

• 정답 및 해설 040쪽

사건 A와 사건 B가 동시에 일어날 확률

01 한 개의 주사위를 두 번 던질 때, 다음을 구하시오.

(1) 첫 번째에는 소수의 눈이 나오고, 두 번째에는 짝수의 눈이 나올 확률

　　　　　　　　───────

　풀이 ❶ 소수의 눈이 나올 확률: ☐

　　　 ❷ 짝수의 눈이 나올 확률: ☐

　　　 ❸ 첫 번째에는 소수의 눈이 나오고, 두 번째에는 짝수의 눈이 나올 확률: ☐ × ☐ = ☐

(2) 첫 번째에는 2의 배수의 눈이 나오고, 두 번째에는 홀수의 눈이 나올 확률

　　　　　　　　───────

(3) 첫 번째에는 3 이하의 수의 눈이 나오고, 두 번째에는 6의 약수의 눈이 나올 확률

　　　　　　　　───────

02 서로 다른 동전 두 개와 주사위 한 개를 동시에 던질 때, 다음을 구하시오.

(1) 두 개의 동전은 모두 앞면이 나오고, 주사위는 5 이상인 수의 눈이 나올 확률

　　　　　　　　───────

　풀이 ❶ 두 개의 동전은 모두 앞면이 나올 확률: ☐

　　　 ❷ 주사위는 5 이상인 수의 눈이 나올 확률: ☐

　　　 ❸ 두 개의 동전은 모두 앞면이 나오고, 주사위는 5 이상인 수의 눈이 나올 확률: ☐ × ☐ = ☐

(2) 두 개의 동전은 모두 뒷면이 나오고, 주사위는 4의 약수의 눈이 나올 확률

　　　　　　　　───────

(3) 두 개의 동전은 서로 다른 면이 나오고, 주사위는 4보다 작은 수의 눈이 나올 확률

　　　　　　　　───────

공 꺼내기에 대한 확률

03 빨간 공 3개, 파란 공 2개가 들어 있는 A주머니와 빨간 공 5개, 파란 공 3개가 들어 있는 B주머니가 있다. A, B 두 주머니에서 각각 공을 한 개씩 꺼낼 때, 다음을 구하시오.

(1) A, B 두 주머니에서 모두 빨간 공을 꺼낼 확률

_____

풀이 ❶ A주머니에서 빨간 공을 꺼낼 확률: ☐

❷ B주머니에서 빨간 공을 꺼낼 확률: ☐

❸ A, B 두 주머니에서 모두 빨간 공을 꺼낼 확률

☐ × ☐ = ☐

(2) A, B 두 주머니에서 모두 파란 공을 꺼낼 확률

_____

(3) A주머니에서 빨간 공을, B주머니에서 파란 공을 꺼낼 확률

_____

(4) A주머니에서 파란 공을, B주머니에서 빨간 공을 꺼낼 확률

_____

문제 풀기에 대한 확률

04 지민이가 A, B 두 문제를 풀 확률이 각각 $\frac{4}{5}$, $\frac{5}{8}$일 때, 다음을 구하시오.

(1) A, B 두 문제를 모두 풀 확률

_____

(2) A, B 두 문제를 모두 못 풀 확률

_____

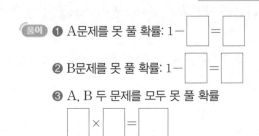

풀이 ❶ A문제를 못 풀 확률: $1-$☐$=$☐

❷ B문제를 못 풀 확률: $1-$☐$=$☐

❸ A, B 두 문제를 모두 못 풀 확률

☐ × ☐ = ☐

(3) A문제만 풀 확률

_____

(4) B문제만 풀 확률

_____

(5) A, B 두 문제 중 어느 한 문제만 풀 확률

_____

풀이 (A, B 두 문제 중 어느 한 문제만 풀 확률)
= (A문제만 풀 확률) + (B문제만 풀 확률)
= ☐ + ☐ = ☐

'적어도 ~일'의 확률

05 명중률이 각각 $\frac{4}{7}$, $\frac{5}{9}$인 A, B 두 사람이 화살을 한 번씩 쏠 때, 다음을 구하시오.

(1) A, B 둘 다 명중시키지 못할 확률

    _____

    풀이 ❶ A, B가 명중시키지 못할 확률은 각각 $\frac{3}{7}$, $\boxed{}$ 이다.

    ❷ A, B 둘 다 명중시키지 못할 확률

    $\boxed{} \times \boxed{} = \boxed{}$

(2) 적어도 한 사람은 명중시킬 확률

    _____

    풀이 (적어도 한 사람은 명중시킬 확률)

    =1−(A, B 둘 다 명중시키지 못할 확률)

    $=1-\boxed{}=\boxed{}$

06 서브 성공률이 80 %인 테니스 선수가 연속해서 두 번의 서브를 할 때, 다음을 구하시오.

(1) 두 번 모두 서브를 실패할 확률

    _____

    풀이 ❶ 서브를 실패할 확률: 20 %, 즉 $\boxed{}$

    ❷ 두 번 모두 서브를 실패할 확률: $\boxed{} \times \boxed{} = \boxed{}$

(2) 적어도 한 번은 서브를 성공할 확률

    _____

    풀이 (적어도 한 번은 서브를 성공할 확률)

    =1−(두 번 모두 서브를 실패할 확률)

    $=1-\boxed{}=\boxed{}$

07 서로 다른 동전 3개를 동시에 던질 때, 적어도 한 개는 앞면이 나올 확률을 구하시오.

    _____

08 서로 다른 2개의 주사위를 동시에 던질 때, 적어도 한 개는 홀수의 눈이 나올 확률을 구하시오.

    _____

09 선영이와 혜진이가 어느 장소에서 만나기로 약속하였다. 선영이와 혜진이가 약속을 지킬 확률이 각각 $\frac{2}{5}$, $\frac{1}{4}$일 때, 두 사람이 만나지 못할 확률을 구하시오.

    _____

10 어떤 시험에 A, B, C 세 명의 합격률이 각각 $\frac{1}{4}$, $\frac{3}{5}$, $\frac{4}{9}$일 때, 적어도 한 명이 합격할 확률을 구하시오.

    _____

11 두 사격 선수 A, B의 명중률이 각각 70 %, 60 %일 때, 적어도 한 선수가 과녁을 명중시킬 확률을 구하시오.

    _____

●●●● 학교 시험 **바로** 맛보기 ●●●●

12 한 개의 주사위를 두 번 던질 때, 첫 번째로 나온 눈의 수는 소수이고 두 번째로 나온 눈의 수는 6의 약수일 확률은?

① $\frac{1}{2}$ ② $\frac{1}{3}$ ③ $\frac{1}{4}$

④ $\frac{1}{6}$ ⑤ $\frac{1}{8}$

개념 56 확률의 응용 - 연속하여 꺼내기

(1) 꺼낸 것을 다시 넣고 연속하여 꺼내는 경우의 확률

처음에 꺼낼 때와 나중에 꺼낼 때의 조건이 같으므로

(처음에 사건 A가 일어날 확률)=(나중에 사건 A가 일어날 확률)

(2) 꺼낸 것을 다시 넣지 않고 연속하여 꺼내는 경우의 확률

처음에 꺼낼 때와 나중에 꺼낼 때의 조건이 다르므로

(처음에 사건 A가 일어날 확률)≠(나중에 사건 A가 일어날 확률)

참고 (1) 꺼낸 것을 다시 넣으면 (처음에 꺼낼 때의 전체 개수)=(나중에 꺼낼 때의 전체 개수)

(2) 꺼낸 것을 다시 넣지 않으면 (처음에 꺼낼 때의 전체 개수)≠(나중에 꺼낼 때의 전체 개수)

꺼낸 것을 다시 넣는 경우의 확률

01 오른쪽 그림과 같이 흰 공 5개, 검은 공 2개가 들어 있는 주머니에서 공을 1개씩 연속하여 두 번 꺼낼 때, 다음을 구하시오.

(단, 꺼낸 공은 다시 넣는다.)

(1) 두 공 모두 흰 공일 확률

_____

❶ 처음 꺼낸 공이 흰 공일 확률: $\dfrac{\boxed{}}{7}$

❷ 두 번째 꺼낸 공이 흰 공일 확률: $\dfrac{\boxed{}}{7}$

❸ 두 공 모두 흰 공일 확률:

$\boxed{} \times \boxed{} = \boxed{}$

(2) 두 공 모두 검은 공일 확률

_____

(3) 처음에는 흰 공, 나중에는 검은 공일 확률

_____

02 10개의 제비 중 3개의 당첨 제비가 들어 있는 상자가 있다. A, B 두 사람이 차례로 제비를 한 개씩 뽑을 때, 다음을 구하시오. (단, 뽑은 제비는 다시 넣는다.)

(1) A, B 모두 당첨될 확률

_____

(2) A, B 모두 당첨되지 않을 확률

_____

(3) A만 당첨될 확률

_____

(4) 적어도 한 사람은 당첨될 확률

_____

꺼낸 것을 다시 넣지 않는 경우의 확률

03 오른쪽 그림과 같이 흰 공 5개, 검은 공 4개가 들어 있는 주머니에서 공을 1개씩 연속하여 두 번 꺼낼 때, 다음을 구하시오.
(단, 꺼낸 공은 다시 넣지 않는다.)

(1) 두 공 모두 흰 공일 확률

―――――――――

풀이 ❶ 처음 꺼낸 공이 흰 공일 확률: $\dfrac{\square}{9}$

❷ 두 번째 꺼낸 공이 흰 공일 확률: $\dfrac{\square}{8}=\square$

❸ 두 공 모두 흰 공일 확률: $\square \times \square = \square$

(2) 두 공 모두 검은 공일 확률

―――――――――

(3) 두 공 모두 같은 색일 확률

―――――――――

풀이 (두 공 모두 같은 색일 확률)
=(두 공 모두 흰 색일 확률)+(두 공 모두 검은 색일 확률)
$=\square + \square = \square$

(4) 처음에는 흰 공, 나중에는 검은 공일 확률

―――――――――

04 10개의 제비 중 3개의 당첨 제비가 들어 있는 상자가 있다. A, B 두 사람이 차례로 제비를 한 개씩 뽑을 때, 다음을 구하시오. (단, 뽑은 제비는 다시 넣지 않는다.)

(1) A, B 모두 당첨될 확률

―――――――――

(2) A, B 모두 당첨되지 않을 확률

―――――――――

(3) A만 당첨될 확률

―――――――――

(4) B만 당첨될 확률

―――――――――

(5) 적어도 한 사람은 당첨될 확률

―――――――――

●●●● 학교 시험 바로 맛보기 ―――――――

05 1부터 9까지의 자연수가 각각 하나씩 적힌 9장의 카드 중에서 한 장의 카드를 뽑아 숫자를 확인하고 다시 넣은 후 한 장의 카드를 또 꺼낼 때, 첫 번째에는 9의 약수가 적힌 카드가 나오고 두 번째에는 소수가 적힌 카드가 나올 확률을 구하시오.

기본기 탄탄 문제 개념 52 ~ 56

1 다음 그림과 같이 알파벳이 각각 하나씩 적힌 6장의 카드 중에서 한 장을 뽑을 때, 모음이 적힌 카드를 뽑을 확률을 구하시오.

5 준수와 지원이가 서로 만나기로 약속하였다. 준수가 약속 시간을 지킬 확률은 $\frac{3}{7}$, 지원이가 약속 시간을 지킬 확률은 $\frac{1}{3}$일 때, 두 사람이 약속 시간에 만날 확률을 구하시오.

2 검은 공이 5개, 흰 공이 3개 들어 있는 주머니에서 공을 한 개 꺼낼 때, 다음 중 옳지 <u>않은</u> 것은?

① 검은 공이 나올 확률은 $\frac{5}{8}$이다.

② 파란 공이 나올 확률은 1이다.

③ 빨간 공이 나올 확률은 0이다.

④ 흰 공이 나올 확률은 1보다 작다.

⑤ 검은 공 또는 흰 공이 나올 확률은 1이다.

6 1부터 9까지의 자연수가 각각 하나씩 적힌 카드 중에서 한 장을 뽑아 숫자를 확인하고 다시 넣은 후 카드를 한 장 또 꺼낼 때, 첫 번째 카드는 3의 배수가 나오고 두 번째 카드는 6과 서로소인 수가 나올 확률을 구하시오.

3 서로 다른 두 개의 주사위를 동시에 던질 때, 서로 같은 수의 눈이 나올 확률을 구하시오.

7 하트 모양 쿠키 4개와 별 모양 쿠키 4개가 들어 있는 상자가 있다. 이 상자에서 쿠키를 1개씩 연속하여 두 번 꺼낼 때, 두 번 모두 하트 모양 쿠키를 꺼낼 확률은?
(단, 꺼낸 쿠키는 다시 넣지 않는다.)

① $\frac{1}{14}$ ② $\frac{1}{7}$ ③ $\frac{3}{14}$

④ $\frac{2}{7}$ ⑤ $\frac{5}{14}$

4 소원이가 3개의 ○, × 문제에 임의로 답할 때, 적어도 한 문제는 맞힐 확률은?

① $\frac{1}{2}$ ② $\frac{5}{8}$ ③ $\frac{3}{4}$

④ $\frac{7}{8}$ ⑤ 1

완쏠

수학이 쉬워지는 완벽한 솔루션

개념연산

정답 및 해설

중등수학

2-2

메가스터디BOOKS

정답 및 해설

1. 삼각형의 성질

개념 01 이등변삼각형과 그 성질
· 본문 006~008쪽

01 ㄱ, ㄹ   **02** (1) 10   (2) 4   (3) 5
03 (1) 19 cm   (2) 30 cm
04 (1) 70°   풀이 ▶ C, 70   (2) 40°   풀이 ▶ 100, 40
    (3) 70°   (4) 50°   (5) 30°   (6) 54°
05 (1) 5   풀이 ▶ 10, 5   (2) 7   (3) 12
06 (1) 90°   (2) 55°   (3) 52°
07 (1) 6 cm   (2) 12 cm²

02 (2) $2x+1=9$ ∴ $x=4$
    (3) $3x-2=13$ ∴ $x=5$

03 (1) $\overline{AC}=\overline{AB}=6\,cm$이므로 $6+6+7=19\,(cm)$
    (2) $\overline{AC}=\overline{AB}=9\,cm$이므로 $9+9+12=30\,(cm)$

04 (3) △ABC에서 ∠B=∠C=55°
    ∴ $\angle x=180°-(55°+55°)=70°$
    (4) ∠ACB=180°-130°=50°이므로
    $\angle x=\angle ACB=50°$
    (5) ∠ACB=180°-105°=75°이므로
    $\angle x=180°-(75°+75°)=30°$
    (6) $\angle ABC=\dfrac{1}{2}\times(180°-72°)=54°$
    $\overline{AD}/\!/\overline{BC}$이므로 $\angle x=\angle ABC=54°$ (동위각)

05 (2) $x=\dfrac{1}{2}\times14=7$
    (3) $x=6\times2=12$

06 (2) ∠ADC=90°이고 ∠ACD=180°-(90°+35°)=55°
    ∴ $\angle x=\angle ACD=55°$
    (3) ∠ADB=90°이고 ∠ABD=180°-(90°+38°)=52°
    ∴ $\angle x=\angle ABD=52°$

07 (1) $\overline{AD}$는 ∠A의 이등분선이므로
    $\overline{BC}=2\overline{BD}=2\times3=6\,(cm)$
    (2) $\overline{AD}\perp\overline{BC}$이므로
      $\triangle ABC=\dfrac{1}{2}\times6\times4=12\,(cm^2)$

개념 02 이등변삼각형이 되는 조건
· 본문 009쪽

01 (1) 6   풀이 ▶ 이등변삼각형, 6, 6   (2) 8   (3) 5
02 ADC, ASA, $\overline{AC}$ **03** ACB, 이등변삼각형
04 9 cm

01 (3) △ADC에서 ∠ADB=30°+30°=60°이므로
    △ABD는 이등변삼각형이다.
    ∴ $\overline{AD}=\overline{AB}=5\,cm$
    △ADC는 이등변삼각형이므로
    $\overline{CD}=\overline{AD}=5\,cm$ ∴ $x=5$

04 ∠B=∠C이므로 △ABC는 $\overline{AB}=\overline{AC}$인 이등변삼각형이다.
    이때 △ABC의 둘레의 길이가 24 cm이므로
    $\overline{AB}+\overline{AC}+6=24$에서
    $\overline{AC}+\overline{AC}+6=24$, $2\overline{AC}=18$
    ∴ $\overline{AC}=9\,(cm)$

개념 03 이등변삼각형의 성질의 응용
· 본문 010~012쪽

01 (1) 72°   풀이 ▶ ❶ 72 ❷ 72, 36 ❸ 36, 36, 72
    (2) 75°   (3) 84°
02 (1) ∠x=69°, ∠y=27°   풀이 ▶ ❶ 69 ❷ 69 ❸ 69, 42, 27
    (2) ∠x=50°, ∠y=15°   (3) ∠x=40°, ∠y=30°
03 (1) ∠x=60°, ∠y=60°
    풀이 ▶ ❶ 30 ❷ 30, 30, 60 ❸ 60, 60
    (2) ∠x=50°, ∠y=65°   (3) ∠x=84°, ∠y=48°
    (4) ∠x=36°, ∠y=54°
04 (1) 60°
    풀이 ▶ ❶ ABC, 20 ❷ 20, 20, 40 ❸ 40 ❹ 20, 40, 60
    (2) 105°   (3) 68°   (4) 32°
05 (1) 32°
    풀이 ▶ ❶ 58, 58, 29 ❷ 122, 122, 61 ❸ 61, 29, 32
    (2) 18°   (3) 28°
06 (1) x=7, y=70
    풀이 ▶ ❶ CBD, 55, 55 ❷ 이등변삼각형, 7, 7
      ❸ 55, 55, 70, 70
    (2) x=9, y=100   (3) x=8, y=64
07 120°

01 (2) $\angle ACB=\dfrac{1}{2}\times(180°-40°)=70°$
    $\angle ACD=\dfrac{1}{2}\angle ACB=\dfrac{1}{2}\times70°=35°$
    ∴ $\angle x=40°+35°=75°$
    (3) ∠ACB=∠ABC=56°
    $\angle DCB=\dfrac{1}{2}\angle ACB$
          $=\dfrac{1}{2}\times56°=28°$
    ∴ $\angle x=56°+28°=84°$

02 (2) $\angle ABC = \angle ACB = 65°$

$\angle x = 180° - (65° + 65°) = 50°$

$\angle CDB = \angle DCB = 65°$

$\therefore \angle y = \angle CDB - \angle BAD = 65° - 50° = 15°$

(3) $\angle ACB = \angle ABC = 70°$

$\angle x = 180° - (70° + 70°) = 40°$

$\angle CDB = \angle CBD = 70°$

$\therefore \angle y = \angle CDB - \angle CAD = 70° - 40° = 30°$

03 (2) $\angle BAD = \angle ABD = 25°$이므로

$\angle x = \angle ABD + \angle BAD = 25° + 25° = 50°$

$\therefore \angle y = \dfrac{1}{2} \times (180° - 50°) = 65°$

(3) $\angle DAC = \angle DCA = 42°$이므로

$\angle x = \angle DAC + \angle DCA = 42° + 42° = 84°$

$\therefore \angle y = \dfrac{1}{2} \times (180° - 84°) = 48°$

(4) $\angle x = \angle DAC = 36°$이므로

$\angle CDB = \angle DAC + \angle DCA = 36° + 36° = 72°$

$\therefore \angle y = \dfrac{1}{2} \times (180° - 72°) = 54°$

04 (2) $\angle ACB = \angle ABC = 35°$이므로

$\angle CAD = \angle ABC + \angle ACB = 35° + 35° = 70°$

$\angle CDA = \angle CAD = 70°$이므로

$\angle x = \angle ABC + \angle CDA = 35° + 70° = 105°$

(3) $\angle ACB = \angle ABC = 28°$이므로

$\angle CAD = \angle ABC + \angle ACB = 28° + 28° = 56°$

$\angle CDA = \angle CAD = 56°$이므로

$\angle x = 180° - (56° + 56°) = 68°$

(4) $\angle ACB = \angle ABC = \angle x$이므로

$\angle CAD = \angle ABC + \angle ACB = \angle x + \angle x = 2\angle x$

$\angle CDA = \angle CAD = 2\angle x$이므로

$\angle DCE = \angle ABC + \angle CDA = \angle x + 2\angle x = 96°$

$\therefore \angle x = 32°$

05 (2) $\angle ABC = \angle ACB = 72°$이므로

$\angle DBC = \dfrac{1}{2}\angle ABC = \dfrac{1}{2} \times 72° = 36°$

$\angle ACE = 180° - \angle ACB = 180° - 72° = 108°$이므로

$\angle DCE = \dfrac{1}{2}\angle ACE = \dfrac{1}{2} \times 108° = 54°$

따라서 $\angle DBC + \angle x = \angle DCE$이므로

$\angle x = 54° - 36° = 18°$

(3) $\angle ABC = \angle ACB = 62°$이므로

$\angle DBC = \dfrac{1}{2}\angle ABC = \dfrac{1}{2} \times 62° = 31°$

$\angle ACE = 180° - \angle ACB = 180° - 62° = 118°$이므로

$\angle DCE = \dfrac{1}{2}\angle ACE = \dfrac{1}{2} \times 118° = 59°$

따라서 $\angle DBC + \angle x = \angle DCE$이므로

$\angle x = 59° - 31° = 28°$

06 (2) $\angle BCA = \angle CBD = 40°$(엇각),

$\angle ABC = \angle CBD = 40°$(접은 각)

따라서 $\triangle ABC$는 이등변삼각형이므로

$\overline{AC} = \overline{AB} = 9\,\text{cm}$ $\therefore x = 9$

$\angle CAB = 180° - (40° + 40°) = 100°$ $\therefore y = 100$

(3) $\angle BCA = 180° - 116° = 64°$

$\angle CAE = \angle BCA = 64°$(엇각)

$\angle CAB = \angle CAE = 64°$(접은 각) $\therefore y = 64$

따라서 $\triangle ABC$는 이등변삼각형이므로

$\overline{AB} = \overline{BC} = 8\,\text{cm}$ $\therefore x = 8$

07 $\triangle ABC$에서 $\overline{AB} = \overline{AC}$이므로

$\angle ACB = \angle B = 40°$

$\triangle ABC$에서

$\angle DAC = \angle B + \angle ACB = 40° + 40° = 80°$이고,

$\triangle CDA$에서 $\overline{CA} = \overline{CD}$이므로

$\angle CDA = \angle CAD = 80°$

따라서 $\triangle DBC$에서

$\angle x = \angle ABC + \angle CDA = 40° + 80° = 120°$

개념 **04** 직각삼각형의 합동 조건

· 본문 013~014쪽

01 $\overline{DE}$, 90, D, RHA

02 $\overline{DE}$, 90, $\overline{EF}$, RHS

03 (1) $\triangle ABC \equiv \triangle EFD$, RHS 합동

(2) $\triangle ABC \equiv \triangle FDE$, RHA 합동

(3) $\triangle ABC \equiv \triangle EDC$, RHS 합동

04 (1) 4 (2) 6 (3) 60 (4) 30

05 (1) ㄹ (2) ㄴ (3) ㄷ   **06** ⑤

04 (1) $\triangle ABC \equiv \triangle DEF$ (RHA 합동)이므로

$\overline{BC} = \overline{EF} = 4\,\text{cm}$ $\therefore x = 4$

(2) $\triangle ABC \equiv \triangle DEF$ (RHS 합동)이므로

$\overline{AC} = \overline{DF} = 6\,\text{cm}$ $\therefore x = 6$

(3) $\triangle ABC \equiv \triangle FDE$ (RHS 합동)이므로

$\angle A = \angle F = 60°$ $\therefore x = 60$

(4) $\triangle ABC \equiv \triangle FDE$ (RHS 합동)이므로

$\angle B = \angle D = 60°$

$\therefore x° = 180° - (90° + 60°) = 30°$ $\therefore x = 30$

05 (1) ㄹ과 RHA 합동이다.

(2) ㄴ과 RHS 합동이다.

(3) 주어진 직각삼각형의 나머지 한 내각의 크기가

$180° - (90° + 60°) = 30°$이므로 ㄷ과 RHA 합동이다.

06 ① ASA 합동 ② SAS 합동 ③ RHA 합동 ④ RHS 합동

따라서 서로 합동이 되는 조건이 아닌 것은 ⑤이다.

개념 05 직각삼각형의 합동 조건의 응용(1) – 각의 이등분선

· 본문 015쪽

01 (1) 3 (2) 3 (3) 8 (4) 5
02 (1) 30° (2) 54°   **03** ⑤

01 (1) △QOP≡△ROP (RHA 합동)이므로 $x=3$

(2) △QOP≡△ROP (RHA 합동)이므로
$2x=6$ ∴ $x=3$

(3) △QOP≡△ROP (RHA 합동)이므로
$x+4=12$ ∴ $x=8$

(4) ∠POR$=180°-(60°+90°)=30°$이므로
△QOP≡△ROP (RHA 합동)   ∴ $x=5$

02 (1) △QOP≡△ROP (RHS 합동)이므로
∠$x=$∠POQ$=30°$

(2) △QOP≡△ROP (RHS 합동)이므로
∠POR$=$∠POQ$=36°$
∴ ∠$x=180°-(90°+36°)=54°$

03 △AOP와 △BOP에서
∠OAP$=$∠OBP$=90°$, $\overline{OP}$는 공통, $\overline{PA}=\overline{PB}$이므로
△AOP≡△BOP (RHS 합동) (③)
∴ $\overline{AO}=\overline{BO}$ (①), ∠APO$=$∠BPO (②), ∠AOP$=$∠BOP
이때 ∠AOB$=$∠AOP$+$∠BOP$=2$∠AOP (④)
따라서 옳지 않은 것은 ⑤이다.

개념 06 직각삼각형의 합동 조건의 응용(2)
· 본문 016~018쪽

01 (1) 4 (2) 3 (3) 5
02 (1) $x=4$, $y=4$
   풀이 ❶ AED, RHA, 4 ❷ 45, 45 ❸ 이등변, 4
(2) $x=3$, $y=3$
03 (1) 15 cm² 풀이 ❶ AED, RHA, 3 ❷ 10, 3, 15
(2) 25 cm² (3) 18 cm²
04 (1) 30 cm² 풀이 ❶ AED, RHS, 4 ❷ 15, 4, 30
(2) 10 cm² (3) 8 cm²
05 (1) 14
   풀이 ❶ CEA, RHA ❷ $\overline{CE}$, 8, $\overline{BD}$, 6, 14, 14
(2) 12 (3) 6 (4) 4
06 (1) 20 cm²
(2) 50 cm² 풀이 ❶ CEA, RHA, 6, 4, 10 ❷ 6, 10, 50
(3) 32 cm²
07 (1) 3 cm (2) 10 cm

01 (1) △AED≡△ACD (RHA 합동)이므로 $x=4$
(2) △ABD≡△AED (RHS 합동)이므로 $x=3$
(3) △ABD≡△AED (RHS 합동)이므로
$\overline{BD}=\overline{ED}=4$ cm
$\overline{DC}=\overline{BC}-\overline{BD}=9-4=5$(cm)이므로 $x=5$

02 (2) △ABD≡△AED (RHS 합동)이므로 $x=3$
$\overline{AB}=\overline{BC}$이므로 ∠BCA$=45°$
△EDC에서 ∠EDC$=45°$
따라서 △EDC는 이등변삼각형이므로 $y=3$

03 (2) △AED≡△ACD (RHA 합동)이므로 $\overline{CD}=5$ cm
∴ △ACD$=\dfrac{1}{2}\times5\times10=25$(cm²)
(3) △ACD≡△AED (RHA 합동)이므로 $\overline{ED}=6$ cm
△EDB는 $\overline{ED}=\overline{EB}$인 이등변삼각형이므로 $\overline{EB}=6$ cm
∴ △EDB$=\dfrac{1}{2}\times6\times6=18$(cm²)

04 (2) △ACD≡△AED (RHS 합동)이므로 $\overline{DE}=2$ cm
∴ △ABD$=\dfrac{1}{2}\times10\times2=10$(cm²)
(3) △ACD≡△AED (RHS 합동)이므로 $\overline{DE}=4$ cm
△EDB는 $\overline{ED}=\overline{EB}$인 이등변삼각형이므로 $\overline{EB}=4$ cm
∴ △EDB$=\dfrac{1}{2}\times4\times4=8$(cm²)

05 (2) △ABD≡△CAE (RHA 합동)이므로
$\overline{AD}=\overline{CE}=7$ cm, $\overline{AE}=\overline{BD}=5$ cm
따라서 $\overline{DE}=7+5=12$(cm)이므로 $x=12$
(3) △ADB≡△CEA (RHA 합동)이므로
$\overline{AD}=\overline{CE}=4$ cm, $\overline{AE}=\overline{BD}=x$ cm
따라서 $\overline{AD}+\overline{AE}=10$ cm이므로
$4+x=10$ ∴ $x=6$
(4) △ABD≡△CAE (RHA 합동)이므로
$\overline{AE}=\overline{BD}=7$ cm, $\overline{AD}=\overline{CE}=x$ cm
따라서 $\overline{AD}+\overline{AE}=11$ cm이므로
$x+7=11$ ∴ $x=4$

06 (1) △ADB≡△CEA (RHA 합동)이므로
$\overline{AE}=\overline{BD}=8$ cm
∴ △ACE$=\dfrac{1}{2}\times8\times5=20$(cm²)
(3) △ABD≡△CAE (RHA 합동)이므로
$\overline{DE}=3+5=8$(cm)
$\overline{DA}=\overline{EC}=3$ cm, $\overline{AE}=\overline{BD}=5$ cm
∴ (사다리꼴 BDEC의 넓이)
$=\dfrac{1}{2}\times(3+5)\times8=32$(cm²)

07 (1) △ADC와 △ADE에서

∠ACD=∠AED=90°, $\overline{AD}$는 공통,

∠DAC=∠DAE이므로

△ADC≡△ADE (RHA 합동)

∴ $\overline{DE}=\overline{DC}=3\,cm$

(2) △ABD=$\dfrac{1}{2}\times\overline{AB}\times\overline{DE}$

　　　　=$\dfrac{1}{2}\times\overline{AB}\times3=15\,(cm^2)$

∴ $\overline{AB}=15\times\dfrac{2}{3}=10\,(cm)$

· 본문 019~020쪽

기본기 탄탄 문제 개념 **01~06**

1 ③	**2** ④	**3** 45°	**4** ④
5 ⑤	**6** 12 cm	**7** ④	**8** ⑤
9 98 cm²	**10** 5 cm	**11** ③	**12** 32°

1 △ABD와 △ACD에서

$\overline{AB}=\overline{AC}$, ∠BAD=∠CAD, $\overline{AD}$는 공통이므로

△ABD≡△ACD (SAS 합동) (③)

∴ $\overline{BD}=\overline{CD}$ (②), ∠B=∠C (①), ∠ADB=∠ADC (④)

따라서 옳지 않은 것은 ③이다.

2 ∠B=∠C이므로 △ABC는 $\overline{AB}=\overline{AC}$인 이등변삼각형이다.

따라서 △ABD≡△ACD (SAS 합동)이므로

∠ADB=∠ADC=90°

이때 $\overline{BD}=\overline{CD}$이므로 $\overline{AD}$는 ∠BAC의 수직이등분선이다.

∴ ∠CAD=∠BAD=25°

3 △BEA에서 $\overline{BA}=\overline{BE}$이므로

∠BEA=$\dfrac{1}{2}\times(180°-52°)=64°$

△CDE에서 $\overline{CD}=\overline{CE}$이므로

∠CED=$\dfrac{1}{2}\times(180°-38°)=71°$

∴ ∠AED=180°-(∠BEA+∠CED)

　　　=180°-(64°+71°)=45°

4 △ABC에서 $\overline{AC}=\overline{BC}$이므로 ∠A=∠B=60°

∴ ∠C=180°-(60°+60°)=60°

따라서 △ABC는 정삼각형이므로 $\overline{AB}=20\,cm$

∴ $\overline{BD}=\dfrac{1}{2}\overline{AB}=\dfrac{1}{2}\times20=10\,(cm)$

5 △ABC에서 $\overline{AB}=\overline{AC}$이므로

∠B=∠C=$\dfrac{1}{2}\times(180°-90°)=45°$

∴ ∠ABD=$\dfrac{1}{2}\angle ABC=\dfrac{1}{2}\times45°=22.5°$

따라서 △ABD에서

∠BDC=∠ABD+∠BAD=22.5°+90°=112.5°

6 △ABC에서 ∠A=180°-(90°+30°)=60°

△DCA에서 $\overline{DA}=\overline{DC}$이므로 ∠DCA=∠A=60°

∴ ∠ADC=180°-(60°+60°)=60°

즉, △DCA는 정삼각형이므로

$\overline{DC}=\overline{DA}=\overline{AC}=6\,cm$

△DBC에서 ∠DCB=90°-∠DCA=90°-60°=30°

따라서 ∠DBC=∠DCB이므로 △DBC는 이등변삼각형이다.

∴ $\overline{DB}=\overline{DC}=6\,cm$

∴ $\overline{AB}=\overline{AD}+\overline{DB}=6+6=12\,(cm)$

7 △DEF에서 ∠F=180°-(90°+35°)=55°

△DEF와 △LKJ에서

∠DEF=∠LKJ=90°, $\overline{DF}=\overline{LJ}$, ∠DFE=∠LJK

∴ △DEF≡△LKJ (RHA 합동)

8 △BMD와 △CME에서

∠BDM=∠CEM=90° (⑤), $\overline{BM}=\overline{CM}$

△ABC에서 $\overline{AB}=\overline{AC}$이므로 ∠B=∠C (①)

∴ △BMD≡△CME (RHA 합동) (④)

∴ $\overline{MD}=\overline{ME}$ (②), $\overline{BD}=\overline{CE}$ (③)

따라서 옳지 않은 것은 ⑤이다.

9 △ADB와 △CEA에서

∠ADB=∠CEA=90°, $\overline{AB}=\overline{CA}$,

∠DAB=90°-∠EAC=∠ECA

따라서 △ADB≡△CEA (RHA 합동)이므로

$\overline{DE}=\overline{DA}+\overline{AE}=\overline{EC}+\overline{BD}=6+8=14\,(cm)$

∴ (사각형 DBCE의 넓이)=$\dfrac{1}{2}\times(\overline{DB}+\overline{EC})\times\overline{DE}$

　　　　　　　　　=$\dfrac{1}{2}\times(8+6)\times14$

　　　　　　　　　=$98\,(cm^2)$

10 △EBD와 △CBD에서

∠BED=∠BCD=90°, $\overline{BD}$는 공통, $\overline{BE}=\overline{BC}$

따라서 △EBD≡△CBD (RHS 합동)이므로

$\overline{DE}=\overline{DC}=5\,cm$

11 △ADM과 △CDM에서

$\overline{AM}=\overline{CM}$, $\overline{DM}$은 공통, ∠AMD=∠CMD=90°

즉, △ADM≡△CDM (SAS 합동)이므로

∠DAM=∠DCM

△ABD와 △AMD에서

∠ABD=∠AMD=90°, $\overline{AD}$는 공통,

$\overline{AC}=2\overline{AB}$에서 $\overline{AB}=\overline{AM}$

즉, △ABD≡△AMD (RHS 합동)이므로

∠BAD=∠MAD

∠BAD=∠MAD=∠MCD이므로 △ABC에서

3∠BAD+90°=180°, 3∠BAD=90°　∴ ∠BAD=30°

따라서 △ABD에서 ∠ADB=180°-(90°+30°)=60°

12 △BMD와 △CME에서
∠BDM=∠CEM=90°, $\overline{BM}=\overline{CM}$, $\overline{MD}=\overline{ME}$
즉, △BMD≡△CME (RHS 합동)이므로
∠DBM=∠ECM=$\frac{1}{2}$×(180°−64°)=58°
따라서 △BMD에서
∠BMD=180°−(90°+58°)=32°

· 본문 021~022쪽

개념 07 삼각형의 외심

01 (1) ○ (2) × (3) ○ (4) × (5) ○
02 (1) 4 (2) 10 (3) 36 (4) 35
03 (1) 5 (2) 12 (3) 60 (4) 28
04 (1) 7 cm (2) 8 cm
05 $25\pi \text{ cm}^2$ **06** 90

02 (1) $\overline{OD}$는 $\overline{AB}$의 수직이등분선이므로
$\overline{AD}=\overline{BD}=4$ cm ∴ $x=4$
(2) $\overline{OE}$는 $\overline{BC}$의 수직이등분선이므로
$\overline{BE}=\overline{CE}=5$ cm
$\overline{BC}=\overline{BE}+\overline{EC}=5+5=10$ (cm)이므로
$x=10$
(3) △OBC에서 $\overline{OB}=\overline{OC}$이므로
$x°=∠OCB=36°$ ∴ $x=36$
(4) △OBC에서 $\overline{OB}=\overline{OC}$이므로
$x°=\frac{1}{2}$×(180°−110°)=35° ∴ $x=35$

03 점 O가 △ABC의 외심이므로
(1) $\overline{OC}=\overline{OA}=\overline{OB}=5$ cm ∴ $x=5$
(2) $\overline{OA}=\overline{OB}=\overline{OC}=6$ cm
$\overline{AB}=\overline{OA}+\overline{OB}=6+6=12$ (cm)이므로 $x=12$
(3) $\overline{OB}=\overline{OA}$에서 ∠OAB=∠OBA=30°
$x°=30°+30°=60°$ ∴ $x=60$
(4) ∠OBA=∠OAB=$\frac{1}{2}$×(180°−56°)=62°
$\overline{OB}=\overline{OC}$에서 $x°=∠OBC=90°−62°=28°$
∴ $x=28$

04 점 O는 △ABC의 외심이다.
(1) $\overline{OC}$는 △ABC의 외접원의 반지름이므로 구하는 반지름의 길이는 7 cm이다.
(2) $\overline{AB}$는 △ABC의 외접원의 지름이므로 구하는 반지름의 길이는
$\frac{1}{2}\overline{AB}=\frac{1}{2}$×16=8 (cm)

05 $\overline{AC}$는 △ABC의 외접원의 지름이므로 외접원의 반지름의 길이는
$\frac{1}{2}\overline{AC}=\frac{1}{2}$×10=5 (cm)
∴ (외접원의 넓이)=π×5^2=25π (cm^2)

---

06 $\overline{OA}=\overline{OB}=\overline{OC}=5$ cm이므로
$\overline{AB}=\overline{AO}+\overline{OB}=5+5=10$ (cm)
△OCA에서 $\overline{OA}=\overline{OC}$이므로 ∠OCA=∠A=40°
∴ ∠BOC=40°+40°=80°
따라서 $x=10$, $y=80$이므로
$x+y=10+80=90$

· 본문 023~024쪽

개념 08 삼각형의 외심의 응용

01 (1) 25° 풀이 ▶ 90, 25 (2) 32° (3) 40°
02 (1) 104° 풀이 ▶ 52, 104 (2) 72° (3) 64°
03 (1) 70° 풀이 ▶ ❶ 90, 30 ❷ 40 ❸ 30, 70
(2) 65° (3) 120° (4) 20°
04 (1) ∠x=50°, ∠y=100° 풀이 ▶ ❶ 35, 50 ❷ 50, 100
(2) ∠x=68°, ∠y=136° (3) ∠x=45°, ∠y=90°
05 60°

01 (2) ∠x+26°+32°=90° ∴ ∠x=32°
(3) 20°+30°+∠x=90° ∴ ∠x=40°

02 (2) ∠x=2×36°=72°
(3) ∠x=$\frac{1}{2}$×128°=64°

03 (2) 35°+25°+∠OAC=90°이므로 ∠OAC=30°
△OAB에서 $\overline{OA}=\overline{OB}$이므로 ∠OAB=35°
∴ ∠x=35°+30°=65°
(3) 42°+18°+∠OAC=90°이므로 ∠OAC=30°
△OCA에서 $\overline{OA}=\overline{OC}$이므로
∠OCA=∠OAC=30°
∴ ∠x=180°−(30°+30°)=120°
(4) $\overline{OB}=\overline{OC}$이므로
∠OBC=∠OCB=$\frac{1}{2}$×(180°−100°)=40°
∠x+40°+30°=90° ∴ ∠x=20°

04 (2) ∠x=36°+32°=68°
∠y=2∠x=2×68°=136°
(3) ∠x=20°+25°=45°
∠y=2∠x=2×45°=90°

05 오른쪽 그림과 같이 $\overline{OA}$를 그으면
△OCA에서 $\overline{OA}=\overline{OC}$이므로
∠OAC=∠OCA=30°
∠AOC=180°−(30°+30°)=120°
∴ ∠x=$\frac{1}{2}$∠AOC=$\frac{1}{2}$×120°=60°

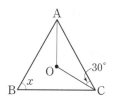

01 (1) × (2) ○ (3) × (4) × (5) ○ (6) × (7) ○
02 (1) 4 (2) 3 (3) 5 (4) 6 (5) 6
03 (1) 25° (2) 38° (3) 110° (4) 120°
04 115°

02 (1) $\overline{ID}=\overline{IE}=\overline{IF}=4\,cm$ ∴ $x=4$
(2) $\overline{ID}=\overline{IE}=\overline{IF}=3\,cm$ ∴ $x=3$
(3) $\overline{ID}=\overline{IE}=\overline{IF}=5\,cm$ ∴ $x=5$
(4) $\overline{ID}=\overline{IE}=\overline{IF}=6\,cm$ ∴ $x=6$
(5) $\overline{ID}=\overline{IE}=\overline{IF}=6\,cm$ ∴ $x=6$

03 (1) $\angle x=\angle IAC=25°$
(2) $\angle x=\angle ICA=38°$
(3) $\angle IAC=\angle IAB=30°$
△ICA에서 $\angle x=180°-(30°+40°)=110°$
(4) $\angle IBA=\angle IBC=28°$, $\angle IAB=\angle IAC=32°$
△IAB에서 $\angle x=180°-(28°+32°)=120°$

04 점 I는 △ABC의 내심이므로
$\angle IBC=\angle ABI=25°$, $\angle ICB=\angle ACI=40°$
따라서 △IBC에서
$\angle x=180°-(25°+40°)=115°$

01 (1) 38° 풀이 ▶ 90, 38 (2) 25° (3) 29°
02 (1) 122° 풀이 ▶ 64, 122 (2) 115° (3) 80°
03 (1) 130° 풀이 ▶ 40, 80, 80, 130 (2) 125°
(3) 40° 풀이 ▶ 110, 110, 40 (4) 70°
04 (1) $\angle x=115°$, $\angle y=45°$
풀이 ▶ ❶ 115 ❷ 20, 115, 20, 45
(2) $\angle x=122°$, $\angle y=28°$ (3) $\angle x=40°$, $\angle y=60°$
05 (1) 11 풀이 ▶ 5, 6, 5, 6, 11, 11 (2) 8 (3) 5
06 (1) 26 cm (2) 24 cm
07 (1) $\angle x=80°$, $\angle y=110°$ 풀이 ▶ 40, 80, 40, 110
(2) $\angle x=30°$, $\angle y=60°$
08 (1) 15°
풀이 ▶ ❶ 70, 70, 35 ❷ 40, 80, 80, 50 ❸ 50, 35, 15
(2) 9° (3) 12°
09 60°

01 (2) $\angle x+30°+35°=90°$ ∴ $\angle x=25°$
(3) $\angle IAC=\angle IAB=\frac{1}{2}\times72°=36°$
$\angle x+36°+25°=90°$ ∴ $\angle x=29°$

02 (2) $\angle x=90°+\frac{1}{2}\times50°=115°$
(3) $90°+\frac{1}{2}\angle x=130°$
∴ $\angle x=80°$

03 (2) $\angle IBA=\angle IBC=35°$이므로 $\angle B=70°$
∴ $\angle x=90°+\frac{1}{2}\times70°=125°$
(4) $\angle AIC=180°-(25°+30°)=125°$이므로
$90°+\frac{1}{2}\angle x=125°$
∴ $\angle x=70°$

04 (2) $\angle x=90°+\frac{1}{2}\times64°=122°$
$\angle y=180°-(122°+30°)=28°$
(3) $90°+\frac{1}{2}\angle y=120°$ ∴ $\angle y=60°$
△IBC에서 $\angle IBC=20°$, $\angle ICB=\angle x$이므로
$\angle x=180°-(120°+20°)=40°$

05 (2) $\overline{DI}=\overline{DB}=3\,cm$, $\overline{EI}=\overline{EC}=5\,cm$
따라서 $\overline{DE}=\overline{DI}+\overline{IE}=3+5=8(cm)$이므로
$x=8$
(3) $\overline{DI}=\overline{DB}=4\,cm$, $\overline{EI}=\overline{EC}=x\,cm$
따라서 $\overline{DE}=\overline{DI}+\overline{IE}=(4+x)\,cm$이므로
$4+x=9$ ∴ $x=5$

06 (1) (△ADE의 둘레의 길이)$=\overline{AB}+\overline{AC}=14+12$
$=26(cm)$
(2) (△ADE의 둘레의 길이)$=\overline{AB}+\overline{AC}$
$=11+13=24(cm)$

07 (2) $90°+\frac{1}{2}\angle x=105°$ ∴ $\angle x=30°$
$\angle y=2\times30°=60°$

08 (2) $\angle ABC=\frac{1}{2}\times(180°-72°)=54°$
$\angle IBC=\frac{1}{2}\angle ABC=\frac{1}{2}\times54°=27°$
$\angle BOC=2\angle A=2\times72°=144°$이므로
$\angle OBC=\frac{1}{2}\times(180°-144°)=18°$
∴ $\angle x=\angle IBC-\angle OBC=27°-18°=9°$
(3) $\angle OCB=\frac{1}{2}\times(180°-88°)=46°$
$\angle A=\frac{1}{2}\times88°=44°$
$\angle ACB=\frac{1}{2}\times(180°-44°)=68°$이므로
$\angle ICB=\frac{1}{2}\angle ACB=\frac{1}{2}\times68°=34°$
∴ $\angle x=\angle OCB-\angle ICB=46°-34°=12°$

09 점 I는 $\triangle$ABC의 내심이므로

$\angle$ICB$=\angle$ICA$=35°$

즉, $\triangle$IBC에서 $\angle x=180°-(25°+35°)=120°$

$\angle$BIC$=90°+\dfrac{1}{2}\angle$A이므로

$120°=90°+\dfrac{1}{2}\angle y$ ∴ $\angle y=60°$

∴ $\angle x-\angle y=120°-60°=60°$

· 본문 030~032쪽

개념 **11** 삼각형의 내심의 응용(2)

01 (1) 5 (2) 4 (3) 14 (4) 8

(5) 5 （풀이）▶ ❶ x ❷ $8-x$ ❸ $12-x$

❹ $8-x$, $12-x$, $20-2x$, $20-2x$, 5

(6) 2

02 (1) $24\,\text{cm}^2$ （풀이）▶ 2, 8, 24 (2) $39\,\text{cm}^2$

(3) $30\,\text{cm}$ （풀이）▶ 3, 45, 30 (4) $36\,\text{cm}$

(5) $12\,\text{cm}^2$ （풀이）▶ 30, 3, 3, 12 (6) $8\,\text{cm}^2$

03 (1) 1 （풀이）▶ ❶ 4, 3, 6 ❷ 6, 3, 4, 5, 6, 6, 1 (2) 4 (3) 2

04 (1) $16\pi\,\text{cm}^2$ (2) $4\pi\,\text{cm}^2$ (3) $(54-9\pi)\,\text{cm}^2$

05 (1) $96\,\text{cm}^2$ (2) $4\,\text{cm}$

---

01 (1) $\overline{\text{AF}}=\overline{\text{AD}}=5\,\text{cm}$ ∴ $x=5$

(2) $\overline{\text{EC}}=\overline{\text{FC}}=4\,\text{cm}$ ∴ $x=4$

(3) $\overline{\text{AF}}=\overline{\text{AD}}=8\,\text{cm}$이므로

$\overline{\text{AC}}=\overline{\text{AF}}+\overline{\text{CF}}=8+6=14\,(\text{cm})$

∴ $x=14$

(4) $\overline{\text{AD}}=\overline{\text{AF}}=3\,\text{cm}$, $\overline{\text{BE}}=\overline{\text{BD}}=6-3=3\,(\text{cm})$,

$\overline{\text{CE}}=\overline{\text{CF}}=5\,\text{cm}$

따라서 $\overline{\text{BC}}=\overline{\text{BE}}+\overline{\text{CE}}=3+5=8\,(\text{cm})$이므로

$x=8$

(6) $\overline{\text{CF}}=\overline{\text{CE}}=x\,\text{cm}$, $\overline{\text{AD}}=\overline{\text{AF}}=(6-x)\,\text{cm}$,

$\overline{\text{BD}}=\overline{\text{BE}}=(8-x)\,\text{cm}$

따라서 $\overline{\text{AB}}=\overline{\text{AD}}+\overline{\text{BD}}=(6-x)+(8-x)=14-2x$이므로

$14-2x=10$ ∴ $x=2$

02 (2) ($\triangle$ABC의 둘레의 길이)$=(4+3+6)\times 2=26\,(\text{cm})$

∴ $\triangle$ABC$=\dfrac{1}{2}\times 3\times 26=39\,(\text{cm}^2)$

(4) $\dfrac{1}{2}\times 2\times$ ($\triangle$ABC의 둘레의 길이)$=36$

∴ ($\triangle$ABC의 둘레의 길이)$=36\,(\text{cm})$

(6) 내접원의 반지름의 길이를 $r\,\text{cm}$라 하면

$\dfrac{1}{2}r\times(6+6+8)=20$ ∴ $r=2\,(\text{cm})$

∴ $\triangle$ICA$=\dfrac{1}{2}\times 8\times 2=8\,(\text{cm}^2)$

---

03 (2) $\triangle$ABC$=\dfrac{1}{2}\times 24\times 10=120\,(\text{cm}^2)$이므로

$120=\dfrac{1}{2}r\times(10+24+26)$ ∴ $r=4$

(3) $\triangle$ABC$=\dfrac{1}{2}\times 6\times 8=24\,(\text{cm}^2)$이므로

$24=\dfrac{1}{2}r\times(6+10+8)$ ∴ $r=2$

04 (1) 내접원의 반지름의 길이를 $r\,\text{cm}$라 하면

$\triangle$ABC$=\dfrac{1}{2}\times 16\times 12=96\,(\text{cm}^2)$이므로

$96=\dfrac{1}{2}r\times(12+16+20)$ ∴ $r=4\,(\text{cm})$

∴ (색칠한 부분의 넓이)$=\pi\times 4^2=16\pi\,(\text{cm}^2)$

(2) 내접원의 반지름의 길이를 $r\,\text{cm}$라 하면

$\triangle$ABC$=\dfrac{1}{2}\times 12\times 5=30\,(\text{cm}^2)$이므로

$30=\dfrac{1}{2}r\times(13+12+5)$ ∴ $r=2\,(\text{cm})$

∴ (색칠한 부분의 넓이)$=\pi\times 2^2=4\pi\,(\text{cm}^2)$

(3) 내접원의 반지름의 길이를 $r\,\text{cm}$라 하면

$\triangle$ABC$=\dfrac{1}{2}\times 9\times 12=54\,(\text{cm}^2)$이므로

$54=\dfrac{1}{2}r\times(15+9+12)$ ∴ $r=3\,(\text{cm})$

∴ (내접원의 넓이)$=\pi\times 3^2=9\pi\,(\text{cm}^2)$

∴ (색칠한 부분의 넓이)$=54-9\pi\,(\text{cm}^2)$

05 (1) $\triangle$ABC$=\dfrac{1}{2}\times 16\times 12=96\,(\text{cm}^2)$

(2) $\triangle$ABC의 내접원의 반지름의 길이를 $r\,\text{cm}$라 하면

$\dfrac{1}{2}r\times(20+16+12)=96$

$24r=96$ ∴ $r=4$

따라서 $\triangle$ABC의 내접원의 반지름의 길이는 $4\,\text{cm}$이다.

기본기 탄탄 문제 개념 **07~11**

· 본문 033~034쪽

1 ③	**2** ②	**3** 120°	**4** 41°
5 56°	**6** (1) 56° (2) 118°		**7** ⑤
8 22°	**9** ③	**10** ②	**11** 20 cm
12 ④			

1 ㄱ. 삼각형의 세 내각의 이등분선의 교점이므로 삼각형의 내심이다.

ㄴ. 삼각형의 세 변의 수직이등분선의 교점이므로 삼각형의 외심이다.

ㄹ. 점에서 세 꼭짓점에 이르는 거리가 같으므로 삼각형의 외심이다.

ㅁ. 점에서 세 변에 이르는 거리가 같으므로 삼각형의 내심이다.

따라서 삼각형의 내심을 나타내는 것은 ㄱ, ㅁ이다.

2 점 O는 △ABC의 외심이므로 $\overline{OA}=\overline{OB}=\overline{OC}$ (①)

이때 $\overline{OA}=\overline{OC}$이므로 ∠OAC=∠OCA (③)

△OAD≡△OBD (RHS 합동)이므로

∠AOD=∠BOD (④)

외심 O는 세 변의 수직이등분선의 교점이므로 $\overline{BE}=\overline{CE}$ (⑤)

따라서 옳지 않은 것은 ②이다.

3 점 O는 △ABC의 외심이므로 $\overline{OA}=\overline{OB}=\overline{OC}$

△OAB에서 $\overline{OA}=\overline{OB}$이므로

$\angle OBA=\dfrac{1}{2}\times(180°-80°)=50°$

△OBC에서 $\overline{OB}=\overline{OC}$이므로

$\angle OBC=\dfrac{1}{2}\times(180°-40°)=70°$

∴ ∠ABC=∠OBA+∠OBC=50°+70°=120°

4 오른쪽 그림과 같이 $\overline{OA}$를 그으면

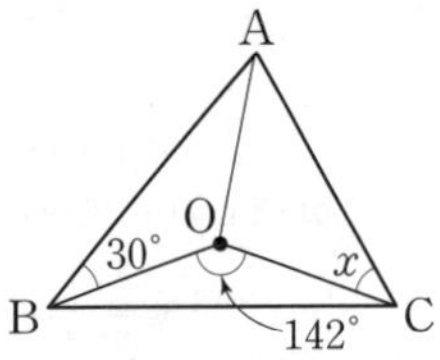

점 O는 △ABC의 외심이므로

$\overline{OA}=\overline{OB}=\overline{OC}$

즉, △OAB에서

∠OAB=∠OBA=30°

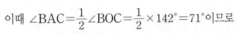

이때 $\angle BAC=\dfrac{1}{2}\angle BOC=\dfrac{1}{2}\times142°=71°$이므로

∠OAC=∠BAC-∠OAB=71°-30°=41°

따라서 △OCA에서

∠OCA=∠OAC=41° ∴ ∠x=41°

5 점 I는 △ABC의 내심이므로

∠IBA=∠IBC=26°, ∠ICA=∠ICB=36°

∴ ∠ABC=26°+26°=52°, ∠BCA=36°+36°=72°

따라서 △ABC에서

∠x=180°-(52°+72°)=56°

6 (1) 점 I는 △ABC의 내심이므로

∠BAC=2∠IAC=2×34°=68°

이때 △ABC에서 $\overline{AB}=\overline{AC}$이므로

$\angle B=\dfrac{1}{2}\times(180°-68°)=56°$

(2) $\angle AIC=90°+\dfrac{1}{2}\angle B=90°+\dfrac{1}{2}\times56°=118°$

7 점 I는 △ABC의 내심이므로

∠x+30°+28°=90° ∴ ∠x=32°

∠ICA=∠ICB=28°이므로 △ICA에서

∠y+28°+32°=180° ∴ ∠y=120°

∴ ∠y-∠x=120°-32°=88°

8 점 I는 △ABC의 내심이므로

∠ABC=2∠x

따라서 $\angle AIC=90°+\dfrac{1}{2}\times2\angle x$이므로

112°=90°+∠x ∴ ∠x=22°

9 $\triangle ABC=\dfrac{1}{2}\times30\times16=240\,(cm^2)$

△ABC의 내접원의 반지름의 길이를 r cm라 하면

$\triangle ABC=\dfrac{1}{2}r\times(16+30+34)$이므로

240=40r ∴ r=6(cm)

∴ $\triangle ICA=\dfrac{1}{2}\times34\times6=102\,(cm^2)$

10 $\overline{AF}=x$ cm라 하면 $\overline{AD}=x$ cm이므로

$\overline{BE}=\overline{BD}=8-x\,(cm)$, $\overline{CE}=\overline{CF}=12-x\,(cm)$

따라서 $\overline{BC}=\overline{BE}+\overline{CE}=(8-x)+(12-x)=10$이므로

20-2x=10, 2x=10 ∴ x=5

∴ $\overline{AF}=5$ cm

11 오른쪽 그림과 같이 $\overline{IB}$, $\overline{IC}$를 각각 그으면

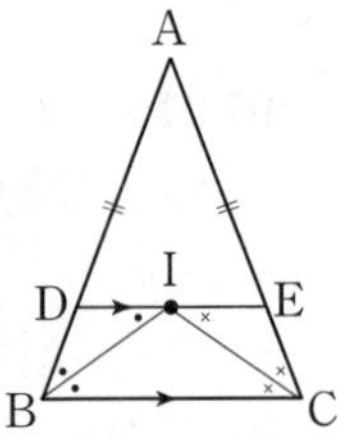

점 I는 △ABC의 내심이고, $\overline{DE}\,/\!/\,\overline{BC}$이므로

∠DBI=∠IBC=∠DIB,

∠ICE=∠ICB=∠EIC

즉, △DBI와 △EIC는 각각 이등변삼각형이

므로

$\overline{DI}=\overline{DB}$, $\overline{IE}=\overline{EC}$

△ADE의 둘레의 길이가 40 cm이므로

$\overline{AD}+\overline{DE}+\overline{AE}=\overline{AD}+\overline{DI}+\overline{IE}+\overline{AE}$

$\qquad\qquad\qquad=\overline{AD}+\overline{DB}+\overline{EC}+\overline{AE}$

$\qquad\qquad\qquad=\overline{AB}+\overline{AC}=40$

이때 △ABC는 $\overline{AB}=\overline{AC}$인 이등변삼각형이므로

$2\overline{AB}=40$ ∴ $\overline{AB}=20\,(cm)$

12 점 O는 △ABC의 외심이므로

$\angle A=\dfrac{1}{2}\angle BOC=\dfrac{1}{2}\times96°=48°$

점 I는 △ABC의 내심이므로

$\angle BIC=90°+\dfrac{1}{2}\angle A=90°+\dfrac{1}{2}\times48°=114°$

개념 **12** 평행사변형의 뜻과 성질

· 본문 036~040쪽

01 (1) 50, 55 **풀이** ▶ 50, 55
  (2) ∠x=30°, ∠y=45° (3) ∠x=60°, ∠y=40°
02 (1) 110° **풀이** ▶ 40, 40, 110
  (2) 90° (3) 65°
03 (1) x=5, y=4 (2) x=6, y=3 (3) x=4, y=7
  (4) x=6, y=3 (5) x=5, y=3 (6) x=3, y=3
04 (1) ∠x=50°, ∠y=130° (2) ∠x=140°, ∠y=40°
  (3) ∠x=110°, ∠y=70° (4) ∠x=65°, ∠y=115°
05 (1) ∠x=60°, ∠y=80° **풀이** ▶ 60, 60, 80
  (2) ∠x=115°, ∠y=35° (3) ∠x=110°, ∠y=30°
  (4) ∠x=70°, ∠y=85°
06 (1) x=3, y=4 (2) x=3, y=3 (3) x=4, y=7
  (4) x=6, y=4 (5) x=7, y=3 (6) x=8, y=10
07 (1) 22 cm (2) 12 cm
08 (1) ○ (2) ○ (3) × (4) × (5) ○ (6) × (7) ○
09 (1) 60° **풀이** ▶ ❶ 2, 2 ❷ 180, 2, 180, 60
  (2) 135°
10 (1) 5 **풀이** ▶ DAE, 이등변, 5, 5 (2) 4
11 (1) 4 **풀이** ▶ ❶ ABE, 이등변, $\overline{BC}$, 10 ❷ 6, 10, 6, 4, 4
  (2) 8
12 (1) x=8, y=110 **풀이** ▶ ❶ 55 ❷ $\overline{DF}$, 8, 8 ❸ 110, 110
  (2) x=3, y=120
13 (1) 10 **풀이** ▶ ❶ $\overline{CE}$, FEC, ASA, 5 ❷ 5, 10, 10
  (2) 8
14 5

---

01 (2) $\overline{AB}$∥$\overline{DC}$이므로 ∠x=30°(엇각)
  $\overline{AD}$∥$\overline{BC}$이므로 ∠y=45°(엇각)
  (3) $\overline{AD}$∥$\overline{BC}$이므로 ∠x=60°(엇각)
  $\overline{AB}$∥$\overline{DC}$이므로 ∠y=40°(엇각)

02 (2) ∠CAB=∠ACD=30°(엇각)
  △OAB에서 ∠x+30°+60°=180°
  ∴ ∠x=90°
  (3) ∠ADB=∠CBD=35°(엇각)
  △ODA에서 ∠x+80°+35°=180°
  ∴ ∠x=65°

03 (4) x−1=5 ∴ x=6
  2y+1=7, 2y=6 ∴ y=3
  (5) 2x−1=9, 2x=10 ∴ x=5
  y+1=4 ∴ y=3
  (6) 2x=6 ∴ x=3
  3y−1=8, 3y=9 ∴ y=3

04 (1) ∠x=∠B=50°
  50°+∠y=180° ∴ ∠y=130°
  (2) ∠x=∠D=140°
  140°+∠y=180° ∴ ∠y=40°
  (3) ∠x=∠C=110°
  ∠y+110°=180° ∴ ∠y=70°
  (4) ∠x=∠A=65°
  65°+∠y=180° ∴ ∠y=115°

05 (2) ∠x=∠A=115°
  △BCD에서 ∠y+30°+115°=180° ∴ ∠y=35°
  (3) ∠x=∠B=110°
  △ACD에서 ∠y+40°+110°=180° ∴ ∠y=30°
  (4) ∠x=∠D=70°
  △ABC에서 25°+70°+∠y=180° ∴ ∠y=85°

06 (2) x+4=7 ∴ x=3
  3y+1=10, 3y=9 ∴ y=3
  (3) x+5=9 ∴ x=4
  2y−1=13, 2y=14 ∴ y=7
  (4) $\overline{OB}=\frac{1}{2}×12=6$(cm) ∴ x=6
  $\overline{OC}=\frac{1}{2}×8=4$(cm) ∴ y=4
  (5) $\overline{OA}=\frac{1}{2}×14=7$(cm) ∴ x=7
  $\overline{OB}=\frac{1}{2}×6=3$(cm) ∴ y=3
  (6) $\overline{AC}=2×4=8$(cm) ∴ x=8
  $\overline{BD}=2×5=10$(cm) ∴ y=10

07 (1) $\overline{OB}=\frac{1}{2}×16=8$(cm), $\overline{OC}=\frac{1}{2}×8=4$(cm)
  따라서 색칠한 부분의 둘레의 길이는 8+10+4=22(cm)
  (2) $\overline{OC}=\frac{1}{2}×6=3$(cm), $\overline{OD}=\overline{OB}=4$ cm
  따라서 색칠한 부분의 둘레의 길이는 3+5+4=12(cm)

08 (3) $\overline{OC}=\overline{OA}$, $\overline{OD}=\overline{OB}$
  (4) $\overline{BC}=\overline{AD}$

09 (2) ∠B=$\frac{1}{3}$∠A=$\frac{1}{3}$∠x
  ∠A+∠B=180°이므로
  ∠x+$\frac{1}{3}$∠x=180°, $\frac{4}{3}$∠x=180° ∴ ∠x=135°

10 (2) ∠DEC=∠ECB(엇각)이므로 △DEC는 이등변삼각형이다.
  따라서 $\overline{DC}=\overline{DE}$=4 cm이므로 x=4

11 (2) ∠AFD=∠CDE(엇각)이므로 △AFD는 이등변삼각형이다.
  따라서 $\overline{AF}=\overline{AD}$=12 cm, $\overline{AB}=\overline{DC}=x$ cm이므로
  $\overline{AF}=x$+4에서 12=x+4 ∴ x=8

12 (2) ∠DCE=∠AFE=30° (엇각)

△FBC는 이등변삼각형이므로 $\overline{BF}=\overline{BC}=9\,cm$

$\overline{AB}=\overline{DC}=6\,cm$이므로 $\overline{AF}=9-6=3\,(cm)$

∴ $x=3$

∠D=∠B=180°$-(30°+30°)$=120° ∴ $y=120$

13 (2) △AED와 △FEC에서

$\overline{DE}=\overline{CE}$, ∠ADE=∠FCE (엇각),

∠AED=∠FEC (맞꼭지각)

∴ △AED≡△FEC (ASA 합동)

즉, $\overline{CF}=\overline{DA}=4\,cm$

$\overline{BC}=\overline{AD}=4\,cm$이므로

$\overline{BF}=\overline{BC}+\overline{CF}=4+4=8\,(cm)$ ∴ $x=8$

14 $\overline{AD}=\overline{BC}$이므로 $4x-2=10$, $4x=12$ ∴ $x=3$

$\overline{OA}=\overline{OC}$이므로 $3y+1=7$, $3y=6$ ∴ $y=2$

∴ $x+y=3+2=5$

개념 13 평행사변형이 되는 조건 · 본문 041~043쪽

01 (1) 두 쌍의 대변이 각각 평행하다.

(2) 한 쌍의 대변이 평행하고 그 길이가 같다.

(3) 두 쌍의 대각의 크기가 각각 같다.

(4) 두 쌍의 대변의 길이가 각각 같다.

(5) 두 대각선이 서로 다른 것을 이등분한다.

02 (1) ○ (2) ○ (3) ○ (4) × (5) × (6) ○

03 (1) $x=10$, $y=7$ (2) $x=50$, $y=130$ (3) $x=5$, $y=8$

(4) $x=13$, $y=38$ (5) $x=70$, $y=40$ (6) $x=3$, $y=1$

04 (1) × (2) ○, 한 쌍의 대변이 평행하고 그 길이가 같다.

(3) ○, 두 쌍의 대각의 크기가 각각 같다.

(4) ○, 두 대각선이 서로 다른 것을 이등분한다.

(5) × (6) ○, 두 쌍의 대변이 각각 평행하다.

05 (1) $\overline{DF}$, $\overline{CF}$, $\overline{DF}$, 평행

(2) SAS, $\overline{RQ}$, DSR, SAS, $\overline{RS}$, 평행사변형

(3) FDE, DFC, DFC, BFD, 대각, 평행사변형

(4) 평행사변형, $\overline{OC}$, $\overline{OF}$, 평행사변형

06 ⑤

02 (2) ∠ABD=∠CDB (엇각)이므로 $\overline{AB}/\!/\overline{DC}$

따라서 □ABCD는 $\overline{AB}=\overline{DC}$, $\overline{AB}/\!/\overline{DC}$이므로 평행사변형이다.

(4) 한 쌍의 대변이 평행하고 다른 한 쌍의 대변의 길이가 같은 사각형은 항상 평행사변형이라 할 수는 없다.

(6) ∠BAC=∠DCA (엇각), ∠ADB=∠DBC (엇각)이므로

$\overline{AB}/\!/\overline{CD}$, $\overline{AD}/\!/\overline{BC}$

따라서 □ABCD는 평행사변형이다.

---

03 (2) ∠D=180°$-$50°=130°

∴ $y=130$

(6) $3x=\dfrac{1}{2}\times18=9$ ∴ $x=3$

$5y=\dfrac{1}{2}\times10=5$ ∴ $y=1$

06 ① ∠A≠∠C이므로 평행사변형이 아니다.

② $\overline{AB}=\overline{DC}$ 또는 $\overline{AD}/\!/\overline{BC}$인지 알 수 없으므로 평행사변형이라 할 수 없다.

③ $\overline{AB}\neq\overline{DC}$, $\overline{AD}\neq\overline{BC}$이므로 평행사변형이 아니다.

④ $\overline{OA}\neq\overline{OC}$, $\overline{OB}\neq\overline{OD}$이므로 평행사변형이 아니다.

⑤ ∠DAC=∠BCA=50°이므로 $\overline{AD}/\!/\overline{BC}$

즉, 한 쌍의 대변이 평행하고 그 길이가 같으므로 평행사변형이다.

따라서 □ABCD가 평행사변형인 것은 ⑤이다.

개념 14 평행사변형과 넓이 · 본문 044~045쪽

01 (1) $10\,cm^2$ (2) $12\,cm^2$ (3) $10\,cm^2$

02 (1) $9\,cm^2$ (2) $16\,cm^2$ (3) $14\,cm^2$

03 (1) $14\,cm^2$ (2) $10\,cm^2$ (3) $30\,cm^2$ (4) $6\,cm^2$ (5) $19\,cm^2$

04 (1) $13\,cm^2$ (2) $21\,cm^2$ (3) $29\,cm^2$

05 $52\,cm^2$

01 (1) □ABCD=2△ABC=2×5=10(cm^2)

(2) △BCD=△ABD=$12\,cm^2$

(3) △ABC=$\dfrac{1}{2}$□ABCD=$\dfrac{1}{2}\times20$=10(cm^2)

02 (1) △OAB=$\dfrac{1}{4}$□ABCD=$\dfrac{1}{4}\times36$=9(cm^2)

(2) □ABCD=4△OCD=4×4=16(cm^2)

(3) △OAB+△OCD=$\dfrac{1}{2}$□ABCD

$=\dfrac{1}{2}\times28$=14(cm^2)

03 (1) △PAB+△PCD=△PDA+△PBC이므로

$10+12=8+$△PBC ∴ △PBC=14(cm^2)

(2) △PAB+△PCD=△PDA+△PBC이므로

$15+$△PCD=$14+11$ ∴ △PCD=10(cm^2)

(3) △PDA+△PBC=$\dfrac{1}{2}$□ABCD=$\dfrac{1}{2}\times60$=30(cm^2)

(4) △PAB+△PCD=$\dfrac{1}{2}$□ABCD=$\dfrac{1}{2}\times18$=9(cm^2)

따라서 △PAB+3=9이므로 △PAB=6(cm^2)

(5) △PDA+△PBC=$\dfrac{1}{2}$□ABCD=$\dfrac{1}{2}\times64$=32(cm^2)

따라서 △PDA+13=32이므로 △PDA=19(cm^2)

04 (1) △OPA=△OQC이므로

(색칠한 부분의 넓이의 합)=△ODA=$\frac{1}{4}$□ABCD

$$=\frac{1}{4}\times52=13(\text{cm}^2)$$

(2) △OPB=△OQD이므로

(색칠한 부분의 넓이의 합)=△OAB=$\frac{1}{4}$□ABCD

$$=\frac{1}{4}\times84=21(\text{cm}^2)$$

(3) △OPA=△OQC이므로

(색칠한 부분의 넓이의 합)=△OBC=$\frac{1}{4}$□ABCD

$$=\frac{1}{4}\times116=29(\text{cm}^2)$$

05 □ABCD=4△OCD=4×13=52(cm²)

기본기 탄탄 문제 개념 **12~14**

• 본문 046쪽

1 40 cm	**2** 59°	**3** 80°	**4** ③
5 24	**6** (가) $\overline{OC}$ (나) $\overline{OD}$ (다) $\overline{DF}$ (라) $\overline{OE}$		
7 20 cm²	**8** 35 cm²		

1 $\overline{AD}=\overline{BC}=16$ cm

$\overline{AO}=\frac{1}{2}\overline{AC}=\frac{1}{2}\times28=14(\text{cm})$

$\overline{DO}=\frac{1}{2}\overline{BD}=\frac{1}{2}\times20=10(\text{cm})$

따라서 △AOD의 둘레의 길이는

$\overline{AO}+\overline{DO}+\overline{AD}=14+10+16=40(\text{cm})$

2 ∠ADC=∠B=62°이므로

∠ADE=$\frac{1}{2}$∠ADC=$\frac{1}{2}\times62°=31°$

△AFD에서 ∠FAD=180°−(90°+31°)=59°

∠BAD+∠B=180°이므로

∠BAD=180°−62°=118°

∴ ∠BAF=∠BAD−∠FAD=118°−59°=59°

3 $\overline{AD}/\!/\overline{BC}$이므로 ∠DBC=∠ADB=40° (엇각)

$\overline{AB}/\!/\overline{DC}$이므로 ∠y=∠BAC (엇각)

△ABO에서 ∠BOC=∠x+∠y

△OBC에서 ∠OBC+∠OCB+∠BOC=180°이므로

40°+60°+∠x+∠y=180°

∴ ∠x+∠y=80°

4 ③ 대각선이 서로 다른 것을 이등분하므로 □ABCD는 평행사변형이다.

5 □ABCD가 평행사변형이려면 $\overline{AD}=\overline{BC}$, $\overline{AB}=\overline{DC}$이어야 하므로

$5x-4y=x+2y$, $x+y=10$

이 두 식을 연립하여 풀면 $x=6$, $y=4$

∴ $xy=6\times4=24$

7 ∠BAE=∠DAE=∠AEB (엇각),

∠DCF=∠BCF=∠DFC (엇각)이므로

△BEA와 △DFC는 이등변삼각형이다.

즉, $\overline{BE}=\overline{BA}=6$ cm, $\overline{DF}=\overline{DC}=\overline{AB}=6$ cm이므로

$\overline{AF}=\overline{EC}=10-6=4(\text{cm})$

또 $\overline{AF}/\!/\overline{EC}$이므로 □AECF는 평행사변형이다.

이때 평행사변형 ABCD의 넓이가 50 cm²이고, $\overline{BC}=10$ cm이므로

□ABCD의 높이는 5 cm이다.

따라서 □AECF의 넓이는 4×5=20(cm²)

8 △AOE=△COF이므로

(색칠한 부분의 넓이)=△AOE+△ABO+△BFO

$$=△COF+△ABO+△BFO$$

$$=△ABC=\frac{1}{2}□ABCD$$

$$=\frac{1}{2}\times70=35(\text{cm}^2)$$

참고 △AOE와 △COF에서

$\overline{AO}=\overline{CO}$, ∠OAE=∠OCF (엇각), ∠AOE=∠COF (맞꼭지각)

따라서 △AOE≡△COF (ASA 합동)이므로 △AOE=△COF

개념 **15** **직사각형의 뜻과 성질**

• 본문 047~048쪽

01 (1) $x=30$, $y=60$ (2) $x=50$, $y=80$ (3) $x=45$, $y=45$

02 (1) 13 (2) 5 (3) 2 (4) 3

03 (1) 180, 90, 90, 직사각형

(2) $\overline{DC}$, SSS, C, D, 직사각형

04 (1) × (2) ○ (3) ○ (4) × (5) × (6) ○

05 46

01 (1) $\overline{OB}=\overline{OC}$이므로 ∠OCB=∠OBC=30°   ∴ $x=30$

△OBC에서 ∠OCD=30°+30°=60°   ∴ $y=60$

(2) ∠OCB=180°−(40°+90°)=50°   ∴ $x=50$

△AOD에서 $\overline{OA}=\overline{OD}$이므로

∠ODA=∠OAD=90°−40°=50°

∠AOD=180°−(50°+50°)=80°   ∴ $y=80$

(3) $\overline{OA}=\overline{OD}$이고 $\angle AOD=90°$이므로

$\angle ODA=\dfrac{1}{2}\times(180°-90°)=45°$ $\quad\therefore x=45$

$\angle OAB=90°-45°=45°$ $\quad\therefore y=45$

02 (1) $\overline{AC}=\overline{BD}$이므로 $x=13$

(2) $\overline{AC}=\overline{BD}$이고 $\overline{AO}=\overline{CO}$이므로

$2x=10$ $\quad\therefore x=5$

(3) $\overline{BO}=\overline{CO}$이므로 $3x-1=7-x$, $4x=8$ $\quad\therefore x=2$

(4) $\overline{AC}=\overline{BD}$이고 $\overline{BO}=\overline{DO}$이므로

$2(x+7)=6x+2$, $4x=12$ $\quad\therefore x=3$

04 (3) 평행사변형 ABCD에서 $\angle A+\angle B=180°$이므로

$\angle A=\angle B$이면 $\angle A=\angle B=90°$

따라서 한 내각이 직각이므로 $\square$ABCD는 직사각형이 된다.

05 $\overline{OA}=\overline{OB}$이므로 $5x-4=4x+2$ $\quad\therefore x=6$

$\angle ABC=90°$이므로 $\angle OBC=90°-50°=40°$

$\triangle OBC$에서 $\overline{OB}=\overline{OC}$이므로

$\angle OCB=\angle OBC=40°$ $\quad\therefore y=40$

$\therefore x+y=6+40=46$

개념 **16** 마름모의 뜻과 성질 · 본문 049~050쪽

01 (1) $x=6$, $y=6$ (2) $x=30$, $y=120$ (3) $x=60$, $y=90$

(4) $x=4$, $y=3$ (5) $x=3$, $y=4$ (6) $x=40$, $y=40$

(7) $x=6$, $y=3$

02 (1) $\overline{CD}$, $\overline{AD}$, $\overline{CD}$, $\overline{DA}$, 마름모

(2) $\overline{DO}$, AOD, SAS, $\overline{AD}$, $\overline{CD}$, $\overline{AD}$, 마름모

03 (1) $\times$ (2) $\bigcirc$ (3) $\bigcirc$ (4) $\times$ (5) $\bigcirc$ (6) $\bigcirc$

04 76

01 (2) $\triangle ABD$에서 $\overline{AB}=\overline{AD}$이므로

$\angle ADB=\angle ABD=30°$ $\quad\therefore x=30$

$\angle BAD=180°-(30°+30°)=120°$이므로

$\angle BCD=\angle BAD=120°$ $\quad\therefore y=120$

(3) $\angle AOD=\angle AOB=90°$ $\quad\therefore y=90$

$\triangle ABO$에서 $\angle BAO=180°-(30°+90°)=60°$ $\quad\therefore x=60$

(4) $\overline{AO}=\overline{CO}$이므로 $x=4$

$\overline{BO}=\overline{DO}$이므로 $y=3$

(5) $\overline{AB}=\overline{BC}$이므로 $4x=2x+6$, $2x=6$ $\quad\therefore x=3$

$\overline{CD}=\overline{AB}$이므로 $3y=4x=12$ $\quad\therefore y=4$

(6) $\triangle AOD$에서 $\angle AOD=90°$이므로

$\angle DAO+50°+90°=180°$ $\quad\therefore x=40$

$\angle BCO=\angle DAO=40°$ (엇각)이므로 $y=40$

(7) $\overline{AC}=2\overline{AO}$이므로 $3x-2=16$, $3x=18$ $\quad\therefore x=6$

$\overline{BO}=\overline{DO}$이므로 $5y=4y+3$ $\quad\therefore y=3$

---

03 (6) $\triangle ABD$에서 $\angle ABD=\angle ADB$이므로 $\overline{AB}=\overline{AD}$

따라서 평행사변형 ABCD는 마름모가 된다.

04 $\overline{AD}=\overline{AB}=12$ cm $\quad\therefore x=12$

$\triangle OCD$에서 $\angle COD=90°$이므로

$\angle DCO=180°-(90°+26°)=64°$

이때 $\triangle ACD$에서 $\overline{DA}=\overline{DC}$이므로

$\angle DAC=\angle DCA=64°$ $\quad\therefore y=64$

$\therefore x+y=12+64=76$

개념 **17** 정사각형의 뜻과 성질 · 본문 051~054쪽

01 (1) $x=3$, $y=5$ (2) $x=2$, $y=45$ (3) $x=45$, $y=90$

(4) $x=6$, $y=45$ (5) $x=4$, $y=45$ (6) $x=90$, $y=6$

(7) $x=3$, $y=13$

02 (1) $65°$

풀이 ➊ $\overline{CD}$, 45, $\overline{DE}$, SAS

➋ DAE, 20, 45, 20, 45, 65

(2) $70°$ (3) $63°$ (4) $75°$ (5) $27°$ (6) $23°$ (7) $15°$

03 (1) $20°$

풀이 ➊ $\overline{BC}$, $\overline{CF}$, BCF, SAS ➋ x, 110, 70, 70, 20

(2) $60°$ (3) $30°$

04 (1) $150°$

풀이 ➊ 60, 60, 30 ➋ 30, 75 ➌ 75, 15 ➍ 15, 15, 150

(2) $75°$ (3) $15°$

05 (1) $\bigcirc$ (2) $\times$ (3) $\bigcirc$ (4) $\times$ (5) $\bigcirc$

06 (1) $\times$ (2) $\times$ (3) $\bigcirc$ (4) $\bigcirc$ (5) $\bigcirc$

07 $40°$

01 (1) $\overline{AB}=\overline{BC}=\overline{CD}=\overline{DA}$이므로

$3x=9$ $\quad\therefore x=3$

$2y-1=9$, $2y=10$ $\quad\therefore y=5$

(2) $\overline{AB}=\overline{BC}=\overline{CD}=\overline{DA}$이므로

$2x+3=3x+1$ $\quad\therefore x=2$

$\triangle ACD$에서 $\overline{DA}=\overline{DC}$이므로

$\angle DAC=\angle DCA=\dfrac{1}{2}\times(180°-90°)=45°$ $\quad\therefore y=45$

(3) $\angle AOD=90°$ $\quad\therefore y=90$

$\triangle AOD$에서 $\overline{OA}=\overline{OD}$이므로

$\angle OAD=\angle ODA=\dfrac{1}{2}\times(180°-90°)=45°$ $\quad\therefore x=45$

(4) $\overline{BD}=\overline{AC}=2\overline{AO}=2\times3=6$(cm) $\quad\therefore x=6$

$\triangle ABC$에서 $\overline{BA}=\overline{BC}$이므로

$\angle BAC=\angle BCA=\dfrac{1}{2}\times(180°-90°)=45°$ $\quad\therefore y=45$

012 · 정답 및 해설

(5) $\overline{BO}=\dfrac{1}{2}\overline{AC}=\dfrac{1}{2}\times8=4(\text{cm})$

　　$\therefore x=4$

　　$\triangle OCD$에서 $\overline{OD}=\overline{OC}$이므로

　　$\angle ODC=\angle OCD=\dfrac{1}{2}\times(180°-90°)=45°$

　　$\therefore y=45$

(6) $\angle AOD=90°$이므로 $x=90$

　　$\overline{BD}=\overline{AC}=2\overline{AO}$이므로

　　$3y+4=22,\ 3y=18$　$\therefore y=6$

(7) $\overline{AC}=\overline{BD}$이므로 $5x-2=2x+7$

　　$3x=9$　$\therefore x=3$

　　$2\overline{AO}=\overline{AC}$이고 $5x-2=5\times3-2=13$이므로

　　$\dfrac{y}{2}\times2=13$　$\therefore y=13$

02 (2) $\triangle AED$와 $\triangle CED$에서

　　$\overline{AD}=\overline{CD}$, $\angle ADE=\angle CDE=45°$, $\overline{DE}$는 공통이므로

　　$\triangle AED\equiv\triangle CED$ (SAS 합동)

　　따라서 $\triangle DEC$에서

　　$\angle DCE=\angle DAE=25°$, $\angle CDE=45°$이므로

　　$\angle x=\angle DCE+\angle CDE=25°+45°=70°$

(3) $\triangle ABE$와 $\triangle ADE$에서

　　$\overline{AB}=\overline{AD}$, $\angle BAE=\angle DAE=45°$, $\overline{AE}$는 공통이므로

　　$\triangle ABE\equiv\triangle ADE$ (SAS 합동)

　　따라서 $\triangle AED$에서

　　$\angle ADE=\angle ABE=18°$, $\angle DAE=45°$이므로

　　$\angle x=\angle ADE+\angle DAE=18°+45°=63°$

(4) $\angle BCE=\angle DCE=45°$이므로 $\triangle BCE$에서

　　$\angle x=\angle EBC+\angle BCE=30°+45°=75°$

(5) $\triangle ABE$와 $\triangle ADE$에서

　　$\overline{AB}=\overline{AD}$, $\angle BAE=\angle DAE=45°$, $\overline{AE}$는 공통이므로

　　$\triangle ABE\equiv\triangle ADE$ (SAS 합동)

　　따라서 $\triangle ABE$에서

　　$\angle ABE=\angle ADE=\angle x$, $\angle BAE=45°$이므로

　　$\angle x+45°=72°$　$\therefore \angle x=27°$

(6) $\triangle ABE$와 $\triangle CBE$에서

　　$\overline{AB}=\overline{CB}$, $\angle ABE=\angle CBE=45°$, $\overline{BE}$는 공통이므로

　　$\triangle ABE\equiv\triangle CBE$ (SAS 합동)

　　따라서 $\triangle ABE$에서

　　$\angle BAE=\angle BCE=\angle x$, $\angle ABE=45°$이므로

　　$\angle x+45°=68°$　$\therefore \angle x=23°$

(7) $\triangle ABE$와 $\triangle ADE$에서

　　$\overline{AB}=\overline{AD}$, $\angle BAE=\angle DAE=45°$, $\overline{AE}$는 공통이므로

　　$\triangle ABE\equiv\triangle ADE$ (SAS 합동)

　　따라서 $\triangle AED$에서

　　$\angle ADE=\angle ABE=\angle x$, $\angle DAE=45°$이므로

　　$\angle x+45°=60°$　$\therefore \angle x=15°$

03 (2) $\triangle ABE$와 $\triangle BCF$에서

　　$\overline{AB}=\overline{BC}$, $\overline{BE}=\overline{CF}$, $\angle ABE=\angle BCF$이므로

　　$\triangle ABE\equiv\triangle BCF$ (SAS 합동)

　　$\therefore \angle x=\angle AEB=60°$

(3) $\triangle ABE$와 $\triangle BCF$에서

　　$\overline{AB}=\overline{BC}$, $\overline{BE}=\overline{CF}$, $\angle ABE=\angle BCF$이므로

　　$\triangle ABE\equiv\triangle BCF$ (SAS 합동)

　　따라서 $\triangle ABE$에서

　　$\angle BAE=\angle CBF=\angle x$, $\angle AEB=180°-120°=60°$

　　$\therefore \angle x=180°-(90°+60°)=30°$

04 (2) $\angle ECB=60°$이므로 $\angle ECD=90°-60°=30°$

　　$\triangle CDE$에서 $\overline{CE}=\overline{CD}$이므로

　　$\angle x=\dfrac{1}{2}\times(180°-30°)=75°$

(3) $\angle EBC=60°$이므로 $\angle ABE=90°-60°=30°$

　　$\triangle ABE$에서 $\overline{BA}=\overline{BE}$이므로

　　$\angle BAE=\angle BEA=\dfrac{1}{2}\times(180°-30°)=75°$

　　$\therefore \angle x=90°-75°=15°$

07 $\overline{AB}=\overline{AD}$, $\overline{AD}=\overline{AE}$이므로 $\overline{AB}=\overline{AE}$

즉, $\triangle ABE$에서 $\angle AEB=\angle ABE=25°$이므로

$\angle EAB=180°-(25°+25°)=130°$

$\therefore \angle EAD=130°-90°=40°$

개념 18 등변사다리꼴의 뜻과 성질　　· 본문 055~056쪽

---

01 (1) 50　(2) 125　(3) 65　(4) 8　(5) 3　(6) 8

02 (1) 25°　**풀이▶** ❶ x, x　❷ 2, 50, 25

　　(2) 60°　(3) 60°　(4) 36°

03 (1) 12　**풀이▶** ❶ 평행사변형, $\overline{AD}$, 5　❷ 60, 정삼각형

　　　　　　　　　　　❸ $\overline{AB}$, 7, 12, 12

　　(2) 14　(3) 20

04 (1) $\angle DCA=33°$, $\angle DBC=33°$　(2) 81°

---

01 (1) $\overline{AD}\,/\!/\,\overline{BC}$이므로 $\angle A+\angle B=180°$

　　　$\angle B=180°-130°=50°$　$\therefore x=50$

(2) $\angle C=\angle B=55°$이고, $\overline{AD}\,/\!/\,\overline{BC}$이므로

　　$\angle D+\angle C=180°$

　　$\angle D=180°-55°=125°$　$\therefore x=125$

(3) $\overline{AD}\,/\!/\,\overline{BC}$이므로 $\angle ACB=\angle DAC=25°$ (엇각)

　　$\angle B=\angle C$이므로 $\angle B=40°+25°=65°$　$\therefore x=65$

(4) $\overline{DC}=\overline{AB}=8\,\text{cm}$　$\therefore x=8$

(5) $\overline{AC}=\overline{DB}$이므로 $9=6+x$　$\therefore x=3$

(6) $\overline{AC}=\overline{DB}$이므로 $2x+8=3x$　$\therefore x=8$

02 (2) ∠ADB=∠ABD=30°
∠DBC=∠ADB=30° (엇각)
∠B=∠C이므로 ∠x=30°+30°=60°

(3) ∠ADB=∠DBC=40° (엇각)
∠ABD=∠ADB=40°
∠C=∠B=40°+40°=80°
△BCD에서 ∠x=180°−(40°+80°)=60°

(4) ∠ADB=∠DBC=∠x (엇각)
∠ABD=∠ADB=∠x
∠C=∠B=2∠x
△BCD에서 ∠x+72°+2∠x=180°
3∠x=108° ∴ ∠x=36°

03 (2) $\overline{AB}$와 평행하도록 $\overline{DE}$를 그으면
□ABED는 평행사변형이므로
$\overline{BE}$=$\overline{AD}$=6 cm
∠A+∠B=180°이므로
∠B=180°−120°=60°
∠DEC=∠B=∠C=60°이므로 △DEC는 정삼각형이다.
따라서 $\overline{EC}$=$\overline{DC}$=8 cm이므로
$\overline{BC}$=$\overline{BE}$+$\overline{EC}$=6+8=14(cm) ∴ x=14

(3) $\overline{AB}$와 평행하도록 $\overline{DE}$를 그으면
□ABED는 평행사변형이므로
$\overline{BE}$=$\overline{AD}$=5 cm
∠DEC=∠B=∠C=60°
이므로 △DEC는 정삼각형이다.
따라서 $\overline{EC}$=$\overline{DC}$=15 cm이므로
$\overline{BC}$=$\overline{BE}$+$\overline{EC}$=5+15=20(cm) ∴ x=20

04 (1) $\overline{AD}$∥$\overline{BC}$이므로 ∠DAC=∠ACB=33° (엇각)
$\overline{DA}$=$\overline{DC}$이므로 ∠DCA=∠DAC=33°
△ABC와 △DCB에서
$\overline{AB}$=$\overline{DC}$, ∠ABC=∠DCB, $\overline{BC}$는 공통이므로
△ABC≡△DCB (SAS 합동)
∴ ∠DBC=∠ACB=33°

(2) △DBC에서
∠x=180°−(33°+33°+33°)=81°

개념 **19** 여러 가지 사각형 사이의 관계 · 본문 057~058쪽

01 (1) × (2) ○ (3) ○ (4) ○ (5) × (6) ○
02 (1) ㄴ, ㄹ, ㅂ (2) ㄷ, ㄹ, ㅁ, ㅂ (3) ㅁ, ㅂ (4) ㅂ
03 (1) 직사각형 (2) 마름모 (3) 마름모 (4) 정사각형
(5) 정사각형 (6) 정사각형
04 (1) ○ (2) ○ (3) × (4) × (5) ○ (6) ×
05 ⑤

01 (5) 평행사변형의 두 대각선이 서로 수직이면 마름모이다.

04 (3) ∠B=∠C이면 네 내각의 크기가 모두 90°이므로 직사각형이다.
(4) $\overline{AC}$⊥$\overline{BD}$이면 마름모이다.
(6) 두 대각선의 길이가 같고, 서로 다른 것을 이등분하므로 직사각형이다.

개념 **20** 평행선과 넓이 · 본문 059~062쪽

01 (1) △DBC (2) △ACD (3) △DOC
02 (1) 10 cm² (2) 29 cm² (3) 12 cm²
03 (1) △AEC (2) △DEC (3) △AFD (4) △ABC
04 (1) 30 cm² (2) 10 cm² (3) 15 cm² (4) 24 cm²
05 (1) 9 cm² 풀이▶9 (2) 6 cm² (3) 35 cm²
(4) 28 cm² (5) 63 cm²
06 (1) 6 cm² 풀이▶ ❶ 1, $\frac{1}{2}$, 18 ❷ 2, $\frac{1}{3}$, 6
(2) 10 cm² (3) 6 cm²
07 (1) 12 cm² 풀이▶ ❶ 2, 6, ABO, 6 ❷ 2, 12
(2) 10 cm² (3) 72 cm² (4) 10 cm²
08 5 cm²

01 (3) △ABO=△ABC−△OBC
=△DBC−△OBC=△DOC

02 (1) △DOC=△ABO=△ABC−△OBC
=40−30=10(cm²)
(2) △DOC=△ABO이므로
△OBC=△DBC−△DOC=△DBC−△ABO
=45−16=29(cm²)
(3) △ABO=△DOC=△ACD−△AOD
=18−6=12(cm²)

03 (3) $\overline{AE}$∥$\overline{DC}$이므로 △AEC=△AED
∴ △CFE=△AEC−△AEF
=△AED−△AEF
=△AFD
(4) $\overline{AE}$∥$\overline{DC}$이므로 △AED=△AEC
∴ □ABED=△ABE+△AED
=△ABE+△AEC
=△ABC

04 (1) △AED=△AEC이므로
□ABED=△ABC
=△ABE+△AEC
=16+14=30(cm²)

(2) $\triangle AEC = \triangle AED$
$\qquad = \Box ABED - \triangle ABE$
$\qquad = 18 - 8 = 10 (cm^2)$
(3) $\triangle AED = \triangle AEC = 10 \, cm^2$이므로
$\quad \triangle ABE = \Box ABED - \triangle AED$
$\qquad = 25 - 10 = 15 (cm^2)$
(4) $\triangle AEC = \triangle AED$
$\qquad = \Box ABED - \triangle ABE$
$\qquad = 60 - 36 = 24 (cm^2)$

05 (2) $\triangle ABD : \triangle ADC = 2 : 5$이므로
$\quad \triangle ABD : 15 = 2 : 5$
$\quad \therefore \triangle ABD = 6 (cm^2)$
(3) $\triangle ABD : \triangle ADC = 3 : 5$이므로
$\quad \triangle ADC = \dfrac{5}{3+5} \triangle ABC = \dfrac{5}{8} \times 56 = 35 (cm^2)$
(4) $\triangle ADC : \triangle DBC = 7 : 2$이므로
$\quad \triangle ADC = \dfrac{7}{7+2} \triangle ABC = \dfrac{7}{9} \times 36 = 28 (cm^2)$
(5) $\triangle ABD : \triangle ADC = 4 : 5$이므로
$\quad \triangle ABD : 35 = 4 : 5 \quad \therefore \triangle ABD = 28 (cm^2)$
$\quad \therefore \triangle ABC = \triangle ABD + \triangle ADC = 28 + 35 = 63 (cm^2)$

06 (2) $\overline{BD} : \overline{DC} = 1 : 1$이므로
$\quad \triangle ABD = \dfrac{1}{2} \triangle ABC = \dfrac{1}{2} \times 40 = 20 (cm^2)$
$\quad \overline{AE} : \overline{ED} = 1 : 1$이므로
$\quad \triangle ABE = \dfrac{1}{2} \triangle ABD = \dfrac{1}{2} \times 20 = 10 (cm^2)$
(3) $\triangle AEC : \triangle EDC = 2 : 1$이므로
$\quad 6 : \triangle EDC = 2 : 1$
$\quad \therefore \triangle EDC = 3 (cm^2)$
$\quad \triangle ADC = \triangle AEC + \triangle EDC = 6 + 3 = 9 (cm^2)$이고
$\quad \triangle ABD : \triangle ADC = 2 : 3$이므로
$\quad \triangle ABD : 9 = 2 : 3$
$\quad \therefore \triangle ABD = 6 (cm^2)$

07 (2) $\triangle DBC = \triangle ABC = 25 \, cm^2$
$\quad \therefore \triangle DOC = \dfrac{2}{3+2} \triangle DBC$
$\qquad = \dfrac{2}{5} \times 25 = 10 (cm^2)$
(3) $\triangle ABO = 2 \triangle AOD = 2 \times 8 = 16 (cm^2)$이므로
$\quad \triangle DOC = \triangle ABO = 16 \, cm^2$
$\quad \triangle DOC : \triangle OBC = 1 : 2$에서
$\quad 16 : \triangle OBC = 1 : 2$
$\quad \therefore \triangle OBC = 32 (cm^2)$
$\quad \therefore \Box ABCD = \triangle ABO + \triangle OBC + \triangle DOC + \triangle AOD$
$\qquad = 16 + 32 + 16 + 8 = 72 (cm^2)$

(4) $\triangle DBC = \triangle ABC = 40 \, cm^2$
$\quad \therefore \triangle ABO = \triangle DOC$
$\qquad = \dfrac{1}{4+1} \triangle DBC = \dfrac{1}{5} \times 40 = 8 (cm^2)$
$\quad \triangle ABO : \triangle AOD = 4 : 1$이므로
$\quad 8 : \triangle AOD = 4 : 1$
$\quad \therefore \triangle AOD = 2 (cm^2)$
$\quad \therefore \triangle ABD = \triangle ABO + \triangle AOD = 8 + 2 = 10 (cm^2)$

08 $\triangle DBC = \triangle ABC$이므로
$\quad \triangle DOC = \triangle DBC - \triangle OBC = \triangle ABC - \triangle OBC$
$\qquad = 12 - 7 = 5 (cm^2)$

1 ⑤	**2** ②	**3** 64	**4** ③
5 11°	**6** ④	**7** 22 cm	**8** 38°
9 ⑤	**10** ④	**11** 2개	**12** 70 cm²

1 $\overline{BD} = 2\overline{AO} = 2 \times 6 = 12 (cm) \qquad \therefore x = 12$
$\triangle ABO$에서 $\overline{AO} = \overline{BO}$이므로
$\angle AOB = 180° - (50° + 50°) = 80°$
$\therefore \angle DOC = \angle AOB = 80°$ (맞꼭지각) $\quad \therefore y = 80$
$\therefore y - x = 80 - 12 = 68$

2 ② 평행사변형이 마름모가 되는 조건이다.

3 $\overline{BO} = \overline{DO}$이므로
$14 = 4x - 2 \qquad \therefore x = 4$
$\angle AOD = 90°$이고 $\angle ODA = \angle OBC = 30°$ (엇각)이므로
$\triangle AOD$에서 $\angle OAD = 180° - (90° + 30°) = 60°$
$\therefore y = 60$
$\therefore x + y = 4 + 60 = 64$

4 ③ $\overline{AB} = \overline{AD}$이면 네 변의 길이가 같으므로 $\Box ABCD$는 마름모이다.

5 $\triangle BCE$와 $\triangle DCE$에서
$\Box ABCD$는 정사각형이므로 $\overline{BC} = \overline{DC}$, $\angle BCE = \angle DCE$,
$\overline{CE}$는 공통
즉, $\triangle BCE \equiv \triangle DCE$ (SAS 합동)이므로
$\angle BEC = \angle DEC = 56°$
따라서 $\triangle ABE$에서 $\angle BAE = 45°$이므로
$45° + \angle ABE = 56° \qquad \therefore \angle ABE = 11°$

6 ④ 한 내각의 크기가 90°이고, 두 대각선의 길이가 같은 평행사변형은
직사각형이다.

7 오른쪽 그림과 같이 꼭짓점 D에서 $\overline{BC}$
에 내린 수선의 발을 F라 하자.

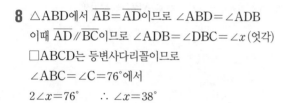

△ABE와 △DCF에서
$\overline{AB}=\overline{DC}$, ∠AEB=∠DFC=90°,
∠B=∠C
이므로 △ABE≡△DCF (RHA 합동)
∴ $\overline{CF}=\overline{BE}=5\,cm$
이때 $\overline{EF}=\overline{AD}=12\,cm$이므로
$\overline{BC}=5+12+5=22(cm)$

8 △ABD에서 $\overline{AB}=\overline{AD}$이므로 ∠ABD=∠ADB
이때 $\overline{AD}/\!/\overline{BC}$이므로 ∠ADB=∠DBC=∠$x$ (엇각)
□ABCD는 등변사다리꼴이므로
∠ABC=∠C=76°에서
$2∠x=76°$ ∴ ∠$x=38°$

9 $\overline{AF}/\!/\overline{BE}$이므로 ∠AFB=∠EBF (엇각)
즉, △ABF에서 ∠ABF=∠AFB이므로
$\overline{AB}=\overline{AF}$ (①) ······ ㉠
$\overline{AF}/\!/\overline{BE}$이므로 ∠BEA=∠FAE (엇각)
즉, △BEA에서 ∠BAE=∠BEA이므로
$\overline{AB}=\overline{BE}$ (②) ······ ㉡
㉠, ㉡에서 $\overline{AF}=\overline{BE}$ (③)
즉, $\overline{AF}/\!/\overline{BE}$, $\overline{AF}=\overline{BE}$이므로 □ABEF는 평행사변형이다.
이때 $\overline{AB}=\overline{AF}$이므로, 즉 이웃하는 두 변의 길이가 같으므로
□ABEF는 마름모이다.
∴ $\overline{AE}\perp\overline{BF}$ (④)
따라서 옳지 않은 것은 ⑤이다.

10 ④ 이웃하는 두 변의 길이가 같거나 두 대각선이 수직으로 만난다.

11 두 대각선이 수직으로 만나는 사각형은 ㅁ. 마름모, ㅂ. 정사각형의 2개이다.

12 □ABCD=△ABC+△ACD
$=△ABC+△ACE$
$=40+30=70(cm^2)$

개념21 닮은 도형
· 본문 066쪽

01 (1) 점 E (2) $\overline{EF}$ (3) ∠F
02 (1) ∠F (2) $\overline{BC}$ (3) ∠D (4) 점 B (5) $\overline{EH}$
03 점 H, $\overline{EF}$, ∠A

개념22 닮음의 성질
· 본문 067~069쪽

01 (1) 2 : 1 풀이▶ $\overline{DF}$, 4, 2, 4, 2, 2, 1
  (2) 4 cm 풀이▶ 2, 1, $\overline{BC}$, 8, 2, 1, 4
02 (1) 30° 풀이▶ D, 30
  (2) 70° 풀이▶ 30, 180, 70
  (3) 70° 풀이▶ C, 70
03 (1) 3 : 2 (2) 6 cm (3) 8 cm (4) 18 cm (5) 45° (6) 105°
04 (1) 1 : 2 (2) 12 cm (3) 18 cm (4) 39 cm (5) 140°
  (6) 70°
05 (1) 1 : 2 (2) 면 GJKH (3) 10 cm (4) 7 cm (5) 24 cm
06 (1) 2 : 3 (2) 8 cm (3) 28 cm (4) 12 cm (5) 48 cm
07 24 cm

03 (1) △ABC와 △DEF의 닮음비는
$\overline{AB}:\overline{DE}=6:4=3:2$
  (2) △ABC와 △DEF의 닮음비는 3 : 2이고,
$\overline{DF}$의 대응변은 $\overline{AC}$이므로
$3:2=9:\overline{DF}$ ∴ $\overline{DF}=6(cm)$
  (3) △ABC와 △DEF의 닮음비는 3 : 2이고,
$\overline{EF}$의 대응변은 $\overline{BC}$이므로
$3:2=12:\overline{EF}$ ∴ $\overline{EF}=8(cm)$
  (4) (△DEF의 둘레의 길이)
$=\overline{DE}+\overline{EF}+\overline{FD}=4+8+6=18(cm)$
  (5) ∠E의 대응각은 ∠B이므로 ∠E=45°
  (6) △DEF에서 ∠D+45°+30°=180°이므로 ∠D=105°

04 (1) □ABCD와 □EFGH의 닮음비는
$\overline{AD}:\overline{EF}=8:16=1:2$
  (2) □ABCD와 □EFGH의 닮음비는 1 : 2이고,
$\overline{BC}$의 대응변은 $\overline{FG}$이므로
$1:2=\overline{BC}:24$ ∴ $\overline{BC}=12(cm)$
  (3) □ABCD와 □EFGH의 닮음비는 1 : 2이고,
$\overline{HG}$의 대응변은 $\overline{DC}$이므로
$1:2=9:\overline{HG}$ ∴ $\overline{HG}=18(cm)$

(4) □ABCD와 □EFGH의 닮음비는 1 : 2이고,

$\overline{AB}$의 대응변은 $\overline{EF}$이므로

1 : 2=$\overline{AB}$: 20   ∴ $\overline{AB}$=10(cm)

∴ (□ABCD의 둘레의 길이)=$\overline{AB}$+$\overline{BC}$+$\overline{CD}$+$\overline{DA}$

=10+12+9+8=39(cm)

(5) ∠D의 대응각은 ∠H이므로 ∠D=140°

(6) ∠G의 대응각은 ∠C이므로 ∠G=60°

따라서 □EFGH에서

∠E+90°+60°+140°=360°   ∴ ∠E=70°

05 (1) $\overline{AB}$: $\overline{GH}$=3 : 6=1 : 2

(3) $\overline{AC}$: $\overline{GI}$=1 : 2이므로

5 : $\overline{GI}$=1 : 2   ∴ $\overline{GI}$=10(cm)

(4) $\overline{CF}$: $\overline{IL}$=1 : 2이므로

$\overline{CF}$: 14=1 : 2   ∴ $\overline{CF}$=7(cm)

(5) $\overline{BC}$: $\overline{HI}$=1 : 2이므로

4 : $\overline{HI}$=1 : 2   ∴ $\overline{HI}$=8(cm)

∴ (면 GHI의 둘레의 길이)=$\overline{GH}$+$\overline{HI}$+$\overline{IG}$

=6+8+10=24(cm)

06 (1) $\overline{FG}$: $\overline{NO}$=6 : 9=2 : 3

(2) $\overline{GH}$: $\overline{OP}$=2 : 3이므로

$\overline{GH}$: 12=2 : 3   ∴ $\overline{GH}$=8(cm)

(3) (면 EFGH의 둘레의 길이)=8+6+8+6=28(cm)

(4) $\overline{DH}$: $\overline{LP}$=2 : 3이므로

8 : $\overline{LP}$=2 : 3   ∴ $\overline{LP}$=12(cm)

(5) (면 JNMI의 둘레의 길이)=(면 KOPL의 둘레의 길이)

=12+12+12+12=48(cm)

07 $\overline{AB}$: $\overline{DE}$=1 : 2이므로 3 : $\overline{DE}$=1 : 2   ∴ $\overline{DE}$=6(cm)

$\overline{AC}$: $\overline{DF}$=1 : 2이므로 4 : $\overline{DF}$=1 : 2   ∴ $\overline{DF}$=8(cm)

따라서 △DEF의 둘레의 길이는

$\overline{DE}$+$\overline{EF}$+$\overline{FD}$=6+10+8=24(cm)

개념 23 닮은 도형의 넓이의 비와 부피의 비 · 본문 070~071쪽

01 (1) 3 : 5 (2) 3 : 5 (3) 9 : 25 (4) 50 cm²
02 (1) 2 : 3 (2) 2 : 3 (3) 4 : 9 (4) 36 cm²
03 (1) 4 : 5 (2) 4 : 5 (3) 16 : 25 (4) 64 : 125
04 (1) 1 : 2 (2) 1 : 4 (3) 1 : 4 (4) 1 : 8
05 2 cm

01 (1) $\overline{BC}$: $\overline{EF}$=6 : 10=3 : 5

(3) 3² : 5²=9 : 25

(4) 18 : △DEF=9 : 25

∴ △DEF=50(cm²)

---

02 (1) $\overline{AE}$: $\overline{AC}$=6 : (6+3)=2 : 3

(3) 2² : 3²=4 : 9

(4) 16 : △ABC=4 : 9   ∴ △ABC=36(cm²)

03 (1) 12 : 15=4 : 5

(2) 밑면의 반지름의 길이의 비는 닮음비와 같은 4 : 5이므로

밑면의 둘레의 길이의 비는 4 : 5이다.

(3) 4² : 5²=16 : 25

(4) 4³ : 5³=64 : 125

04 (1) 3 : 6=1 : 2   (2) 1² : 2²=1 : 4

(3) 1² : 2²=1 : 4   (4) 1³ : 2³=1 : 8

05 □ABCD와 □EFGH의 넓이의 비가

1 : 4=1² : 2²이므로 닮음비는 1 : 2이다.

따라서 $\overline{BC}$: $\overline{FG}$=1 : 2에서 $\overline{BC}$: 4=1 : 2이므로

2$\overline{BC}$=4   ∴ $\overline{BC}$=2(cm)

기본기 탄탄 문제 개념 **21 ~ 23** · 본문 072쪽

| 1 ④ | 2 ⑤ | 3 15 | 4 ③ |
| 5 100π cm² | 6 48 cm² | 7 27개 | |

2 △ABC∽△DEF이므로 ∠D=∠A=80° (①)

∠F=∠C=180°−(80°+55°)=45° (③)

△ABC와 △DEF의 닮음비는

$\overline{BC}$: $\overline{EF}$=15 : 9=5 : 3이므로

$\overline{AB}$: $\overline{DE}$=5 : 3에서 $\overline{AB}$: 6=5 : 3 (④)

∴ $\overline{AB}$=10(cm) (②)

따라서 옳지 않은 것은 ⑤이다.

3 두 직육면체의 닮음비는 $\overline{GH}$: $\overline{OP}$=6 : 8=3 : 4

따라서 $\overline{FG}$: $\overline{NO}$=3 : 4이므로

x : 4=3 : 4   ∴ x=3

$\overline{DH}$: $\overline{LP}$=3 : 4이므로

9 : y=3 : 4, 3y=36   ∴ y=12

∴ x+y=3+12=15

4 두 원뿔 A와 B의 닮음비는 높이의 비와 같으므로

4 : 10=2 : 5

원뿔 A의 밑면의 반지름의 길이를 x cm라 하면

x : 5=2 : 5   ∴ x=2

따라서 원뿔 A의 밑면의 반지름의 길이는 2 cm이다.

5 두 원 O와 O'의 닮음비가 3 : 5이므로

넓이의 비는 3² : 5²=9 : 25

원 O의 넓이가 36π cm²이므로

36π : (원 O'의 넓이)=9 : 25   ∴ (원 O'의 넓이)=100π(cm²)

6 두 직육면체 A와 B의 모서리의 길이의 비가 5 : 4이므로
겉넓이의 비는 $5^2 : 4^2 = 25 : 16$
따라서 75 : (직육면체 B의 겉넓이)=25 : 16이므로
(직육면체 B의 겉넓이)=48(cm^2)

7 두 개의 쇠구슬 A, B의 겉넓이의 비가 $1 : 9=1^2 : 3^2$이므로
닮음비는 1 : 3
즉, 부피의 비는 $1^3 : 3^3=1 : 27$
따라서 쇠구슬 B를 한 개 녹이면 쇠구슬 A를 27개까지 만들 수 있다.

개념 **24** 삼각형의 닮음 조건
· 본문 073~074쪽

01 (1) 6, 1, 2, $\overline{BC}$, 4, 1, 2, $\overline{ED}$, 10, 1, 2, SSS
　　(2) 3, 2, $\overline{EF}$, 6, 3, 2, 60, SAS
　　(3) E, 45, D, 70, AA
02 (1) OMN, SSS 닮음
　　　풀이 ▶ OMN, $\overline{OM}$, 6, 2, $\overline{NO}$, 5, 2, OMN, SSS
　　(2) KJL, SAS 닮음
　　　풀이 ▶ KJL, $\overline{KJ}$, 8, 2, J, 110, KJL, SAS
　　(3) RPQ, AA 닮음
　　　풀이 ▶ RPQ, G, 55, H, 65, RPQ, AA
03 (1) ○　(2) ×　(3) ×　(4) ○　(5) ×
04 ③

03 (1) △ABC와 △DEF에서
　　　$\overline{AB} : \overline{DE}=6 : 4=3 : 2$,
　　　$\overline{BC} : \overline{EF}=12 : 8=3 : 2$,
　　　∠B=∠E=65°
　　　∴ △ABC∽△DEF (SAS 닮음)
　　(4) △ABC와 △DEF에서
　　　∠A=∠D=75°,
　　　∠B=∠E=65°
　　　∴ △ABC∽△DEF (AA 닮음)

04 △ABC와 △QPR에서
　　$\overline{AB} : \overline{QP}=15 : 5=3 : 1$, $\overline{BC} : \overline{PR}=12 : 4=3 : 1$,
　　$\overline{AC} : \overline{QR}=9 : 3=3 : 1$
　　∴ △ABC∽△QPR (SSS 닮음)
　　△DEF와 △MON에서
　　∠E=∠O=180°−(70°+70°)=40°, ∠F=∠N=70°
　　∴ △DEF∽△MON (AA 닮음)
　　△GHI와 △KJL에서
　　$\overline{GH} : \overline{KJ}=6 : 3=2 : 1$, $\overline{HI} : \overline{JL}=5 : 2.5=2 : 1$,
　　∠H=∠J=40°
　　∴ △GHI∽△KJL (SAS 닮음)
　　따라서 바르게 나타낸 것은 ③이다.

개념 **25** 삼각형의 닮음 조건의 응용
· 본문 075~076쪽

01 (1) ACD, AA 닮음　(2) AED, SAS 닮음
　　(3) ADB, AA 닮음　(4) DBE, SAS 닮음
02 (1) 8　　풀이 ▶ ACD, AA, 12, 4, 3, 4, 3, 8
　　(2) $\frac{16}{3}$　(3) 10　(4) 9
03 (1) $\frac{50}{3}$　　풀이 ▶ 10, 5, 3, 9, 5, 3, SAS, 5, 3, $\frac{50}{3}$
　　(2) $\frac{16}{5}$　(3) 6　(4) 8
04 9

01 (1) △ABC와 △ACD에서
　　　∠A는 공통, ∠ABC=∠ACD
　　　∴ △ABC∽△ACD (AA 닮음)
　　(2) △ABC와 △AED에서
　　　$\overline{AB} : \overline{AE}=10 : 5=2 : 1$,
　　　$\overline{AC} : \overline{AD}=8 : 4=2 : 1$,
　　　∠A는 공통
　　　∴ △ABC∽△AED (SAS 닮음)
　　(3) △ABC와 △ADB에서
　　　∠A는 공통, ∠ACB=∠ABD
　　　∴ △ABC∽△ADB (AA 닮음)
　　(4) △ABC와 △DBE에서
　　　$\overline{AB} : \overline{DB}=9 : 3=3 : 1$,
　　　$\overline{BC} : \overline{BE}=12 : 4=3 : 1$,
　　　∠B는 공통
　　　∴ △ABC∽△DBE (SAS 닮음)

02 (2) △ABC∽△DAC (AA 닮음)이고,
　　닮음비는 $\overline{BC} : \overline{AC}=12 : 8=3 : 2$이므로
　　$8 : x=3 : 2$　∴ $x=\frac{16}{3}$
　　(3) △ABC∽△AED (AA 닮음)이고,
　　닮음비는 $\overline{AB} : \overline{AE}=14 : 7=2 : 1$이므로
　　$20 : x=2 : 1$　∴ $x=10$
　　(4) △ABC∽△EBD (AA 닮음)이고,
　　닮음비는 $\overline{AB} : \overline{EB}=10 : 5=2 : 1$이므로
　　$(5+x) : 7=2 : 1$　∴ $x=9$

03 (2) △ABC와 △DBE에서
　　$\overline{AB} : \overline{DB}=10 : 4=5 : 2$,
　　$\overline{BC} : \overline{BE}=15 : 6=5 : 2$,
　　∠B는 공통
　　따라서 △ABC∽△DBE (SAS 닮음)이므로
　　$8 : x=5 : 2$　∴ $x=\frac{16}{5}$

(3) $\triangle$ABC와 $\triangle$AED에서

$\overline{AB}:\overline{AE}=6:3=2:1$,

$\overline{AC}:\overline{AD}=8:4=2:1$,

$\angle$A는 공통

따라서 $\triangle$ABC$\infty$$\triangle$AED (SAS 닮음)이므로

$12:x=2:1$ $\therefore x=6$

(4) $\triangle$ABC와 $\triangle$ADB에서

$\overline{AB}:\overline{AD}=12:8=3:2$,

$\overline{AC}:\overline{AB}=18:12=3:2$,

$\angle$A는 공통

따라서 $\triangle$ABC$\infty$$\triangle$ADB (SAS 닮음)이므로

$12:x=3:2$ $\therefore x=8$

04 $\triangle$ABC와 $\triangle$EDC에서

$\angle$C는 공통, $\angle$ABC$=\angle$EDC

$\therefore \triangle$ABC$\infty$$\triangle$EDC (AA 닮음)

이때 닮음비는 $\overline{BC}:\overline{DC}=(8+10):12=3:2$이므로

$\overline{AC}:\overline{EC}=3:2$에서 $(x+12):10=3:2$

$2(x+12)=30$, $x+12=15$ $\therefore x=3$

$\overline{AB}:\overline{ED}=3:2$에서 $9:y=3:2$

$3y=18$ $\therefore y=6$

$\therefore x+y=3+6=9$

개념 26 직각삼각형의 닮음 · 본문 077쪽

01 (1) B, BHA, 90, HBA, AA

(2) C, AHC, HAC, AA

(3) CHA, HCA, HCA, HCA, AA

02 (1) $\triangle$EDC

(2) 12 cm   풀이▸ EDC, AA, $\overline{DC}$, 10, 2, 8, 2, 12

(3) 2 cm   풀이▸ 12, 10, 2

03 4 cm

02 (1) $\triangle$ABC와 $\triangle$EDC에서

$\angle$C는 공통,

$\angle$CAB$=\angle$CED$=90°$

$\therefore \triangle$ABC$\infty$$\triangle$EDC (AA 닮음)

03 $\triangle$ABC와 $\triangle$EBD에서

$\angle$C$=\angle$EDB$=90°$, $\angle$B는 공통

$\therefore \triangle$ABC$\infty$$\triangle$EBD (AA 닮음)

이때 닮음비는 $\overline{AB}:\overline{EB}=(10+6):8=2:1$이므로

$\overline{BC}:\overline{BD}=2:1$에서

$(8+\overline{CE}):6=2:1$

$\overline{CE}+8=12$ $\therefore \overline{CE}=4(cm)$

개념 27 직각삼각형의 닮음의 응용 · 본문 078~079쪽

01 (1) 6 (2) 4 (3) 4 (4) $\frac{5}{2}$ (5) 8 (6) 10 (7) $\frac{16}{3}$

02 (1) $x=15$, $y=9$ 풀이▸ 16, 16, 9, 9, 25, 15

(2) $x=\frac{9}{2}$, $y=6$

03 (1) $\frac{24}{5}$ 풀이▸ 10, $\frac{24}{5}$ (2) 40

04 (1) 39 cm²   풀이▸ 4, 9, 9, 6, 39

(2) 150 cm²   (3) 100 cm²   (4) $\frac{375}{2}$ cm²

05 32

01 (1) $\overline{AB}^2=\overline{BH}\times\overline{BC}$이므로

$x^2=3\times12=36$ $\therefore x=6 (\because x>0)$

(2) $\overline{AB}^2=\overline{BH}\times\overline{BC}$이므로

$x^2=2\times(2+6)=16$ $\therefore x=4 (\because x>0)$

(3) $\overline{AC}^2=\overline{CH}\times\overline{CB}$이므로

$6^2=x\times9$ $\therefore x=4$

(4) $\overline{AH}^2=\overline{HB}\times\overline{HC}$이므로

$5^2=10\times x$ $\therefore x=\frac{5}{2}$

(5) $\overline{AH}^2=\overline{HB}\times\overline{HC}$이므로

$x^2=16\times4=64$ $\therefore x=8 (\because x>0)$

(6) $\overline{AH}^2=\overline{HB}\times\overline{HC}$이므로

$4^2=2\times(x-2)$, $2x=20$ $\therefore x=10$

(7) $\overline{AB}^2=\overline{BH}\times\overline{BC}$이므로

$5^2=3\times(x+3)$, $3x=16$ $\therefore x=\frac{16}{3}$

02 (2) $\overline{AB}^2=\overline{BH}\times\overline{BC}$이므로

$10^2=8\times(8+x)$, $8x=36$ $\therefore x=\frac{9}{2}$

$\overline{AH}^2=\overline{HB}\times\overline{HC}$이므로

$y^2=8\times\frac{9}{2}=36$ $\therefore y=6 (\because y>0)$

03 (2) 삼각형의 넓이에서 $\overline{AB}\times\overline{AC}=\overline{AH}\times\overline{BC}$이므로

$x\times30=24\times50$ $\therefore x=40$

04 (2) $\overline{AH}^2=16\times9=144$ $\therefore \overline{AH}=12(cm) (\because \overline{AH}>0)$

$\therefore \triangle$ABC$=\frac{1}{2}\times(16+9)\times12=150(cm^2)$

(3) $\overline{BH}^2=5\times20=100$ $\therefore \overline{BH}=10(cm) (\because \overline{BH}>0)$

$\therefore \triangle$BCH$=\frac{1}{2}\times20\times10=100(cm^2)$

(4) $\overline{AH}^2=9\times25=225$ $\therefore \overline{AH}=15(cm) (\because \overline{AH}>0)$

$\therefore \triangle$AHC$=\frac{1}{2}\times25\times15=\frac{375}{2}(cm^2)$

05 $\overline{CH}=25-9=16(cm)$이고, $\overline{AH}^2=\overline{BH}\times\overline{CH}$이므로

$x^2=9\times16=144$ $\therefore x=12\,(\because x>0)$

$\overline{AC}^2=\overline{CH}\times\overline{CB}$이므로 $y^2=16\times25=400$

$\therefore y=20\,(\because y>0)$

$\therefore x+y=12+20=32$

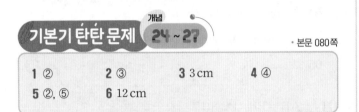

· 본문 080쪽

1 ②	**2** ③	**3** 3 cm	**4** ④
5 ②, ⑤	**6** 12 cm		

1 주어진 삼각형에서 나머지 한 내각의 크기는

$180°-(70°+60°)=50°$

① SSS 닮음

③ SAS 닮음

④ AA 닮음

⑤ SAS 닮음

따라서 주어진 삼각형과 닮음인 삼각형이 아닌 것은 ②이다.

2 △ABC와 △ADE에서

$\overline{AB}:\overline{AD}=\overline{AC}:\overline{AE}=5:3$,

∠BAC＝∠DAE(맞꼭지각)

따라서 △ABC∽△ADE(SAS 닮음)이므로

$\overline{BC}:\overline{DE}=5:3$에서 $\overline{BC}:4=5:3$

$3\overline{BC}=20$ $\therefore \overline{BC}=\dfrac{20}{3}(cm)$

3 △ABC와 △AED에서

∠ABC＝∠AED, ∠A는 공통

따라서 △ABC∽△AED(AA 닮음)이고,

닮음비는 $\overline{AB}:\overline{AE}=(5+9):7=2:1$이므로

$\overline{AC}:\overline{AD}=2:1$에서 $(7+\overline{CE}):5=2:1$

$7+\overline{CE}=10$ $\therefore \overline{CE}=3(cm)$

4 △ABC와 △ACD에서

∠ABC＝∠ACD, ∠A는 공통

따라서 △ABC∽△ACD(AA 닮음)이고,

닮음비는 $\overline{AC}:\overline{AD}=12:9=4:3$이므로

$\overline{AB}:\overline{AC}=4:3$에서 $(9+\overline{BD}):12=4:3$

$3(9+\overline{BD})=48,\ 9+\overline{BD}=16$ $\therefore \overline{BD}=7(cm)$

5 ① △ABE와 △ACD에서

∠BEA＝∠CDA＝90°, ∠A는 공통

$\therefore$ △ABE∽△ACD(AA 닮음)

③ △ABE와 △FBD에서

∠BEA＝∠BDF＝90°, ∠ABE는 공통

$\therefore$ △ABE∽△FBD(AA 닮음)

④ △ABE와 △FCE에서

∠BEA＝∠CEF＝90°

①에서 △ABE∽△ACD(AA 닮음)이므로

∠ABE＝∠ACD, 즉 ∠ABE＝∠FCE

$\therefore$ △ABE∽△FCE(AA 닮음)

따라서 △ABE와 닮음인 삼각형이 아닌 것은 ②, ⑤이다.

6 $\overline{CB}^2=\overline{BD}\times\overline{BA}$이므로

$20^2=16\times(16+\overline{AD})$

$16+\overline{AD}=25$ $\therefore \overline{AD}=9(cm)$

$\overline{CD}^2=\overline{DA}\times\overline{DB}$이므로

$\overline{CD}^2=9\times16=144$

$\therefore \overline{CD}=12(cm)\,(\because \overline{CD}>0)$

4. 평행선과 선분의 길이의 비

개념 28 삼각형에서 평행선과 선분의 길이의 비(1)

· 본문 082~084쪽

01 (1) 10　[풀이]▶ $\overline{AE}$, 6, 9, 10　(2) 10
　　(3) 6　[풀이]▶ $\overline{DB}$, 4, x, 6　(4) 2
02 (1) $x=8$, $y=6$　[풀이]▶ x, 8, 4, 6
　　(2) $x=6$, $y=3$　(3) $x=3$, $y=12$
03 (1) 6 cm　[풀이]▶ 8, 9, 3, 6
　　(2) $\dfrac{15}{2}$ cm　(3) 8 cm
04 (1) 9　[풀이]▶ 12, 3, 2, 3, 2, 6, 9
　　(2) 6　(3) 12　(4) 8
05 (1) $x=10$, $y=9$　[풀이]▶ 25, 10, 6, 9
　　(2) $x=5$, $y=6$　(3) $x=6$, $y=12$　(4) $x=3$, $y=12$
06 (1) $x=3$, $y=12$　[풀이]▶ 2, 3, 4, 2, 2, 12
　　(2) $x=6$, $y=10$
07 46 cm

01 (2) $\overline{AD}:\overline{AB}=\overline{DE}:\overline{BC}$이므로
　　$5:8=x:16$　∴ $x=10$
　(4) $\overline{AD}:\overline{DB}=\overline{AE}:\overline{EC}$이므로
　　$(9-3):3=4:x$　∴ $x=2$

02 (2) $\overline{AD}:\overline{AB}=\overline{DE}:\overline{BC}$이므로
　　$4:(4+2)=x:9$　∴ $x=6$
　　$\overline{AD}:\overline{DB}=\overline{AE}:\overline{EC}$이므로
　　$4:2=6:y$　∴ $y=3$
　(3) $\overline{AD}:\overline{DB}=\overline{AE}:\overline{EC}$이므로
　　$6:x=10:5$　∴ $x=3$
　　$\overline{AE}:\overline{AC}=\overline{DE}:\overline{BC}$이므로
　　$10:(10+5)=8:y$　∴ $y=12$

03 (2) △AFD에서
　　$6:(6+10)=\overline{EC}:12$
　　∴ $\overline{EC}=\dfrac{9}{2}$(cm)
　　∴ $\overline{BE}=\overline{BC}-\overline{EC}=12-\dfrac{9}{2}=\dfrac{15}{2}$(cm)
　(3) △AFD에서
　　$3:(3+12)=\overline{EC}:10$
　　∴ $\overline{EC}=2$(cm)
　　∴ $\overline{BE}=\overline{BC}-\overline{EC}=10-2=8$(cm)

04 (2) $\overline{BC}:\overline{DE}=10:5=2:1$
　　$\overline{BC}:\overline{DE}=\overline{AB}:\overline{AD}$이므로
　　$2:1=x:3$　∴ $x=6$

　(3) $\overline{AB}:\overline{AD}=10:8=5:4$
　　$\overline{AB}:\overline{AD}=\overline{AC}:\overline{AE}$이므로
　　$5:4=15:x$　∴ $x=12$
　(4) $\overline{AB}:\overline{AD}=12:9=4:3$
　　$\overline{AB}:\overline{AD}=\overline{AC}:\overline{AE}$이므로
　　$4:3=x:6$　∴ $x=8$

05 (2) $\overline{DA}:\overline{DB}=\overline{EA}:\overline{EC}$이므로
　　$7:(7+14)=x:15$　∴ $x=5$
　　$\overline{DA}:\overline{BA}=\overline{ED}:\overline{CB}$이므로
　　$7:14=y:12$　∴ $y=6$
　(3) $\overline{EA}:\overline{EC}=\overline{DA}:\overline{DB}$이므로
　　$9:(9+12)=x:14$　∴ $x=6$
　　$\overline{EA}:\overline{CA}=\overline{DE}:\overline{BC}$이므로
　　$9:12=y:16$　∴ $y=12$
　(4) $\overline{CA}:\overline{CE}=\overline{BA}:\overline{BD}$이므로
　　$2:(2+6)=x:12$　∴ $x=3$
　　$\overline{CA}:\overline{EA}=\overline{CB}:\overline{ED}$이므로
　　$2:6=4:y$　∴ $y=12$

06 (2) $\overline{CA}:\overline{AE}=2:3$이므로
　　$2:3=4:x$　∴ $x=6$
　　$\overline{CA}:\overline{AG}=2:5$이므로
　　$2:5=4:y$　∴ $y=10$

07 $\overline{AD}:\overline{AB}=\overline{AE}:\overline{AC}$이므로
　$8:\overline{AB}=6:12$
　∴ $\overline{AB}=16$(cm)
　또 $\overline{AE}:\overline{AC}=\overline{DE}:\overline{BC}$이므로
　$6:12=9:\overline{BC}$
　∴ $\overline{BC}=18$(cm)
　따라서 △ABC의 둘레의 길이는
　$\overline{AB}+\overline{BC}+\overline{CA}=16+18+12=46$(cm)

개념 29 삼각형에서 평행선과 선분의 길이의 비(2)

· 본문 085쪽

01 (1) ×　(2) ×　(3) ○　(4) ○　(5) ×　(6) ○
02 $\overline{AB}\,/\!/\,\overline{GH}$

01 (1) $\overline{AB}:\overline{AD}=4:8=1:2$
　　$\overline{AC}:\overline{AE}=3:9=1:3$
　　$\overline{AB}:\overline{AD}\neq\overline{AC}:\overline{AE}$이므로 $\overline{BC}\,/\!/\,\overline{DE}$가 아니다.
　(2) $\overline{AB}:\overline{AD}=10:5=2:1$
　　$\overline{AC}:\overline{AE}=6:4=3:2$
　　$\overline{AB}:\overline{AD}\neq\overline{AC}:\overline{AE}$이므로 $\overline{BC}\,/\!/\,\overline{DE}$가 아니다.

(3) $\overline{AC} : \overline{AE} = 6 : 8 = 3 : 4$

$\overline{BC} : \overline{DE} = 3 : 4$

$\overline{AC} : \overline{AE} = \overline{BC} : \overline{DE}$이므로 $\overline{BC} /\!/ \overline{DE}$이다.

(4) $\overline{AD} : \overline{DB} = (15-10) : 15 = 1 : 3$

$\overline{AE} : \overline{EC} = (18-12) : 18 = 1 : 3$

$\overline{AD} : \overline{DB} = \overline{AE} : \overline{EC}$이므로 $\overline{BC} /\!/ \overline{DE}$이다.

(5) $\overline{AD} : \overline{DB} = 12 : (16-12) = 3 : 1$

$\overline{AE} : \overline{EC} = 5 : 3$

$\overline{AD} : \overline{DB} \neq \overline{AE} : \overline{EC}$이므로 $\overline{BC} /\!/ \overline{DE}$가 아니다.

(6) $\overline{AE} : \overline{AC} = 6 : (6+3) = 2 : 3$

$\overline{DE} : \overline{BC} = 4 : 6 = 2 : 3$

$\overline{AE} : \overline{AC} = \overline{DE} : \overline{BC}$이므로 $\overline{BC} /\!/ \overline{DE}$이다.

02 $\overline{OA} : \overline{OH} = (10+6) : 8 = 2 : 1$

$\overline{OB} : \overline{OG} = (5+9) : \dfrac{14}{2} = 2 : 1$

따라서 $\overline{OA} : \overline{OH} = \overline{OB} : \overline{OG}$이므로

$\overline{AB} /\!/ \overline{GH}$

(5) △AEC에서 $\overline{DF} /\!/ \overline{EC}$이므로

$\overline{AF} : \overline{FC} = \overline{AD} : \overline{DE} = 9 : 3 = 3 : 1$

△ABC에서 $\overline{BC} /\!/ \overline{EF}$이므로

$\overline{AE} : \overline{EB} = \overline{AF} : \overline{FC} = 3 : 1$

$(9+3) : x = 3 : 1$ $\quad \therefore x = 4$

(6) △FBC에서 $\overline{DE} /\!/ \overline{FC}$이므로

$\overline{BD} : \overline{DF} = \overline{BE} : \overline{EC} = 4 : 3$

△ABC에서 $\overline{EF} /\!/ \overline{CA}$이므로

$\overline{BF} : \overline{FA} = \overline{BE} : \overline{EC} = 4 : 3$

$(4+3) : x = 4 : 3$ $\quad \therefore x = \dfrac{21}{4}$

03 (1) △ABE에서 $\overline{BE} /\!/ \overline{DF}$이므로

$\overline{AD} : \overline{DB} = \overline{AF} : \overline{FE} = 9 : 6 = 3 : 2$

(2) △ABC에서 $\overline{BC} /\!/ \overline{DE}$이므로

$\overline{AE} : \overline{EC} = \overline{AD} : \overline{DB} = 3 : 2$

따라서 $(9+6) : \overline{EC} = 3 : 2$이므로

$\overline{CE} = 10(\text{cm})$

개념 30 삼각형에서 평행선과 선분의 길이의 비의 응용

· 본문 086~087쪽

---

01 (1) 12 [풀이] 2, 3, 2, 3, 12 (2) 3 (3) 15 (4) 3 (5) 10

02 (1) $\dfrac{7}{2}$ [풀이] 3, 5, $\dfrac{7}{2}$ (2) 4

(3) $\dfrac{24}{5}$ [풀이] 5, 3, $\dfrac{24}{5}$ (4) $\dfrac{18}{5}$ (5) 4 (6) $\dfrac{21}{4}$

03 (1) 3 : 2 (2) 10 cm

---

01 (2) $\overline{AD} : \overline{AB} = \overline{PE} : \overline{QC}$이므로

$12 : (12+x) = 8 : 10$ $\quad \therefore x = 3$

(3) $\overline{BQ} : \overline{DP} = \overline{QC} : \overline{PE}$이므로

$5 : 3 = x : 9$ $\quad \therefore x = 15$

(4) $\overline{BQ} : \overline{DP} = \overline{CQ} : \overline{EP}$이므로

$4 : x = 8 : 6$ $\quad \therefore x = 3$

(5) $\overline{BQ} : \overline{DP} = \overline{CQ} : \overline{EP}$이므로

$(25-x) : 9 = x : 6$ $\quad \therefore x = 10$

02 (2) $\overline{AD} : \overline{AB} = \overline{DF} : \overline{BE}$이므로

$6 : (6+x) = 3 : 5$ $\quad \therefore x = 4$

(4) △ABC에서 $\overline{BC} /\!/ \overline{DE}$이므로

$\overline{AD} : \overline{DB} = \overline{AE} : \overline{EC} = 6 : 4 = 3 : 2$

△ABE에서 $\overline{BE} /\!/ \overline{DF}$이므로

$\overline{AF} : \overline{FE} = \overline{AD} : \overline{DB} = 3 : 2$

$x : (6-x) = 3 : 2$ $\quad \therefore x = \dfrac{18}{5}$

개념 31 삼각형의 각의 이등분선

· 본문 088~089쪽

---

01 (1) 12 [풀이] $\overline{AC}, \overline{BD}$, 8, 6, 12 (2) 6 (3) 3 (4) 7

02 (1) 9 cm² [풀이] ❶ 6, 3, 4, 3 ❷ 3, 4, 3, 4, 9

(2) 8 cm² (3) 24 cm²

03 (1) 6 [풀이] $\overline{BD}$, 10, 15, 6 (2) 4 (3) 8

04 (1) 10 (2) 6

05 (1) 12 cm² [풀이] ❶ 4, 3, 2, 3, 2 ❷ 3, 2, 3, 2, 12

(2) 10 cm² (3) 18 cm²

06 8 cm

---

01 (2) $12 : 8 = x : 4$ $\quad \therefore x = 6$

(3) $6 : 10 = x : 5$ $\quad \therefore x = 3$

(4) $6 : 8 = (x-4) : 4$ $\quad \therefore x = 7$

02 (2) $\overline{AB} : \overline{AC} = 10 : 4 = 5 : 2$이므로

$\overline{BD} : \overline{CD} = 5 : 2$

△ABD : △ADC $= 5 : 2$이므로

$20 : △ADC = 5 : 2$ $\quad \therefore △ADC = 8(\text{cm}^2)$

(3) $\overline{AB} : \overline{AC} = 8 : 12 = 2 : 3$이므로

$\overline{BD} : \overline{CD} = 2 : 3$

△ABD : △ADC $= 2 : 3$이므로

$16 : △ADC = 2 : 3$ $\quad \therefore △ADC = 24(\text{cm}^2)$

03 (2) $5 : x = 10 : 8$ $\quad \therefore x = 4$

(3) $6 : 4 = 12 : x$ $\quad \therefore x = 8$

04 (1) $\overline{AC}:\overline{AB}=\overline{CD}:\overline{BD}$이므로

$\qquad x:8=(12+3):12$ $\quad\therefore x=10$

(2) $8:x=(9+3):9$ $\quad\therefore x=6$

05 (2) $\overline{AB}:\overline{AC}=10:5=2:1$이므로 $\overline{BD}:\overline{CD}=2:1$

$\qquad\triangle ABD:\triangle ACD=2:1$이므로

$\qquad 20:\triangle ACD=2:1$ $\quad\therefore\triangle ACD=10(cm^2)$

(3) $\overline{AB}:\overline{AC}=4:3$이므로 $\overline{BD}:\overline{CD}=4:3$

$\qquad\triangle ABD:\triangle ACD=4:3$이므로

$\qquad 24:\triangle ACD=4:3$ $\quad\therefore\triangle ACD=18(cm^2)$

06 $\overline{AB}:\overline{AC}=\overline{BD}:\overline{CD}=10:5=2:1$이므로

$\qquad\overline{BD}:(12-\overline{BD})=2:1$

$\qquad\overline{BD}=2(12-\overline{BD})$ $\quad\therefore\overline{BD}=8(cm)$

기본기 탄탄 문제 **개념** **28 ~ 31** ·본문 090쪽

1 16	**2** ②	**3** ㄱ, ㄹ, ㅂ	**4** ③
5 ④	**6** 3 : 5	**7** 10 cm	

1 $\overline{BE}:\overline{BC}=\overline{BD}:\overline{BA}$이므로

$\quad(20-8):20=(15-x):15$에서

$\quad 3:5=(15-x):15$

$\quad 15-x=9$ $\quad\therefore x=6$

$\quad\overline{BE}:\overline{BC}=\overline{DE}:\overline{AC}$이므로

$\quad 3:5=6:y$에서 $y=10$

$\quad\therefore x+y=6+10=16$

2 $\overline{BC}\,/\!/\,\overline{DE}$이므로

$\quad\overline{AB}:\overline{AD}=\overline{BC}:\overline{DE}$에서

$\quad 10:x=12:18=2:3$ $\quad\therefore x=15$

$\quad\overline{AC}:\overline{AE}=\overline{BC}:\overline{DE}$에서

$\quad y:9=12:18=2:3$ $\quad\therefore y=6$

$\quad\therefore x-y=15-6=9$

3 ㄱ. $6:2=9:3$이므로 $\overline{BC}\,/\!/\,\overline{DE}$이다.

ㄴ. $3:4\neq 2:3$이므로 $\overline{BC}\,/\!/\,\overline{DE}$가 아니다.

ㄷ. $(12+4):4\neq 12:4$이므로 $\overline{BC}\,/\!/\,\overline{DE}$가 아니다.

ㄹ. $(8-6):8=4:16$이므로 $\overline{BC}\,/\!/\,\overline{DE}$이다.

ㅁ. $21:7\neq(9+3):3$이므로 $\overline{BC}\,/\!/\,\overline{DE}$가 아니다.

ㅂ. $4:(4+6)=6:15$이므로 $\overline{BC}\,/\!/\,\overline{DE}$이다.

따라서 $\overline{BC}\,/\!/\,\overline{DE}$인 것은 ㄱ, ㄹ, ㅂ이다.

4 $\overline{BC}\,/\!/\,\overline{DE}$이므로

$\quad\overline{AE}:\overline{AC}=\overline{DG}:\overline{BF}=4:5$에서

$\quad\overline{AE}:(\overline{AE}+2)=4:5$

$\quad 5\overline{AE}=4(\overline{AE}+2)$ $\quad\therefore\overline{AE}=8(cm)$

5 $\overline{AD}$는 $\angle A$의 이등분선이므로

$\quad\overline{AB}:\overline{AC}=\overline{BD}:\overline{CD}$에서

$\quad(x+2):(2x-1)=4:6=2:3$

$\quad 2(2x-1)=3(x+2)$ $\quad\therefore x=8$

6 $\overline{AD}$는 $\angle A$의 이등분선이므로

$\quad\overline{AB}:\overline{AC}=\overline{BD}:\overline{CD}$

$\qquad\qquad =\triangle ABD:\triangle ADC$

$\qquad\qquad =24:40=3:5$

7 $\overline{AD}$는 $\angle A$의 외각의 이등분선이므로

$\quad\overline{AC}:\overline{AB}=\overline{CD}:\overline{BD}$에서

$\quad\overline{AC}:5=(7+7):7=2:1$ $\quad\therefore\overline{AC}=10(cm)$

개념 32 삼각형의 두 변의 중점을 연결한 선분의 성질

·본문 091~092쪽

01 (1) 4 (2) 12 (3) 5 (4) 32
02 (1) 70° (2) 9 cm
03 (1) 4 (2) 5 (3) 14
04 (1) $x=3,\ y=8$ **풀이** ❶ $\overline{FG}$, 3, 3 ❷ 8, 8
$\qquad$ (2) $x=\dfrac{7}{2},\ y=12$ (3) $x=\dfrac{5}{2},\ y=14$ (4) $x=10,\ y=4$
05 16

01 (1) $\overline{MN}=\dfrac{1}{2}\overline{BC}=\dfrac{1}{2}\times 8=4(cm)$ $\quad\therefore x=4$

(2) $\overline{BC}=2\overline{MN}=2\times 6=12(cm)$ $\quad\therefore x=12$

(3) $\overline{MN}=\dfrac{1}{2}\overline{BC}=\dfrac{1}{2}\times 10=5(cm)$ $\quad\therefore x=5$

(4) $\overline{BC}=2\overline{MN}=2\times 16=32(cm)$ $\quad\therefore x=32$

02 (1) $\overline{MN}\,/\!/\,\overline{BC}$이므로 $\angle AMN=\angle B=70°$ (동위각)

(2) $\overline{MN}\,/\!/\,\overline{BC}$이므로 $\overline{MN}=\dfrac{1}{2}\overline{BC}=\dfrac{1}{2}\times 18=9(cm)$

03 (1) $\overline{AN}=\overline{NC}$이므로 $\overline{AN}=4\,cm$ $\quad\therefore x=4$

(2) $\overline{AN}=\overline{NC}$이므로 $\overline{AN}=\dfrac{1}{2}\overline{AC}=\dfrac{1}{2}\times 10=5(cm)$

$\qquad\therefore x=5$

(3) $\overline{AN}=\overline{NC}$이므로 $\overline{AC}=2\overline{AN}=2\times 7=14(cm)$

$\qquad\therefore x=14$

04 (2) $\overline{AD}=\overline{DB},\ \overline{DF}\,/\!/\,\overline{BG}$이므로 $\overline{AF}=\overline{FG}$

$\qquad\overline{DF}=\dfrac{1}{2}\overline{BG}=\dfrac{7}{2}(cm)$ $\quad\therefore x=\dfrac{7}{2}$

$\qquad\overline{GC}=2\overline{FE}=2\times 6=12(cm)$ $\quad\therefore y=12$

(3) $\overline{AE}=\overline{EC}$, $\overline{FE} /\!/ \overline{GC}$이므로 $\overline{AF}=\overline{FG}$

$\overline{DF}=\frac{1}{2}\overline{BG}=\frac{5}{2}$(cm) $\quad \therefore x=\frac{5}{2}$

$\overline{GC}=2\overline{FE}=2\times7=14$(cm) $\quad \therefore y=14$

(4) $\overline{AD}=\overline{DB}$, $\overline{DF} /\!/ \overline{BG}$이므로 $\overline{AF}=\overline{FG}$

$\overline{BG}=2\overline{DF}=2\times5=10$(cm) $\quad \therefore x=10$

$\overline{FE}=\frac{1}{2}\overline{GC}=\frac{1}{2}\times8=4$(cm) $\quad \therefore y=4$

05 $\overline{AM}=\overline{MB}$, $\overline{MN} /\!/ \overline{BC}$이므로 $\overline{AN}=\overline{NC}$

$\therefore \overline{AC}=2\overline{AN}=2\times5=10$(cm) $\quad \therefore x=10$

$\overline{MN}=\frac{1}{2}\overline{BC}=\frac{1}{2}\times12=6$(cm) $\quad \therefore y=6$

$\therefore x+y=10+6=16$

개념 **33** 삼각형의 두 변의 중점을 연결한 선분의 성질의 응용(1)

01 (1) 12 cm $\quad$ 풀이 $\blacktriangleright$ $\overline{BC}$, 4, $\overline{AC}$, 5, $\overline{AB}$, 3, 4, 5, 3, 12

(2) 16 cm $\quad$ (3) 20 cm $\quad$ (4) 25 cm $\quad$ (5) 9 cm

02 (1) $x=5$, $y=3$ $\quad$ 풀이 $\blacktriangleright$ ❶ 5, 5 ❷ 3, 3

(2) $x=6$, $y=4$ $\quad$ (3) $x=10$, $y=7$ $\quad$ (4) $x=10$, $y=8$

(5) $x=22$, $y=9$ $\quad$ (6) $x=12$, $y=4$

03 (1) 2 $\quad$ 풀이 $\blacktriangleright$ ❶ 5 ❷ 3 ❸ 5, 3, 2, 2

(2) 3 $\quad$ (3) 4 $\quad$ (4) 10 $\quad$ (5) 14 $\quad$ (6) 10 $\quad$ (7) 4

04 13

01 (2) $\overline{DF}=\frac{1}{2}\overline{BC}=\frac{1}{2}\times12=6$(cm)

$\overline{DE}=\frac{1}{2}\overline{AC}=\frac{1}{2}\times8=4$(cm)

$\overline{EF}=\frac{1}{2}\overline{AB}=\frac{1}{2}\times12=6$(cm)

$\therefore$ ($\triangle$DEF의 둘레의 길이)$=6+4+6=16$(cm)

(3) $\overline{DF}=\frac{1}{2}\overline{BC}=\frac{1}{2}\times14=7$(cm)

$\overline{DE}=\frac{1}{2}\overline{AC}=\frac{1}{2}\times16=8$(cm)

$\overline{EF}=\frac{1}{2}\overline{AB}=\frac{1}{2}\times10=5$(cm)

$\therefore$ ($\triangle$DEF의 둘레의 길이)$=7+8+5=20$(cm)

(4) $\overline{DF}=\frac{1}{2}\overline{BC}=\frac{1}{2}\times18=9$(cm)

$\overline{DE}=\frac{1}{2}\overline{AC}=\frac{1}{2}\times20=10$(cm)

$\overline{EF}=\frac{1}{2}\overline{AB}=\frac{1}{2}\times12=6$(cm)

$\therefore$ ($\triangle$DEF의 둘레의 길이)$=9+10+6=25$(cm)

(5) $\overline{DF}=\frac{1}{2}\overline{BC}=\frac{1}{2}\times4=2$(cm)

$\overline{DE}=\frac{1}{2}\overline{AC}=\frac{1}{2}\times6=3$(cm)

$\overline{EF}=\frac{1}{2}\overline{AB}=\frac{1}{2}\times8=4$(cm)

$\therefore$ ($\triangle$DEF의 둘레의 길이)$=2+3+4=9$(cm)

02 (2) $\triangle$ABC에서 $\overline{MP}=\frac{1}{2}\overline{BC}=\frac{1}{2}\times12=6$(cm)

$\therefore x=6$

$\triangle$ACD에서 $\overline{PN}=\frac{1}{2}\overline{AD}=\frac{1}{2}\times8=4$(cm)

$\therefore y=4$

(3) $\triangle$ABC에서 $\overline{MP}=\frac{1}{2}\overline{BC}=\frac{1}{2}\times20=10$(cm)

$\therefore x=10$

$\triangle$ACD에서 $\overline{PN}=\frac{1}{2}\overline{AD}=\frac{1}{2}\times14=7$(cm)

$\therefore y=7$

(4) $\triangle$ACD에서 $\overline{AD}=2\overline{PN}=2\times5=10$(cm)

$\therefore x=10$

$\triangle$ABC에서 $\overline{MP}=\frac{1}{2}\overline{BC}=\frac{1}{2}\times16=8$(cm)

$\therefore y=8$

(5) $\triangle$ABC에서 $\overline{BC}=2\overline{MP}=2\times11=22$(cm)

$\therefore x=22$

$\triangle$ACD에서 $\overline{PN}=\frac{1}{2}\overline{AD}=\frac{1}{2}\times18=9$(cm)

$\therefore y=9$

(6) $\triangle$ABC에서 $\overline{BC}=2\overline{MP}=2\times6=12$(cm)

$\therefore x=12$

$\triangle$ACD에서 $\overline{PN}=\frac{1}{2}\overline{AD}=\frac{1}{2}\times8=4$(cm)

$\therefore y=4$

03 (2) $\triangle$ABC에서 $\overline{MQ}=\frac{1}{2}\overline{BC}=\frac{1}{2}\times14=7$(cm)

$\triangle$ABD에서 $\overline{MP}=\frac{1}{2}\overline{AD}=\frac{1}{2}\times8=4$(cm)

$\overline{PQ}=\overline{MQ}-\overline{MP}=7-4=3$(cm)

$\therefore x=3$

(3) $\triangle$ABC에서 $\overline{MQ}=\frac{1}{2}\overline{BC}=\frac{15}{2}$(cm)

$\triangle$ABD에서 $\overline{MP}=\frac{1}{2}\overline{AD}=\frac{7}{2}$(cm)

$\overline{PQ}=\overline{MQ}-\overline{MP}=\frac{15}{2}-\frac{7}{2}=4$(cm)

$\therefore x=4$

(4) $\triangle$ABD에서 $\overline{MP}=\frac{1}{2}\overline{AD}=\frac{1}{2}\times6=3$(cm)

$\triangle$ABC에서 $\overline{BC}=2\overline{MQ}=2\times(3+2)=10$(cm)

$\therefore x=10$

024 • 정답 및 해설

(5) △ABD에서 $\overline{\text{MP}}=\dfrac{1}{2}\overline{\text{AD}}=\dfrac{1}{2}\times8=4(\text{cm})$

    △ABC에서 $\overline{\text{BC}}=2\overline{\text{MQ}}=2\times(4+3)=14(\text{cm})$

    $\therefore x=14$

(6) △ABC에서 $\overline{\text{MQ}}=\dfrac{1}{2}\overline{\text{BC}}=\dfrac{1}{2}\times16=8(\text{cm})$

    $\overline{\text{MP}}=\overline{\text{MQ}}-\overline{\text{PQ}}=8-3=5(\text{cm})$

    △ABD에서 $\overline{\text{AD}}=2\overline{\text{MP}}=2\times5=10(\text{cm})$

    $\therefore x=10$

(7) △ABC에서 $\overline{\text{MQ}}=\dfrac{1}{2}\overline{\text{BC}}=\dfrac{1}{2}\times14=7(\text{cm})$

    $\overline{\text{MP}}=\overline{\text{MQ}}-\overline{\text{PQ}}=7-5=2(\text{cm})$

    △ABD에서 $\overline{\text{AD}}=2\overline{\text{MP}}=2\times2=4(\text{cm})$

    $\therefore x=4$

04 △ACD에서 $\overline{\text{DN}}=\overline{\text{NC}}$, $\overline{\text{AD}}/\!/\overline{\text{PN}}$이므로

    $\overline{\text{AD}}=2\overline{\text{PN}}=2\times4=8(\text{cm})$ $\therefore x=8$

    △ABC에서 $\overline{\text{AM}}=\overline{\text{MB}}$, $\overline{\text{MP}}/\!/\overline{\text{BC}}$이므로

    $\overline{\text{MP}}=\dfrac{1}{2}\overline{\text{BC}}=\dfrac{1}{2}\times10=5(\text{cm})$ $\therefore y=5$

    $\therefore x+y=8+5=13$

개념 34 삼각형의 두 변의 중점을 연결한 선분의 성질의 응용(2)
· 본문 096~098쪽

01 (1) 12 **풀이** ❶ 2, 16 ❷ $\dfrac{1}{2}$, 4 ❸ 16, 4, 12, 12

    (2) 15 (3) 9 (4) 6 (5) 8

02 (1) 9 **풀이** ❶ 2, 12 ❷ $\dfrac{1}{2}$, 3 ❸ 12, 3, 9, 9 (2) 6

    (3) 12 (4) 15 (5) 18 (6) 21 (7) $\dfrac{7}{3}$

03 (1) 12 **풀이** ❶ 2, 8 ❷ EDC, ASA, $\overline{\text{NM}}$, 4 ❸ 8, 4, 12, 12

    (2) 18 (3) 7 (4) 10 (5) 3 (6) 5

04 ⑤

01 (2) △ABC에서 $\overline{\text{DE}}/\!/\overline{\text{BC}}$이므로

    $\overline{\text{BC}}=2\overline{\text{DE}}=2\times10=20(\text{cm})$

    △DFE에서 $\overline{\text{GC}}=\dfrac{1}{2}\overline{\text{DE}}=\dfrac{1}{2}\times10=5(\text{cm})$

    $\overline{\text{BG}}=\overline{\text{BC}}-\overline{\text{GC}}=20-5=15(\text{cm})$

    $\therefore x=15$

(3) △ABC에서 $\overline{\text{DE}}/\!/\overline{\text{BC}}$이므로

    $\overline{\text{BC}}=2\overline{\text{DE}}=2\times6=12(\text{cm})$

    △DFE에서 $\overline{\text{BG}}=\dfrac{1}{2}\overline{\text{DE}}=\dfrac{1}{2}\times6=3(\text{cm})$

    $\overline{\text{GC}}=\overline{\text{BC}}-\overline{\text{BG}}=12-3=9(\text{cm})$

    $\therefore x=9$

---

(4) △BCD에서 $\overline{\text{BD}}/\!/\overline{\text{EF}}$이므로

    $\overline{\text{EF}}=\dfrac{1}{2}\overline{\text{BD}}=\dfrac{1}{2}\times4=2(\text{cm})$

    △AGE에서 $\overline{\text{GE}}=2\overline{\text{BD}}=2\times4=8(\text{cm})$

    $\overline{\text{GF}}=\overline{\text{GE}}-\overline{\text{EF}}=8-2=6(\text{cm})$

    $\therefore x=6$

(5) △ABC에서 $\overline{\text{DE}}/\!/\overline{\text{BC}}$이므로

    $\overline{\text{BC}}=2\overline{\text{DE}}=2x(\text{cm})$

    △DFE에서 $\overline{\text{BG}}=\dfrac{1}{2}\overline{\text{DE}}=\dfrac{1}{2}x(\text{cm})$

    $\overline{\text{GC}}=\overline{\text{BC}}-\overline{\text{BG}}=2x-\dfrac{1}{2}x=\dfrac{3}{2}x$

    $\dfrac{3}{2}x=12$ $\therefore x=8$

02 (2) △ABF에서 $\overline{\text{DE}}/\!/\overline{\text{BF}}$이므로

    $\overline{\text{BF}}=2\overline{\text{DE}}=2\times4=8(\text{cm})$

    △DCE에서 $\overline{\text{GF}}=\dfrac{1}{2}\overline{\text{DE}}=\dfrac{1}{2}\times4=2(\text{cm})$

    $\overline{\text{BG}}=\overline{\text{BF}}-\overline{\text{GF}}=8-2=6(\text{cm})$

    $\therefore x=6$

(3) △AEC에서 $\overline{\text{DF}}/\!/\overline{\text{EC}}$이므로

    $\overline{\text{DF}}=\dfrac{1}{2}\overline{\text{EC}}=\dfrac{1}{2}\times16=8(\text{cm})$

    △DBF에서 $\overline{\text{EG}}=\dfrac{1}{2}\overline{\text{DF}}=\dfrac{1}{2}\times8=4(\text{cm})$

    $\overline{\text{CG}}=\overline{\text{CE}}-\overline{\text{EG}}=16-4=12(\text{cm})$

    $\therefore x=12$

(4) △EBC에서 $\overline{\text{BE}}/\!/\overline{\text{DF}}$이므로

    $\overline{\text{BE}}=2\overline{\text{DF}}=2\times10=20(\text{cm})$

    △ADF에서 $\overline{\text{GE}}=\dfrac{1}{2}\overline{\text{DF}}=\dfrac{1}{2}\times10=5(\text{cm})$

    $\overline{\text{GB}}=\overline{\text{BE}}-\overline{\text{GE}}=20-5=15(\text{cm})$

    $\therefore x=15$

(5) △EBC에서 $\overline{\text{BE}}/\!/\overline{\text{DF}}$이므로

    $\overline{\text{BE}}=2\overline{\text{DF}}=2\times12=24(\text{cm})$

    △ADF에서 $\overline{\text{GE}}=\dfrac{1}{2}\overline{\text{DF}}=\dfrac{1}{2}\times12=6(\text{cm})$

    $\overline{\text{GB}}=\overline{\text{BE}}-\overline{\text{GE}}=24-6=18(\text{cm})$

    $\therefore x=18$

(6) △DBF에서 $\overline{\text{EG}}/\!/\overline{\text{DF}}$이므로

    $\overline{\text{DF}}=2\overline{\text{EG}}=2\times7=14(\text{cm})$

    △AEC에서 $\overline{\text{EC}}=2\overline{\text{DF}}=2\times14=28(\text{cm})$

    $\overline{\text{GC}}=\overline{\text{EC}}-\overline{\text{GE}}=28-7=21(\text{cm})$

    $\therefore x=21$

(7) △AEF에서 $\overline{\text{DG}}/\!/\overline{\text{EF}}$이므로

    $\overline{\text{EF}}=2\overline{\text{DG}}=2x(\text{cm})$

    △DBC에서 $\overline{\text{CD}}=2\overline{\text{EF}}=4x(\text{cm})$

    $\overline{\text{DG}}=\overline{\text{CD}}-\overline{\text{CG}}=4x-7$

    $4x-7=x$ $\therefore x=\dfrac{7}{3}$

03 (2) $\triangle$ABC에서 $\overline{BC}=2\overline{MN}=2\times6=12\,(cm)$

$\triangle$MDN$\equiv\triangle$EDC (ASA 합동)이므로

$\overline{CE}=\overline{NM}=6\,cm$

$\overline{BE}=\overline{BC}+\overline{CE}=12+6=18\,(cm)$

$\therefore x=18$

(3) $\triangle$ABC에서 $\overline{MN}=\dfrac{1}{2}\overline{BC}=\dfrac{1}{2}\times14=7\,(cm)$

$\triangle$MDN$\equiv\triangle$EDC (ASA 합동)이므로

$\overline{CE}=\overline{NM}=7\,cm$ $\quad\therefore x=7$

(4) $\triangle$MDN$\equiv\triangle$EDC (ASA 합동)이므로

$\overline{NM}=\overline{CE}=5\,cm$

$\triangle$ABC에서 $\overline{BC}=2\overline{MN}=2\times5=10\,(cm)$

$\therefore x=10$

(5) $\triangle$ABC에서 $\overline{BC}=2\overline{MN}=2x\,(cm)$

$\triangle$MDN$\equiv\triangle$EDC (ASA 합동)이므로

$\overline{CE}=\overline{NM}=x\,cm$

$\overline{BE}=\overline{BC}+\overline{CE}=2x+x=3x\,(cm)$

$3x=9$ $\quad\therefore x=3$

(6) $\triangle$ABC에서 $\overline{BC}=2\overline{MN}=2x\,(cm)$

$\triangle$MDN$\equiv\triangle$EDC (ASA 합동)이므로

$\overline{CE}=\overline{NM}=x\,cm$

$\overline{BE}=\overline{BC}+\overline{CE}=2x+x=3x\,(cm)$

$3x=15$ $\quad\therefore x=5$

04 $\triangle$DBF에서 $\overline{DA}=\overline{AB}$, $\overline{AG}/\!/\overline{BF}$이므로

$\overline{DG}=\overline{GF}$

$\therefore \overline{AG}=\dfrac{1}{2}\overline{BF}=\dfrac{1}{2}\times16=8\,(cm)$

$\triangle$AEG$\equiv\triangle$CEF (ASA 합동)이므로

$\overline{CF}=\overline{AG}=8\,cm$

개념 35 평행선 사이의 선분의 길이의 비 ·본문 099~100쪽

01 (1) 10 [풀이] ▶ 5, 10

(2) 6 (3) 15 (4) 6 (5) 8 (6) 32

02 (1) 12 (2) 12 (3) 4 (4) 12

03 (1) $x=10$, $y=6$ [풀이] ▶ ❶ 10 ❷ 6

(2) $x=4$, $y=9$ (3) $x=9$, $y=14$ (4) $x=12$, $y=15$

04 25

01 (2) $6:9=(10-x):x$ $\quad\therefore x=6$

(3) $4:6=6:(x-6)$ $\quad\therefore x=15$

(4) $(15-10):10=(9-x):x$ $\quad\therefore x=6$

(5) $9:6=(20-x):x$ $\quad\therefore x=8$

(6) $9:(24-9)=12:(x-12)$ $\quad\therefore x=32$

---

02 (1) $6:9=8:x$ $\quad\therefore x=12$

(2) $4:x=3:9$ $\quad\therefore x=12$

(3) $(12-x):x=6:3$ $\quad\therefore x=4$

(4) $8:6=x:(21-x)$ $\quad\therefore x=12$

03 (2) $2:4=x:8$ $\quad\therefore x=4$

$2:4=(y-6):6$ $\quad\therefore y=9$

(3) $3:4=x:12$ $\quad\therefore x=9$

$3:4=(y-8):8$ $\quad\therefore y=14$

(4) $6:4=x:(20-x)$ $\quad\therefore x=12$

$6:4=9:(y-9)$ $\quad\therefore y=15$

04 $6:12=(x-14):14$ $\quad\therefore x=21$

$6:12=y:8$ $\quad\therefore y=4$

$\therefore x+y=21+4=25$

개념 36 사다리꼴에서 평행선 사이의 선분의 길이의 비

·본문 101~102쪽

01 (1) $x=6$, $y=4$ [풀이] ▶ ❶ 6, 6 ❷ 6, 7, 7, 4

(2) $x=6$, $y=2$ (3) $x=10$, $y=2$ (4) $x=5$, $y=3$

(5) $x=5$, $y=6$

02 (1) $x=6$, $y=2$ [풀이] ▶ ❶ 6 ❷ 2

(2) $x=5$, $y=6$ (3) $x=10$, $y=2$ (4) $x=6$, $y=10$

03 (1) 9 (2) 10 (3) 14

04 20

01 (2) □AHCD는 평행사변형이므로

$\overline{HC}=\overline{GF}=\overline{AD}=6\,cm$ $\quad\therefore x=6$

$\overline{BH}=11-6=5\,(cm)$

$\triangle$ABH에서 $4:10=y:5$ $\quad\therefore y=2$

(3) □AHCD는 평행사변형이므로

$\overline{AD}=\overline{HC}=\overline{GF}=10\,cm$ $\quad\therefore x=10$

$\overline{BH}=16-10=6\,(cm)$

$\triangle$ABH에서 $2:6=y:6$ $\quad\therefore y=2$

(4) □AHCD는 평행사변형이므로

$\overline{GF}=\overline{HC}=\overline{AD}=5\,cm$ $\quad\therefore x=5$

$\overline{BH}=12-5=7\,(cm)$

$\triangle$ABH에서 $6:14=y:7$ $\quad\therefore y=3$

(5) □AHCD는 평행사변형이므로

$\overline{AD}=\overline{GF}=\overline{HC}=14-9=5\,(cm)$ $\quad\therefore x=5$

$\triangle$ABH에서 $4:6=y:9$ $\quad\therefore y=6$

02 (2) $\triangle$ABC에서 $4:12=x:15$ $\therefore x=5$
$\triangle$ACD에서 $8:12=y:9$ $\therefore y=6$

(3) $\triangle$ABC에서 $5:7=x:14$ $\therefore x=10$
$\triangle$ACD에서 $2:7=y:7$ $\therefore y=2$

(4) $\triangle$ABC에서 $1:2=x:12$ $\therefore x=6$
$\triangle$ACD에서 $1:2=5:y$ $\therefore y=10$

03 (1) $\overline{DC}$에 평행한 $\overline{AH}$를 긋고, $\overline{EF}$와 $\overline{AH}$가 만나는 점을 G라 하면
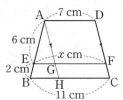
□AHCD는 평행사변형이므로
$\overline{GF}=\overline{HC}=\overline{AD}=6$ cm
$\overline{BH}=14-6=8$ (cm)
$\triangle$ABH에서 $3:8=(x-6):8$
$\therefore x=9$

(2) $\overline{DC}$에 평행한 $\overline{AH}$를 긋고, $\overline{EF}$와 $\overline{AH}$가 만나는 점을 G라 하면
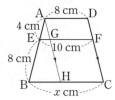
□AHCD는 평행사변형이므로
$\overline{GF}=\overline{HC}=\overline{AD}=7$ cm
$\overline{BH}=11-7=4$ (cm)
$\triangle$ABH에서 $6:8=(x-7):4$
$\therefore x=10$

(3) $\overline{DC}$에 평행한 $\overline{AH}$를 긋고, $\overline{EF}$와 $\overline{AH}$가 만나는 점을 G라 하면
□AHCD는 평행사변형이므로
$\overline{HC}=\overline{GF}=\overline{AD}=8$ cm
$\overline{EG}=10-8=2$ (cm)
$\triangle$ABH에서 $4:12=2:(x-8)$
$\therefore x=14$

04 $\triangle$ACD에서
$6:(6+8)=x:14$ $\therefore x=6$
또 $\overline{AD}/\!/\overline{EF}/\!/\overline{BC}$이므로
$\overline{AE}:\overline{EB}=\overline{DF}:\overline{FC}=8:6=4:3$
이때 $\triangle$ABC에서
$8:y=4:(4+3)$ $\therefore y=14$
$\therefore x+y=6+14=20$

기본기 탄탄 문제 개념 **32 ~ 36** · 본문 103쪽

1 ⑤   **2** 4 cm   **3** 50 cm
4 (1) 11 cm (2) 5 cm   **5** 18 cm   **6** 5 cm
7 8 cm

---

1 ① $\triangle$AMN과 $\triangle$ABC에서
∠MAN은 공통, $\overline{AM}:\overline{AB}=\overline{AN}:\overline{AC}=1:2$이므로
$\triangle$AMN∽$\triangle$ABC (SAS 닮음)
②, ④ $\overline{AM}=\overline{MB}$, $\overline{AN}=\overline{NC}$이므로
$\overline{MN}/\!/\overline{BC}$, $\overline{BC}=2\overline{MN}=2\times5=10$(cm)
③ ∠ABC=∠AMN=$180°-(60°+70°)=50°$
⑤ ∠C=∠ANM=70°
따라서 옳지 않은 것은 ⑤이다.

2 $\triangle$ABC에서 $\overline{AD}=\overline{DB}$, $\overline{DE}/\!/\overline{BC}$이므로
$\overline{AE}=\overline{EC}$
따라서 $\overline{AE}=\overline{EC}$, $\overline{EF}/\!/\overline{AB}$이므로
$\overline{BF}=\overline{CF}=4$ cm

3 $\overline{AB}=2\overline{EF}=2\times8=16$(cm)
$\overline{BC}=2\overline{DF}=2\times10=20$(cm)
$\overline{AC}=2\overline{DE}=2\times7=14$(cm)
$\therefore$ ($\triangle$ABC의 둘레의 길이)$=\overline{AB}+\overline{BC}+\overline{AC}$
$=16+20+14=50$(cm)

4 $\overline{AD}/\!/\overline{BC}$, $\overline{AM}=\overline{MB}$, $\overline{DN}=\overline{NC}$이므로
$\overline{AD}/\!/\overline{MN}/\!/\overline{BC}$
(1) $\triangle$ABC에서 $\overline{MQ}/\!/\overline{BC}$, $\overline{AM}=\overline{MB}$이므로
$\overline{AQ}=\overline{QC}$
$\therefore \overline{MQ}=\dfrac{1}{2}\overline{BC}=\dfrac{1}{2}\times16=8$(cm)
$\triangle$ACD에서 $\overline{AD}/\!/\overline{QN}$, $\overline{DN}=\overline{NC}$이므로
$\overline{AQ}=\overline{QC}$
$\therefore \overline{QN}=\dfrac{1}{2}\overline{AD}=\dfrac{1}{2}\times6=3$(cm)
$\therefore \overline{MN}=\overline{MQ}+\overline{QN}=8+3=11$(cm)
(2) $\triangle$ABD에서 $\overline{AM}=\overline{MB}$, $\overline{AD}/\!/\overline{MP}$이므로
$\overline{DP}=\overline{PB}$
$\therefore \overline{MP}=\dfrac{1}{2}\overline{AD}=\dfrac{1}{2}\times6=3$(cm)
$\therefore \overline{PQ}=\overline{MQ}-\overline{MP}=8-3=5$(cm)

5 □ABCD는 직사각형이므로
$\overline{AC}=\overline{BD}$ ……㉠
$\overline{AE}=\overline{EB}$, $\overline{BF}=\overline{FC}$, $\overline{CG}=\overline{GD}$,
$\overline{DH}=\overline{HA}$이므로
$\overline{EF}/\!/\overline{AC}/\!/\overline{HG}$, $\overline{EH}/\!/\overline{BD}/\!/\overline{FG}$이고
$\overline{HG}=\overline{EF}=\dfrac{1}{2}\overline{AC}$, $\overline{EH}=\overline{FG}=\dfrac{1}{2}\overline{BD}$
$\therefore \overline{EF}=\overline{FG}=\overline{GH}=\overline{HE}$ (∵ ㉠)
따라서 □EFGH는 마름모이고, 둘레의 길이가 36 cm이므로
$4\overline{FG}=36$ $\therefore \overline{FG}=9$(cm)
$\therefore \overline{BD}=2\overline{FG}=2\times9=18$(cm)

6 오른쪽 그림과 같이 점 D를 지나고, $\overline{BF}$에 평행한 직선이 $\overline{AC}$와 만나는 점을 G라 하자.

$\triangle ABC$에서 $\overline{AD}=\overline{DB}$, $\overline{DG}/\!/\overline{BC}$이므로

$\overline{AG}=\overline{GC}$

$\therefore \overline{CG}=\dfrac{1}{2}\overline{AC}=\dfrac{1}{2}\times20=10(\text{cm})$

이때 $\triangle DEG\equiv\triangle FEC$ (ASA 합동)이므로

$\overline{CE}=\overline{GE}=\dfrac{1}{2}\overline{CG}=\dfrac{1}{2}\times10=5(\text{cm})$

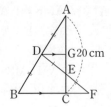

7 $\triangle ABF$에서 $\overline{AD}=\overline{DB}$, $\overline{AE}=\overline{EF}$이므로

$\overline{DE}/\!/\overline{BF}$

$\therefore \overline{DE}=\dfrac{1}{2}\overline{BF}=\dfrac{1}{2}(24+\overline{PF})$ ...... ㉠

$\triangle DCE$에서 $\overline{CF}=\overline{FE}$, $\overline{DE}/\!/\overline{PF}$이므로

$\overline{CP}=\overline{PD}$ $\therefore \overline{DE}=2\overline{PF}$ ...... ㉡

따라서 ㉠, ㉡에서 $\dfrac{1}{2}(24+\overline{PF})=2\overline{PF}$이므로

$\overline{PF}=8(\text{cm})$

개념 37 삼각형의 무게중심 · 본문 104~106쪽

01 (1) $6\,\text{cm}^2$ (2) $9\,\text{cm}^2$ (3) $20\,\text{cm}^2$ (4) $10\,\text{cm}^2$ (5) $42\,\text{cm}^2$
02 (1) 3 [풀이▶] 6, 3 (2) 4 (3) 12
03 (1) $x=6$, $y=10$ (2) $x=7$, $y=9$ (3) $x=5$, $y=12$
04 (1) $x=3$, $y=\dfrac{8}{3}$ [풀이▶] ❶ 1, 6, 1, 3 ❷ 4, 3, 4, 3, $\dfrac{8}{3}$
(2) $x=6$, $y=4$ (3) $x=8$, $y=6$ (4) $x=6$, $y=12$
05 (1) 2 [풀이▶] ❶ $\overline{AD}$, 18, 6 ❷ $\overline{GD}$, 6, 2, 2
(2) 3 (3) 8
06 16

01 (1) $\triangle ABD=\dfrac{1}{2}\triangle ABC=\dfrac{1}{2}\times12=6(\text{cm}^2)$

(2) $\triangle ABD=\dfrac{1}{2}\triangle ABC$이고, $\triangle ABE=\triangle EBD$이므로

$\triangle ABE=\dfrac{1}{2}\triangle ABD=\dfrac{1}{4}\triangle ABC$

$=\dfrac{1}{4}\times36=9(\text{cm}^2)$

(3) $\triangle ABC=4\triangle ABE=4\times5=20(\text{cm}^2)$

(4) $\triangle EFC=\dfrac{1}{3}\triangle ADC=\dfrac{1}{6}\triangle ABC$

$=\dfrac{1}{6}\times60=10(\text{cm}^2)$

(5) $\triangle ABC=6\triangle ABE=6\times7=42(\text{cm}^2)$

02 (2) $\overline{CG}:\overline{GD}=2:1$이므로

$x:2=2:1$ $\therefore x=4$

(3) $\overline{AG}:\overline{GD}=2:1$이므로

$8:(x-8)=2:1$ $\therefore x=12$

---

03 (1) $\overline{CD}=\overline{BD}=6\,\text{cm}$ $\therefore x=6$

$\overline{AG}:\overline{GD}=2:1$이므로

$y:(15-y)=2:1$ $\therefore y=10$

(2) $\overline{CD}=\dfrac{1}{2}\overline{BC}=\dfrac{1}{2}\times14=7(\text{cm})$ $\therefore x=7$

$\overline{BG}:\overline{GE}=2:1$이므로

$6:(y-6)=2:1$ $\therefore y=9$

(3) $\overline{BG}:\overline{GE}=2:1$이므로

$10:x=2:1$ $\therefore x=5$

$\overline{AG}:\overline{GD}=2:1$이므로

$y:(18-y)=2:1$ $\therefore y=12$

04 (2) $\overline{AG}:\overline{GD}=2:1$이므로 $x:3=2:1$ $\therefore x=6$

$\overline{BD}=\overline{CD}=6\,\text{cm}$이고, $\overline{EG}:\overline{BD}=2:3$이므로

$y:6=2:3$ $\therefore y=4$

(3) $\overline{AG}:\overline{GD}=2:1$이므로 $x:4=2:1$ $\therefore x=8$

$\overline{GD}:\overline{EF}=2:3$이므로 $4:y=2:3$ $\therefore y=6$

(4) $\overline{GE}:\overline{DF}=2:3$이므로 $x:9=2:3$ $\therefore x=6$

$\overline{BG}:\overline{GE}=2:1$이므로 $y:6=2:1$ $\therefore y=12$

05 (2) $\triangle ABC$에서 $\overline{GD}=\dfrac{1}{3}\overline{AD}=\dfrac{1}{3}\times27=9(\text{cm})$

$\triangle GBC$에서 $\overline{G'D}=\dfrac{1}{3}\overline{GD}=\dfrac{1}{3}\times9=3(\text{cm})$

$\therefore x=3$

(3) $\triangle ABC$에서 $\overline{GD}=\dfrac{1}{3}\overline{AD}=\dfrac{1}{3}\times36=12(\text{cm})$

$\triangle GBC$에서 $\overline{GG'}=\dfrac{2}{3}\overline{GD}=\dfrac{2}{3}\times12=8(\text{cm})$

$\therefore x=8$

06 $\overline{AD}$는 $\triangle ABC$의 중선이므로

$\overline{BD}=\dfrac{1}{2}\overline{BC}=\dfrac{1}{2}\times20=10(\text{cm})$ $\therefore x=10$

$\overline{BG}:\overline{GE}=2:1$이므로

$\overline{GE}=\dfrac{1}{3}\overline{BE}=\dfrac{1}{3}\times18=6(\text{cm})$ $\therefore y=6$

$\therefore x+y=10+6=16$

개념 38 삼각형의 무게중심과 넓이 · 본문 107~109쪽

01 (1) $5\,\text{cm}^2$ (2) $10\,\text{cm}^2$ (3) $10\,\text{cm}^2$ (4) $10\,\text{cm}^2$ (5) $15\,\text{cm}^2$
02 (1) $4\,\text{cm}^2$ (2) $8\,\text{cm}^2$ (3) $24\,\text{cm}^2$ (4) $8\,\text{cm}^2$ (5) $8\,\text{cm}^2$
03 (1) $2\,\text{cm}^2$ [풀이▶] ❶ $\dfrac{1}{2}$, 12 ❷ $\dfrac{1}{2}$, 6 ❸ $\dfrac{1}{3}$, 2
(2) $4\,\text{cm}^2$ (3) $72\,\text{cm}^2$ (4) $9\,\text{cm}^2$
04 (1) 24 (2) 9 (3) 4
05 (1) $6\,\text{cm}^2$ (2) $3\,\text{cm}^2$ (3) $6\,\text{cm}^2$
06 ④

01 (1) $\triangle GFB = \dfrac{1}{6}\triangle ABC = \dfrac{1}{6}\times 30 = 5(cm^2)$

(2) $\triangle GCA = \dfrac{1}{3}\triangle ABC = \dfrac{1}{3}\times 30 = 10(cm^2)$

(3) $\square AFGE = \triangle GAF + \triangle GEA = \dfrac{1}{6}\triangle ABC + \dfrac{1}{6}\triangle ABC$

$\qquad = \dfrac{1}{3}\triangle ABC = \dfrac{1}{3}\times 30 = 10(cm^2)$

(4) $\triangle GAF = \triangle GCD = \dfrac{1}{6}\triangle ABC = \dfrac{1}{6}\times 30 = 5(cm^2)$

따라서 색칠한 부분의 넓이는 $2\times 5 = 10(cm^2)$

(5) $\triangle GAF = \triangle GBD = \triangle GCE$

$\qquad = \dfrac{1}{6}\triangle ABC = \dfrac{1}{6}\times 30 = 5(cm^2)$

따라서 색칠한 부분의 넓이는 $3\times 5 = 15(cm^2)$

02 (1) $\triangle GBD = \triangle GDC = 4\,cm^2$

(2) $\triangle GAB = 2\triangle GDC = 2\times 4 = 8(cm^2)$

(3) $\triangle ABC = 6\triangle GDC = 6\times 4 = 24(cm^2)$

(4) $\square AFGE = 2\triangle GDC = 2\times 4 = 8(cm^2)$

(5) $\triangle GCA = 2\triangle GDC = 2\times 4 = 8(cm^2)$

03 (2) $\triangle AEC = \dfrac{1}{2}\triangle ABC = \dfrac{1}{2}\times 48 = 24(cm^2)$

$\triangle ECD = \dfrac{1}{2}\triangle AEC = \dfrac{1}{2}\times 24 = 12(cm^2)$

$\therefore \triangle EGD = \dfrac{1}{3}\triangle ECD = \dfrac{1}{3}\times 12 = 4(cm^2)$

(3) $\triangle ECD = 3\triangle EGD = 3\times 6 = 18(cm^2)$

$\triangle AEC = 2\triangle ECD = 2\times 18 = 36(cm^2)$

$\therefore \triangle ABC = 2\triangle AEC = 2\times 36 = 72(cm^2)$

(4) $\triangle GBC : \triangle DGC = 2:1$이므로

$36:\triangle DGC = 2:1$에서 $\triangle DGC = 18(cm^2)$

$\triangle DEG : \triangle DGC = 1:2$이므로

$\triangle DEG : 18 = 1:2$ $\therefore \triangle DEG = 9(cm^2)$

04 (1) $\overline{BD} = 3\overline{PQ} = 3\times 8 = 24(cm)$ $\therefore x = 24$

(2) $\overline{PQ} = \dfrac{1}{3}\overline{BD} = \dfrac{1}{3}\times 27 = 9(cm)$ $\therefore x = 9$

(3) $\overline{PO} = \dfrac{1}{6}\overline{BD} = \dfrac{1}{6}\times 24 = 4(cm)$ $\therefore x = 4$

05 (1) $\triangle ACD = \dfrac{1}{2}\square ABCD = \dfrac{1}{2}\times 36 = 18(cm^2)$

$\therefore \triangle AQD = \dfrac{1}{3}\triangle ACD = \dfrac{1}{3}\times 18 = 6(cm^2)$

(2) $\triangle DOP = \dfrac{1}{6}\triangle DBC = \dfrac{1}{6}\times\left(\dfrac{1}{2}\square ABCD\right)$

$\qquad = \dfrac{1}{12}\times 36 = 3(cm^2)$

(3) $\triangle APQ = \dfrac{1}{3}\triangle ABD = \dfrac{1}{3}\times\left(\dfrac{1}{2}\square ABCD\right)$

$\qquad = \dfrac{1}{6}\times 36 = 6(cm^2)$

06 $\square DCEG = \triangle GDC + \triangle GCE = \dfrac{1}{6}\triangle ABC + \dfrac{1}{6}\triangle ABC$

$\qquad = \dfrac{1}{3}\triangle ABC = \dfrac{1}{3}\times 48 = 16(cm^2)$

기본기 탄탄 문제 개념 37~38

· 본문 110쪽

1 ⑤	2 ②	3 (1) $4x+6$ (2) 15
4 ①	5 ③	6 7 cm

1 $\triangle AEC = \dfrac{1}{2}\triangle ADC = \dfrac{1}{2}\times\dfrac{1}{2}\triangle ABC$

$\qquad = \dfrac{1}{4}\triangle ABC = \dfrac{1}{4}\times 32 = 8(cm^2)$

2 점 G는 $\triangle ABC$의 무게중심이므로

$\overline{AD} = \dfrac{3}{2}\overline{AG} = \dfrac{3}{2}\times 8 = 12(cm)$

$\overline{BE} = 3\overline{GE} = 3\times 4 = 12(cm)$

$\therefore \overline{AD} + \overline{BE} = 12 + 12 = 24(cm)$

3 (1) 점 G는 $\triangle ABC$의 무게중심이므로 $\overline{AE} = \overline{CE}$

이때 $\overline{DF} = \overline{CF}$이므로 $\triangle ADC$에서

$\overline{AD} /\!/ \overline{EF}$이고 $\overline{AD} : \overline{EF} = 2:1$

$\therefore \overline{AD} = 2\overline{EF} = 2(2x+3) = 4x+6$

(2) $\overline{AG} : \overline{AD} = 2:3$이므로

$(3x-1) : (4x+6) = 2:3$

$2(4x+6) = 3(3x-1)$

$8x+12 = 9x-3$ $\therefore x = 15$

4 점 G는 $\triangle ABC$의 무게중심이고

$\triangle ABD$에서 $\overline{EG} /\!/ \overline{BD}$이므로

$\overline{EG} : \overline{BD} = \overline{AG} : \overline{AD} = 2:3$에서

$4 : \overline{BD} = 2:3$ $\therefore \overline{BD} = 6(cm)$

이때 $\overline{BD} = \overline{CD}$이므로

$\overline{BC} = 2\overline{BD} = 2\times 6 = 12(cm)$

5 (색칠한 부분의 넓이) $= \triangle ABC - \triangle AGC$

$\qquad = \triangle ABC - \dfrac{1}{3}\triangle ABC$

$\qquad = \dfrac{2}{3}\triangle ABC$

$\qquad = \dfrac{2}{3}\times 36 = 24(cm^2)$

6 오른쪽 그림과 같이 $\overline{AC}$를 긋고, $\overline{AC}$와 $\overline{BD}$가 만나는 점을 O라 하자.

점 P는 $\triangle ABC$의 무게중심이므로

$\overline{PO} = \dfrac{1}{3}\overline{BO}$

점 Q는 $\triangle ACD$의 무게중심이므로

$\overline{OQ} = \dfrac{1}{3}\overline{OD}$

$\therefore \overline{PQ} = \overline{PO} + \overline{OQ} = \dfrac{1}{3}\overline{BO} + \dfrac{1}{3}\overline{OD}$

$\qquad = \dfrac{1}{3}\overline{BD} = \dfrac{1}{3}\times 21 = 7(cm)$

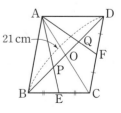

개념 39 피타고라스 정리

· 본문 112쪽

01 (1) 5 풀이 ▶ 4, 25, 5   (2) 10   (3) 15
　　 (4) 15 풀이 ▶ 17, 225, 15   (5) 12 (6) 8 (7) 24

02 60 cm

---

01 (2) $x^2=6^2+8^2=100$　∴ $x=10\,(\because x>0)$
　　 (3) $x^2=9^2+12^2=225$　∴ $x=15\,(\because x>0)$
　　 (5) $5^2+x^2=13^2$이므로 $x^2=144$　∴ $x=12\,(\because x>0)$
　　 (6) $x^2+6^2=10^2$이므로 $x^2=64$　∴ $x=8\,(\because x>0)$
　　 (7) $7^2+x^2=25^2$이므로 $x^2=576$　∴ $x=24\,(\because x>0)$

02 $\overline{AC}^2=26^2-10^2=576$　∴ $\overline{AC}=24(\text{cm})\,(\because \overline{AC}>0)$
　　 ∴ ($\triangle ABC$의 둘레의 길이)$=\overline{AB}+\overline{BC}+\overline{CA}$
　　　　　　　　　　　　　　　　$=10+26+24=60(\text{cm})$

개념 40 피타고라스 정리의 응용

· 본문 113~115쪽

01 (1) $x=12,\ y=15$ 풀이 ▶ 5, 5, 144, 12, 12, 225, 15
　　 (2) $x=8,\ y=17$ (3) $x=8,\ y=25$ (4) $x=6,\ y=17$

02 (1) 24 풀이 ▶ 15, 625, 25, 25, 7, 576, 24
　　 (2) 8 (3) 15 (4) 17

03 (1) $\dfrac{16}{3},\ 4,\ \dfrac{20}{3}$

　　 풀이 ▶ 3, 3, $\dfrac{16}{3}$, $\dfrac{16}{3}$, 16, 4, $\dfrac{16}{3}$, $\dfrac{16}{3}$, $\dfrac{400}{9}$, $\dfrac{20}{3}$

　　 (2) $x=\dfrac{32}{3},\ y=8,\ z=\dfrac{40}{3}$ (3) $x=9,\ y=12,\ z=15$

04 (1) $\dfrac{36}{5}$ 풀이 ▶ 9, 225, 15, 9, 15, $\dfrac{36}{5}$

　　 (2) $\dfrac{48}{5}$ 풀이 ▶ 12, 15, $\dfrac{48}{5}$ (3) $\dfrac{27}{5}$

05 (1) 5, $\dfrac{9}{5}$, $\dfrac{12}{5}$ 풀이 ▶ 25, 5, 5, $\dfrac{9}{5}$, 5, $\dfrac{12}{5}$

　　 (2) $x=34,\ y=\dfrac{128}{17},\ z=\dfrac{240}{17}$

　　 (3) $x=17,\ y=\dfrac{120}{17},\ z=\dfrac{225}{17}$

　　 (4) $x=12,\ y=\dfrac{36}{5},\ z=\dfrac{48}{5}$

　　 (5) $x=12,\ y=\dfrac{60}{13},\ z=\dfrac{25}{13}$

　　 (6) $x=25,\ y=\dfrac{49}{25},\ z=\dfrac{168}{25}$

　　 (7) $x=5,\ y=\dfrac{25}{3},\ z=\dfrac{20}{3}$

06 ⑤

---

01 (2) $x^2+6^2=10^2$이므로 $x^2=64$　∴ $x=8\,(\because x>0)$
　　　　 $8^2+15^2=y^2$이므로 $y^2=289$　∴ $y=17\,(\because y>0)$
　　 (3) $x^2+15^2=17^2$이므로 $x^2=64$　∴ $x=8\,(\because x>0)$
　　　　 $(8+12)^2+15^2=y^2$이므로 $y^2=625$　∴ $y=25\,(\because y>0)$
　　 (4) $x^2+8^2=10^2$이므로 $x^2=36$　∴ $x=6\,(\because x>0)$
　　　　 $(9+6)^2+8^2=y^2$이므로 $y^2=289$　∴ $y=17\,(\because y>0)$

02 (2) 점 B에서 $\overline{AD}$에 내린 수선의 발을
　　　 H라 하면 $\overline{AH}=15-9=6$
　　　 $\triangle ABH$에서 $6^2+\overline{BH}^2=10^2$이므로
　　　 $\overline{BH}^2=10^2-6^2=64$
　　　 ∴ $\overline{BH}=8\,(\because \overline{BH}>0)$
　　　 $\overline{CD}=\overline{BH}=8$이므로 $x=8$

　　 (3) 점 D에서 $\overline{BC}$에 내린 수선의 발을
　　　 H라 하면 $\overline{HC}=13-4=9$
　　　 $\triangle DHC$에서 $\overline{DH}=\overline{AB}=12$이므로
　　　 $x^2=12^2+9^2=225$
　　　 ∴ $x=15\,(\because x>0)$

　　 (4) 점 A에서 $\overline{BC}$에 내린 수선의 발을
　　　 H라 하면 $\overline{BH}=15-9=6$
　　　 $\triangle ABH$에서 $6^2+\overline{AH}^2=10^2$이므로
　　　 $\overline{AH}^2=10^2-6^2=64$
　　　 ∴ $\overline{AH}=8\,(\because \overline{AH}>0)$
　　　 $\triangle BCD$에서 $\overline{CD}=\overline{AH}=8$이므로
　　　 $x^2=15^2+8^2=289$　∴ $x=17\,(\because x>0)$

03 (2) $10^2=6\times(6+x)$　∴ $x=\dfrac{32}{3}$

　　　 $y^2=6\times\dfrac{32}{3}=64$　∴ $y=8\,(\because y>0)$

　　　 $z^2=\dfrac{32}{3}\times\left(\dfrac{32}{3}+6\right)=\dfrac{1600}{9}$　∴ $z=\dfrac{40}{3}\,(\because z>0)$

　　 (3) $20^2=16\times(16+x)$　∴ $x=9$
　　　 $y^2=9\times16=144$　∴ $y=12\,(\because y>0)$
　　　 $z^2=9\times(9+16)=225$　∴ $z=15\,(\because z>0)$

04 (3) $\overline{CD}=\overline{BC}-\overline{BD}=15-\dfrac{48}{5}=\dfrac{27}{5}$

05 (2) $x^2=16^2+30^2=1156$　∴ $x=34\,(\because x>0)$

　　　 $16^2=y\times34$　∴ $y=\dfrac{128}{17}$

　　　 $34\times z=16\times30$　∴ $z=\dfrac{240}{17}$

　　 (3) $x^2=8^2+15^2=289$　∴ $x=17\,(\because x>0)$

　　　 $17\times y=8\times15$　∴ $y=\dfrac{120}{17}$

　　　 $15^2=z\times17$　∴ $z=\dfrac{225}{17}$

(4) $x^2=15^2-9^2=144$ $\therefore x=12\,(\because x>0)$

　$15\times y=9\times 12$ $\therefore y=\dfrac{36}{5}$

　$12^2=z\times 15$ $\therefore z=\dfrac{48}{5}$

(5) $x^2=13^2-5^2=144$ $\therefore x=12\,(\because x>0)$

　$13\times y=5\times 12$ $\therefore y=\dfrac{60}{13}$

　$5^2=z\times 13$ $\therefore z=\dfrac{25}{13}$

(6) $x^2=24^2+7^2=625$ $\therefore x=25\,(\because x>0)$

　$7^2=y\times 25$ $\therefore y=\dfrac{49}{25}$

　$24\times 7=25\times z$ $\therefore z=\dfrac{168}{25}$

(7) $x^2=3^2+4^2=25$ $\therefore x=5\,(\because x>0)$

　$5^2=3\times y$ $\therefore y=\dfrac{25}{3}$

　$\dfrac{25}{3}\times 4=z\times 5$ $\therefore z=\dfrac{20}{3}$

06 $\triangle$ABD에서 $\overline{BD}^2=25^2-15^2=400$
이때 $\overline{BD}>0$이므로 $\overline{BD}=20(\text{cm})$
$\therefore \overline{DC}=\overline{BC}-\overline{BD}=28-20=8(\text{cm})$
$\triangle$ADC에서 $\overline{AC}^2=8^2+15^2=289$
이때 $\overline{AC}>0$이므로 $\overline{AC}=17(\text{cm})$

개념 **41** 피타고라스 정리의 증명

01 (1) $86\,\text{cm}^2$ 〔풀이〕 36, 50, 86 (2) $80\,\text{cm}^2$ (3) $28\,\text{cm}^2$
02 (1) $5\,\text{cm}$ 〔풀이〕 25, 25, 5 (2) $12\,\text{cm}$ (3) $5\,\text{cm}$
03 (1) $9\,\text{cm}^2$ 〔풀이〕 9 (2) $64\,\text{cm}^2$ (3) $\dfrac{9}{2}\,\text{cm}^2$ (4) $18\,\text{cm}^2$

　(5) $8\,\text{cm}^2$ 〔풀이〕 ACH, 4, 8

　(6) $\dfrac{225}{2}\,\text{cm}^2$ (7) $\dfrac{25}{2}\,\text{cm}^2$
04 (1) $100\,\text{cm}^2$ 〔풀이〕 6, 10, 100 (2) $169\,\text{cm}^2$ (3) $289\,\text{cm}^2$
05 (1) $49\,\text{cm}^2$ 〔풀이〕 25, 3, 4, 7, 7, 49 (2) $529\,\text{cm}^2$
06 ②

01 (2) $\square$BFGC$=100-20=80(\text{cm}^2)$

　(3) $\square$BFGC$=43-15=28(\text{cm}^2)$

02 (2) $\square$ACHI$=225-81=144(\text{cm}^2)$
　즉, $\overline{AC}^2=144$이므로 $\overline{AC}=12(\text{cm})\,(\because \overline{AC}>0)$

　(3) $\square$ACHI$=169-144=25(\text{cm}^2)$
　즉, $\overline{AC}^2=25$이므로 $\overline{AC}=5(\text{cm})\,(\because \overline{AC}>0)$

03 (2) $\square$JKGC$=\square$ACHI$=8^2=64(\text{cm}^2)$

　(3) $\triangle$BFK$=\dfrac{1}{2}\square$BFKJ$=\dfrac{1}{2}\square$ADEB$=\dfrac{1}{2}\times 3^2=\dfrac{9}{2}(\text{cm}^2)$

(4) $\triangle$JGC$=\dfrac{1}{2}\square$JKGC$=\dfrac{1}{2}\square$ACHI$=\dfrac{1}{2}\times 6^2=18(\text{cm}^2)$

(6) $\triangle$ABC에서 $\overline{AB}^2+8^2=17^2$이므로
$\overline{AB}^2=225$ $\therefore \overline{AB}=15(\text{cm})\,(\because \overline{AB}>0)$
$\therefore \triangle$EBC$=\triangle$EBA$=\dfrac{1}{2}\square$ADEB

$=\dfrac{1}{2}\times 15^2=\dfrac{225}{2}(\text{cm}^2)$

(7) $\triangle$ABC에서 $\overline{AC}^2+12^2=13^2$이므로
$\overline{AC}^2=25$ $\therefore \overline{AC}=5(\text{cm})\,(\because \overline{AC}>0)$
이때 $\triangle$AGC$\equiv\triangle$HBC (SAS 합동)이다.
$\therefore \triangle$AGC$=\triangle$HBC$=\triangle$ACH$=\dfrac{1}{2}\square$ACHI

$=\dfrac{1}{2}\times 5^2=\dfrac{25}{2}(\text{cm}^2)$

04 (2) $\overline{AE}=\overline{DH}=5\,\text{cm}$이므로 $\triangle$AEH에서
$\overline{EH}^2=12^2+5^2=169$ $\therefore \overline{EH}=13(\text{cm})\,(\because \overline{EH}>0)$
$\therefore \square$EFGH$=13^2=169(\text{cm}^2)$

　(3) $\overline{AE}=\overline{DH}=15\,\text{cm}$이므로 $\triangle$AEH에서
$\overline{EH}^2=8^2+15^2=289$ $\therefore \overline{EH}=17(\text{cm})\,(\because \overline{EH}>0)$
$\therefore \square$EFGH$=17^2=289(\text{cm}^2)$

05 (2) $\overline{EH}^2=\square$EFGH$=289\,\text{cm}^2$이므로
$\overline{EH}=17(\text{cm})\,(\because \overline{EH}>0)$
$\triangle$AEH에서 $\overline{AH}^2+15^2=17^2$이므로
$\overline{AH}^2=64$ $\therefore \overline{AH}=8(\text{cm})\,(\because \overline{AH}>0)$
따라서 $\overline{AB}=15+8=23(\text{cm})$이므로
$\square$ABCD$=23^2=529(\text{cm}^2)$

06 $\overline{DH}=\overline{AE}=5\,\text{cm}$이므로 $\overline{AH}=17-5=12(\text{cm})$
$\triangle$AEH에서 $\overline{EH}^2=5^2+12^2=169$이고
$\square$EFGH는 정사각형이므로
$\square$EFGH$=\overline{EH}^2=169(\text{cm}^2)$

기본기 탄탄 문제 개념 **39~41**

1 $84\,\text{cm}^2$	**2** ③	**3** $20\,\text{cm}$	**4** ①
5 $255\,\text{cm}^2$	**6** ②	**7** ②	

1 $\overline{AC}^2=25^2-7^2=576$ $\therefore \overline{AC}=24(\text{cm})\,(\because \overline{AC}>0)$
$\therefore \triangle$ABC$=\dfrac{1}{2}\times 24\times 7=84(\text{cm}^2)$

2 $\triangle$ABC에서 $\overline{AB}^2=13^2-12^2=25$
이때 $\overline{AB}>0$이므로 $\overline{AB}=5(\text{cm})$
$\therefore \square$ABCD$=12\times 5=60(\text{cm}^2)$

5. 피타고라스 정리 • **031**

3 △BCD에서 $\overline{BC}^2=15^2-9^2=144$

이때 $\overline{BC}>0$이므로 $\overline{BC}=12(cm)$

△ABC에서 $\overline{AB}^2=12^2+(9+7)^2=400$

이때 $\overline{AB}>0$이므로 $\overline{AB}=20(cm)$

4 △AHC에서 $\overline{AH}^2=5^2-3^2=16$

이때 $\overline{AH}>0$이므로 $\overline{AH}=4(cm)$

$\overline{AC}^2=\overline{CH}\times\overline{BC}$이므로

$5^2=3\times\overline{BC}$　　∴ $\overline{BC}=\dfrac{25}{3}(cm)$

∴ △ABC$=\dfrac{1}{2}\times\overline{BC}\times\overline{AH}=\dfrac{1}{2}\times\dfrac{25}{3}\times4=\dfrac{50}{3}(cm^2)$

5 점 A에서 $\overline{BC}$에 내린 수선의 발을 H라 하면

$\overline{BH}=21-13=8(cm)$

△ABH에서 $\overline{AH}^2=17^2-8^2=225$

이때 $\overline{AH}>0$이므로 $\overline{AH}=15(cm)$

∴ □ABCD$=\dfrac{1}{2}\times(13+21)\times15=255(cm^2)$

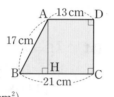

6 □AFGB=□ACDE+□BHIC

　　　　$=39+25=64(cm^2)$

따라서 $\overline{AB}^2=64$이고, $\overline{AB}>0$이므로

$\overline{AB}=8(cm)$

7 $\overline{DH}=\overline{AE}=8$ cm이므로 $\overline{AH}=14-8=6(cm)$

△AEH에서 $\overline{EH}^2=6^2+8^2=100$

이때 $\overline{EH}>0$이므로 $\overline{EH}=10(cm)$

□EFGH는 정사각형이므로 둘레의 길이는

$10\times4=40(cm)$

---

02 ⑵ $9^2+12^2=15^2$이므로 주어진 삼각형은 빗변의 길이가 15인 직각삼각형이다.

따라서 삼각형의 넓이는 $\dfrac{1}{2}\times9\times12=54$

⑶ $8^2+15^2=17^2$이므로 주어진 삼각형은 빗변의 길이가 17인 직각삼각형이다.

따라서 삼각형의 넓이는 $\dfrac{1}{2}\times8\times15=60$

⑷ $7^2+24^2=25^2$이므로 주어진 삼각형은 빗변의 길이가 25인 직각삼각형이다.

따라서 삼각형의 넓이는 $\dfrac{1}{2}\times7\times24=84$

03 ⑶ 가장 긴 변의 길이가 10 cm이고 $10^2=6^2+8^2$이므로 이 삼각형은 직각삼각형이다.

⑷ 가장 긴 변의 길이가 10 cm이고 $10^2<5^2+9^2$이므로 이 삼각형은 예각삼각형이다.

⑸ 가장 긴 변의 길이가 9 cm이고 $9^2>4^2+7^2$이므로 이 삼각형은 둔각삼각형이다.

⑹ 가장 긴 변의 길이가 17 cm이고 $17^2=8^2+15^2$이므로 이 삼각형은 직각삼각형이다.

⑺ 가장 긴 변의 길이가 13 cm이고 $13^2<7^2+12^2$이므로 이 삼각형은 예각삼각형이다.

04 ① $3^2+4^2=5^2$이므로 직각삼각형이다.

② $5^2+12^2=13^2$이므로 직각삼각형이다.

③ $7^2+24^2=25^2$이므로 직각삼각형이다.

④ $8^2+15^2\ne16^2$이므로 직각삼각형이 아니다.

⑤ $15^2+20^2\ne27^2$이므로 직각삼각형이 아니다.

따라서 직각삼각형이 아닌 것은 ④, ⑤이다.

개념 **42** 직각삼각형이 되기 위한 조건 · 본문 120~121쪽

01 ⑴ ○　풀이 ▶ =, 직각삼각형이다

　　⑵ ×　⑶ ○　⑷ ○　⑸ ×

02 ⑴ 30　풀이 ▶ =, 13, 직각, 5, 12, 30

　　⑵ 54　⑶ 60　⑷ 84

03 ⑴ 둔　풀이 ▶ 12, 12, >, 둔각

　　⑵ 예　풀이 ▶ 8, 8, <, 예각

　　⑶ 직　⑷ 예　⑸ 둔　⑹ 직　⑺ 예

04 ④, ⑤

01 ⑵ $2^2+4^2\ne5^2$이므로 직각삼각형이 아니다.

　　⑶ $6^2+8^2=10^2$이므로 직각삼각형이다.

　　⑷ $5^2+12^2=13^2$이므로 직각삼각형이다.

　　⑸ $7^2+9^2\ne11^2$이므로 직각삼각형이 아니다.

개념 **43** 피타고라스 정리의 활용⑴ · 본문 122~124쪽

01 ⑴ 100　풀이 ▶ $\overline{CD}$, 8, 100　⑵ 313　⑶ 85

02 ⑴ 9　풀이 ▶ $\overline{CD}$, 7, 9　⑵ 81　⑶ 45

03 ⑴ 85　풀이 ▶ 7, 85　⑵ 106　⑶ 40　⑷ 290

04 ⑴ 40　풀이 ▶ 5, 7, 40　⑵ 69　⑶ 55　⑷ 75

05 ⑴ 72　풀이 ▶ 6, 6, 72　⑵ 113　⑶ 149　⑷ 80　⑸ 265

06 ⑴ 12　풀이 ▶ 7, 6, 12　⑵ 31　⑶ 80　⑷ 156　⑸ 29

07 32

01 ⑵ $\overline{BC}^2+\overline{DE}^2=\overline{BE}^2+\overline{CD}^2=13^2+12^2=313$

　　⑶ $\overline{BC}^2+\overline{DE}^2=\overline{BE}^2+\overline{CD}^2=6^2+7^2=85$

02 ⑵ $2^2+x^2=7^2+6^2$　∴ $x^2=81$

　　⑶ $x^2+10^2=8^2+9^2$　∴ $x^2=45$

03 (2) $x^2+y^2=5^2+9^2=106$

(3) $x^2+y^2=2^2+6^2=40$

(4) $x^2+y^2=11^2+13^2=290$

04 (2) $4^2+x^2=6^2+7^2$이므로 $x^2=69$

(3) $x^2+9^2=6^2+10^2$이므로 $x^2=55$

(4) $\overline{AD}^2=3^2+4^2=25$ ∴ $\overline{AD}=5\,(∵\overline{AD}>0)$

$x^2+5^2=8^2+6^2$이므로 $x^2=75$

05 (2) $x^2+y^2=8^2+7^2=113$

(3) $x^2+y^2=7^2+10^2=149$

(4) $x^2+y^2=8^2+4^2=80$

(5) $x^2+y^2=11^2+12^2=265$

06 (2) $6^2+2^2=3^2+x^2$이므로 $x^2=31$

(3) $x^2+6^2=10^2+4^2$이므로 $x^2=80$

(4) $x^2+13^2=15^2+10^2$이므로 $x^2=156$

(5) $x^2+6^2=4^2+7^2$이므로 $x^2=29$

07 $7^2+8^2=x^2+9^2$이므로

$x^2+81=113$ ∴ $x^2=32$

개념 **44** 피타고라스 정리의 활용(2)

• 본문 125~126쪽

01 (1) 22π [풀이] ▶ 38π, 22π (2) 25π (3) 52π

(4) 23π [풀이] ▶ 4, 8π, 8π, 23π (5) $\dfrac{15}{2}\pi$ (6) 24π

02 (1) $28\,\text{cm}^2$ [풀이] ▶ 10, 28

(2) $22\,\text{cm}^2$ (3) $18\,\text{cm}^2$ (4) $22\,\text{cm}^2$ (5) $20\,\text{cm}^2$

03 (1) $24\,\text{cm}^2$ [풀이] ▶ 64, 8, 8, 24

(2) $30\,\text{cm}^2$ (3) $54\,\text{cm}^2$ (4) $150\,\text{cm}^2$

04 $96\,\text{cm}^2$

01 (2) (색칠한 부분의 넓이)$=169\pi-144\pi=25\pi$

(3) (색칠한 부분의 넓이)$=40\pi+12\pi=52\pi$

(5) $\overline{AB}$를 지름으로 하는 반원의 넓이는 $\dfrac{1}{2}\times\pi\times3^2=\dfrac{9}{2}\pi$

∴ (색칠한 부분의 넓이)$=\dfrac{9}{2}\pi+3\pi=\dfrac{15}{2}\pi$

(6) $\overline{AC}$를 지름으로 하는 반원의 넓이는 $\dfrac{1}{2}\times\pi\times8^2=32\pi$

∴ (색칠한 부분의 넓이)$=32\pi-8\pi=24\pi$

02 (2) (색칠한 부분의 넓이)$=8+14=22\,(\text{cm}^2)$

(3) (색칠한 부분의 넓이)$=11+7=18\,(\text{cm}^2)$

(4) (색칠한 부분의 넓이)$=36-14=22\,(\text{cm}^2)$

(5) (색칠한 부분의 넓이)$=40-20=20\,(\text{cm}^2)$

---

03 (2) $\overline{AC}^2=13^2-5^2=144$ ∴ $\overline{AC}=12\,(\text{cm})\,(∵\overline{AC}>0)$

∴ (색칠한 부분의 넓이)$=\dfrac{1}{2}\times5\times12=30\,(\text{cm}^2)$

(3) $\overline{AB}^2=15^2-12^2=81$ ∴ $\overline{AB}=9\,(\text{cm})\,(∵\overline{AB}>0)$

∴ (색칠한 부분의 넓이)$=\dfrac{1}{2}\times9\times12=54\,(\text{cm}^2)$

(4) $\overline{AC}^2=25^2-20^2=225$ ∴ $\overline{AC}=15\,(\text{cm})\,(∵\overline{AC}>0)$

∴ (색칠한 부분의 넓이)$=\dfrac{1}{2}\times20\times15=150\,(\text{cm}^2)$

04 △ABC에서 $\overline{AB}^2=20^2-16^2=144$

∴ $\overline{AB}=12\,(\text{cm})\,(∵\overline{AB}>0)$

∴ (색칠한 부분의 넓이)$=$△ABC

$=\dfrac{1}{2}\times12\times16=96\,(\text{cm}^2)$

개념 **45** 피타고라스 정리의 활용(3)

• 본문 127쪽

01 (1) $\dfrac{20}{3}\,\text{cm}$ [풀이] ▶ 20, 20, 256, 16, 16, 4, 20, $\dfrac{20}{3}$

(2) $\dfrac{26}{3}\,\text{cm}$

02 (1) $\dfrac{4}{3}\,\text{cm}$ (2) $\dfrac{17}{4}\,\text{cm}$ **03** $\dfrac{15}{4}\,\text{cm}$

01 (2) $\overline{DF}=\overline{AD}=13\,\text{cm}$이므로

△DFC에서 $\overline{CF}^2=13^2-12^2=25$

∴ $\overline{CF}=5\,(\text{cm})\,(∵\overline{CF}>0)$

∴ $\overline{BF}=13-5=8\,(\text{cm})$

△EBF∽△FCD (AA 닮음)이므로

$8:12=\overline{EF}:13$ ∴ $\overline{EF}=\dfrac{26}{3}\,(\text{cm})$

02 (1) $\overline{AE}=\overline{AD}=5\,\text{cm}$이므로 △ABE에서

$\overline{BE}^2=5^2-3^2=16$ ∴ $\overline{BE}=4\,(\text{cm})\,(∵\overline{BE}>0)$

∴ $\overline{EC}=5-4=1\,(\text{cm})$

△ABE∽△ECF (AA 닮음)이므로

$3:1=4:\overline{CF}$ ∴ $\overline{CF}=\dfrac{4}{3}\,(\text{cm})$

(2) $\overline{AE}=\overline{AD}=17\,\text{cm}$이므로 △ABE에서

$\overline{BE}^2=17^2-8^2=225$ ∴ $\overline{BE}=15\,(\text{cm})\,(∵\overline{BE}>0)$

∴ $\overline{EC}=17-15=2\,(\text{cm})$

△ABE∽△ECF (AA 닮음)이므로

$8:2=17:\overline{EF}$ ∴ $\overline{EF}=\dfrac{17}{4}\,(\text{cm})$

03 $\overline{ED}=\overline{AD}=17\,\text{cm}$이므로 △DEC에서

$\overline{EC}^2=17^2-8^2=225$ ∴ $\overline{EC}=15\,(\text{cm})\,(∵\overline{EC}>0)$

∴ $\overline{BE}=17-15=2\,(\text{cm})$

△FBE∽△ECD (AA 닮음)이므로

$15:\overline{BF}=8:2$ ∴ $\overline{BF}=\dfrac{15}{4}\,(\text{cm})$

1 ③	**2** 161, 289	**3** ①	**4** 39
5 13	**6** ②	**7** 120 cm²	**8** 32 cm

1 ① $3^2+4^2=5^2$ ② $4^2+6^2>7^2$ ③ $5^2+10^2<12^2$
④ $6^2+9^2>10^2$ ⑤ $12^2+16^2=20^2$
따라서 둔각삼각형인 것은 ③이다.

2 (i) x가 가장 긴 변의 길이일 때
　　$x^2=8^2+15^2=289$
(ii) 15가 가장 긴 변의 길이일 때
　　$8^2+x^2=15^2$, 즉 $x^2=161$
따라서 (i), (ii)에서 x^2의 값은 161, 289이다.

3 △ABC에서 $\overline{AB}^2=6^2+9^2=117$
∴ $\overline{AE}^2+\overline{BD}^2=\overline{DE}^2+\overline{AB}^2$
　　　　　　　　$=5^2+117=142$

4 $\overline{AB}^2+\overline{CD}^2=\overline{AD}^2+\overline{BC}^2$이므로
$x^2+8^2=y^2+5^2$
∴ $y^2-x^2=8^2-5^2=39$

5 $\overline{AP}^2+\overline{CP}^2=\overline{BP}^2+\overline{DP}^2$이므로
$7^2+\overline{CP}^2=6^2+\overline{DP}^2$
∴ $\overline{DP}^2-\overline{CP}^2=7^2-6^2=13$

6 $\overline{AB}$, $\overline{AC}$를 각각 지름으로 하는 두 반원의 넓이의 합은
$\overline{BC}$를 지름으로 하는 반원의 넓이와 같으므로
$\dfrac{1}{2}\times\pi\times\left(\dfrac{\overline{BC}}{2}\right)^2=32\pi+40\pi$
$\dfrac{\overline{BC}^2}{8}\pi=72\pi$, $\overline{BC}^2=576$
이때 $\overline{BC}>0$이므로 $\overline{BC}=24$

7 △ABC에서 $\overline{AC}^2=17^2-15^2=64$
이때 $\overline{AC}>0$이므로 $\overline{AC}=8(\text{cm})$
∴ (색칠한 부분의 넓이)$=2\triangle ABC$
　　　　　　　　　　$=2\times\left(\dfrac{1}{2}\times15\times8\right)$
　　　　　　　　　　$=120(\text{cm}^2)$

8 ∠PBD=∠DBC (접은 각), ∠PDB=∠DBC (엇각)
이므로 ∠PBD=∠PDB
즉, △PBD는 이등변삼각형이므로
$\overline{PB}=\overline{PD}=20\,\text{cm}$
△ABP에서 $\overline{AB}=\overline{DC}=16\,\text{cm}$이므로
$\overline{AP}^2=20^2-16^2=144$
이때 $\overline{AP}>0$이므로 $\overline{AP}=12(\text{cm})$
∴ $\overline{AD}=\overline{AP}+\overline{PD}=12+20=32(\text{cm})$

---

6. 경우의 수와 확률

개념 46 사건과 경우의 수
· 본문 130~131쪽

01 (1) 3 풀이 1, 3, 5, 3 (2) 2 (3) 3 (4) 2
02 표는 풀이 참조 (1) 36 (2) 6 (3) 5
03 (1) 5 풀이 1, 3, 5, 7, 9, 5 (2) 4 (3) 4 (4) 5 (5) 3
04 (1) 1 풀이 앞면, 1 (2) 2 (3) 3
05 (1) 3 풀이 2, 4, 3 (2) 2
06 7

01 (2) 주사위의 눈의 수 중 4보다 큰 수는 5, 6이므로 구하는 경우의
수는 2이다.
(3) 주사위의 눈의 수 중 소수는 2, 3, 5이므로 구하는 경우의 수는
3이다.
(4) 주사위의 눈의 수 중 3의 배수는 3, 6이므로 구하는 경우의 수는
2이다.

02

A＼B	1	2	3	4	5	6
1	(1, 1)	(1, 2)	(1, 3)	(1, 4)	(1, 5)	(1, 6)
2	(2, 1)	(2, 2)	(2, 3)	(2, 4)	(2, 5)	(2, 6)
3	(3, 1)	(3, 2)	(3, 3)	(3, 4)	(3, 5)	(3, 6)
4	(4, 1)	(4, 2)	(4, 3)	(4, 4)	(4, 5)	(4, 6)
5	(5, 1)	(5, 2)	(5, 3)	(5, 4)	(5, 5)	(5, 6)
6	(6, 1)	(6, 2)	(6, 3)	(6, 4)	(6, 5)	(6, 6)

(2) (1, 1), (2, 2), (3, 3), (4, 4), (5, 5), (6, 6)이므로 구하는
경우의 수는 6이다.
(3) (1, 5), (2, 4), (3, 3), (4, 2), (5, 1)이므로 구하는 경우의
수는 5이다.

03 (2) 10의 약수는 1, 2, 5, 10이므로 구하는 경우의 수는 4이다.
(3) 4 이하의 수는 1, 2, 3, 4이므로 구하는 경우의 수는 4이다.
(4) 3 이상 8 미만의 수는 3, 4, 5, 6, 7이므로 구하는 경우의 수는
5이다.
(5) 3의 배수는 3, 6, 9이므로 구하는 경우의 수는 3이다.

04 (2) 뒷면이 1개 나오는 경우는 (앞면, 뒷면), (뒷면, 앞면)이므로
구하는 경우의 수는 2이다.
(3) 뒷면이 1개 이상 나오는 경우는 (앞면, 뒷면), (뒷면, 앞면),
(뒷면, 뒷면)이므로 구하는 경우의 수는 3이다.

05 (2)

100원짜리 동전(개)	5	4
50원짜리 동전(개)	3	5

따라서 650원을 지불하는 경우의 수는 2이다.

06 소수가 적힌 공이 나오는 경우는 2, 3, 5, 7, 11, 13, 17이므로
구하는 경우의 수는 7이다.

개념 47 사건 A 또는 사건 B가 일어나는 경우의 수

· 본문 132~133쪽

01 (1) 5 [풀이] ❶ 3 ❷ 2 ❸ 3, 2, 5 (2) 7 (3) 9
02 (1) 7 (2) 8 (3) 10 (4) 9
03 (1) 7 [풀이] ❶ 1, 2 ❷ 4, 3, 2, 1, 5 ❸ 2, 5, 7
     (2) 4 (3) 16 (4) 6 (5) 7
04 (1) 10 (2) 9 (3) 7 [풀이] ❶ 5 ❷ 3 ❸ 5, 3, 7 (4) 9
05 9

01 (2) $4+3=7$ (3) $5+4=9$

02 (1) $5+2=7$ (2) $3+5=8$
     (3) $6+4=10$ (4) $4+2+3=9$

03 (2) ❶ 두 눈의 수의 합이 4인 경우의 수
       $(1, 3), (2, 2), (3, 1)$ ➡ 3
     ❷ 두 눈의 수의 합이 12인 경우의 수: $(6, 6)$ ➡ 1
     ❸ 두 눈의 수의 합이 4 또는 12인 경우의 수: $3+1=4$
   (3) ❶ 두 눈의 수의 차가 1인 경우의 수
       $(1, 2), (2, 1), (2, 3), (3, 2), (3, 4), (4, 3), (4, 5),$
       $(5, 4), (5, 6), (6, 5)$ ➡ 10
     ❷ 두 눈의 수의 차가 3인 경우의 수
       $(1, 4), (2, 5), (3, 6), (4, 1), (5, 2), (6, 3)$ ➡ 6
     ❸ 두 눈의 수의 차가 1 또는 3인 경우의 수: $10+6=16$
   (4) ❶ 두 눈의 수의 차가 4인 경우의 수
       $(1, 5), (2, 6), (5, 1), (6, 2)$ ➡ 4
     ❷ 두 눈의 수의 차가 5인 경우의 수: $(1, 6), (6, 1)$ ➡ 2
     ❸ 두 눈의 수의 차가 4 이상인 경우의 수: $4+2=6$
   (5) ❶ 두 눈의 수의 합이 5인 경우의 수
       $(1, 4), (2, 3), (3, 2), (4, 1)$ ➡ 4
     ❷ 두 눈의 수의 합이 10인 경우의 수
       $(4, 6), (5, 5), (6, 4)$ ➡ 3
     ❸ 두 눈의 수의 합이 5의 배수인 경우의 수: $4+3=7$

04 (1) 4 이하의 수가 적힌 카드가 나오는 경우의 수: 4
     15 이상의 수가 적힌 카드가 나오는 경우의 수: 6
     따라서 구하는 경우의 수는 $4+6=10$
   (2) 7 미만의 수가 적힌 카드가 나오는 경우의 수: 6
     17 초과의 수가 적힌 카드가 나오는 경우의 수: 3
     따라서 구하는 경우의 수는 $6+3=9$
   (4) ❶ 3의 배수가 적힌 카드가 나오는 경우의 수
       3, 6, 9, 12, 15, 18 ➡ 6
     ❷ 5의 배수가 적힌 카드가 나오는 경우의 수
       5, 10, 15, 20 ➡ 4
     ❸ 3의 배수 또는 5의 배수가 적힌 카드가 나오는 경우의 수
       $6+4-1=9$

05 노란 구슬이 나오는 경우의 수는 4
     빨간 구슬이 나오는 경우의 수는 5
     따라서 구하는 경우의 수는 $4+5=9$

개념 48 사건 A와 사건 B가 동시에 일어나는 경우의 수

· 본문 134~136쪽

01 (1) 6 [풀이] ❷ 3, 2, 3, 2, 6 (2) 12 [풀이] ❷ 3, 12
     (3) 15 (4) 8개 (5) 35 (6) 24
02 (1) 4 [풀이] ❷ 2, 2, 4 (2) 8 (3) 16
03 (1) 9 [풀이] ❷ 3, 3, 9 (2) 27
04 (1) 8 [풀이] ❶ 3, 6, 4 ❷ 6, 2 ❸ 4, 2, 8
     (2) 9 (3) 9 (4) 6 (5) 6
05 (1) 24 [풀이] ❶ 2, 2, 4 ❷ 6 ❸ 4, 6, 24
     (2) 72 (3) 3 (4) 6 (5) 4
06 (1) 6 [풀이] ❶ 2 ❷ 3 ❸ 2, 3, 6
     (2) 8 (3) 8 (4) 10
07 8

01 (3) $5 \times 3 = 15$ (4) $2 \times 4 = 8$(개)
     (5) $5 \times 7 = 35$ (6) $6 \times 4 = 24$

02 (2) $2 \times 2 \times 2 = 8$ (3) $2 \times 2 \times 2 \times 2 = 16$

03 (2) $3 \times 3 \times 3 = 27$

04 (2) 홀수가 나오는 경우의 수: 1, 3, 5 ➡ 3
     따라서 구하는 경우의 수는 $3 \times 3 = 9$
   (3) 소수가 나오는 경우의 수: 2, 3, 5 ➡ 3
     따라서 구하는 경우의 수는 $3 \times 3 = 9$
   (4) 처음에 3 미만인 수가 나오는 경우의 수: 1, 2 ➡ 2
     나중에 2의 배수가 나오는 경우의 수: 2, 4, 6 ➡ 3
     따라서 구하는 경우의 수는 $2 \times 3 = 6$
   (5) 처음에 4의 약수가 나오는 경우의 수: 1, 2, 4 ➡ 3
     나중에 5 이상인 수가 나오는 경우의 수: 5, 6 ➡ 2
     따라서 구하는 경우의 수는 $3 \times 2 = 6$

05 (2) $2 \times (6 \times 6) = 72$
   (3) 동전의 앞면이 나오는 경우의 수는 1
     주사위의 홀수의 눈이 나오는 경우의 수는 3
     따라서 구하는 경우의 수는 $1 \times 3 = 3$
   (4) 2개의 동전이 서로 같은 면이 나오는 경우의 수는 2
     주사위의 소수의 눈이 나오는 경우의 수는 3
     따라서 구하는 경우의 수는 $2 \times 3 = 6$
   (5) 2개의 동전이 서로 다른 면이 나오는 경우의 수는 2
     주사위의 5의 약수의 눈이 나오는 경우의 수는 2
     따라서 구하는 경우의 수는 $2 \times 2 = 4$

06 (2) $2 \times 4 = 8$

(3) $4 \times 2 = 8$

(4) $3 \times 3 + 1 = 10$

07 컵이나 콘을 선택하는 경우의 수는 2

아이스크림 맛을 선택하는 경우의 수는 4

따라서 구하는 경우의 수는 $2 \times 4 = 8$

07 S가 적힌 카드가 맨 앞에 오도록 나열하는 경우의 수는 S가 적힌 카드를 제외한 나머지 다섯 장의 카드를 한 줄로 나열하는 경우의 수와 같으므로

$5 \times 4 \times 3 \times 2 \times 1 = 120$

개념 **49** 경우의 수의 응용(1) – 한 줄로 세우기

· 본문 137~138쪽

01 (1) A, B, B, A (2) 6 풀이 ▶ 3, 2, 3, 2, 6

02 (1) 24 (2) 120 (3) 720

03 (1) 6 풀이 ▶ 3, 2, 3, 2, 6 (2) 20

(3) 24 풀이 ▶ 3, 2, 24 (4) 120

04 (1) 6 풀이 ▶ 3, 2, 1, 3, 2, 1, 6 (2) 6

05 (1) 24 (2) 6 (3) 12

06 (1) 4 풀이 ▶ ❷ 2 ❸ 2 ❹ 2, 2, 4

(2) 12 (3) 240 (4) 48 (5) 36

07 120

---

02 (1) $4 \times 3 \times 2 \times 1 = 24$

(2) $5 \times 4 \times 3 \times 2 \times 1 = 120$

(3) $6 \times 5 \times 4 \times 3 \times 2 \times 1 = 720$

03 (2) $5 \times 4 = 20$

(4) $6 \times 5 \times 4 = 120$

04 (2) $3 \times 2 \times 1 = 6$

05 (1) $4 \times 3 \times 2 \times 1 = 24$

(2) $3 \times 2 \times 1 = 6$

(3) A를 맨 앞에, B를 맨 뒤에 세우는 경우의 수는 $3 \times 2 \times 1 = 6$

B를 맨 앞에, A를 맨 뒤에 세우는 경우의 수는 $3 \times 2 \times 1 = 6$

따라서 구하는 경우의 수는 $6 + 6 = 12$

06 (2) 3명을 한 줄로 세우는 경우의 수는 $3 \times 2 \times 1 = 6$

B, C가 서로 자리를 바꾸는 경우의 수는 $2 \times 1 = 2$

따라서 구하는 경우의 수는 $6 \times 2 = 12$

(3) 5명을 한 줄로 세우는 경우의 수는 $5 \times 4 \times 3 \times 2 \times 1 = 120$

여학생끼리 서로 자리를 바꾸는 경우의 수는 $2 \times 1 = 2$

따라서 구하는 경우의 수는 $120 \times 2 = 240$

(4) 4명을 한 줄로 세우는 경우의 수는 $4 \times 3 \times 2 \times 1 = 24$

미연이와 지유가 서로 자리를 바꾸는 경우의 수는 $2 \times 1 = 2$

따라서 구하는 경우의 수는 $24 \times 2 = 48$

(5) 3명을 한 줄로 세우는 경우의 수는 $3 \times 2 \times 1 = 6$

서현, 경민, 진수가 자리를 바꾸는 경우의 수는 $3 \times 2 \times 1 = 6$

따라서 구하는 경우의 수는 $6 \times 6 = 36$

개념 **50** 경우의 수의 응용(2) – 자연수 만들기

· 본문 139~140쪽

01 (1) 6개 풀이 ▶ 2, 7, 2, 2, 6 (2) 12개 (3) 20개

02 (1) 9개 풀이 ▶ 2, 4, 8, 3, 3, 9 (2) 3개 (3) 6개

03 (1) 4개 풀이 ▶ 3, 4, 2, 2, 4 (2) 9개 (3) 16개

04 (1) 18개 (2) 48개

05 (1) 5개 풀이 ▶ 5, 1, 5, 3, 2, 5 (2) 4개 (3) 5개 (4) 6개

06 10개

07 12개

---

01 (2) $4 \times 3 = 12$(개) (3) $5 \times 4 = 20$(개)

02 (2) 일의 자리에 올 수 있는 숫자는 5의 1개, 십의 자리에 올 수 있는 숫자는 일의 자리의 숫자를 제외한 3개이므로 구하는 홀수의 개수는

$1 \times 3 = 3$(개)

(3) 십의 자리에 올 수 있는 숫자는 2, 4의 2개, 일의 자리에 올 수 있는 숫자는 십의 자리의 숫자를 제외한 3개이므로 구하는 50보다 작은 수의 개수는

$2 \times 3 = 6$(개)

03 (2) $3 \times 3 = 9$(개) (3) $4 \times 4 = 16$(개)

04 (1) $3 \times 3 \times 2 = 18$(개) (2) $4 \times 4 \times 3 = 48$(개)

05 (2)
```
4     1
  > 1
5     4
```
∴ $2 + 2 = 4$(개)

(3)
```
1     1
4 > 0
      > 5
5     4
```
∴ $3 + 2 = 5$(개)

(4)
```
      0          0
4 < 1      5 < 1
      5          4
```
∴ $3 + 3 = 6$(개)

06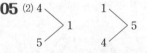

∴ $6 + 4 = 10$(개)

07 40보다 작으려면 십의 자리에 올 수 있는 숫자는 1, 2, 3의 3개이고, 일의 자리에 올 수 있는 숫자는 십의 자리의 숫자를 제외한 4개이다.

따라서 40보다 작은 두 자리의 자연수의 개수는

$3 \times 4 = 12$(개)

개념 51 경우의 수의 응용(3) - 대표 뽑기 · 본문 141~142쪽

01 (1) 12 풀이 ▶ 3, 3, 12 (2) 24 (3) 24
02 (1) 6 풀이 ▶ 3, 6 (2) 4 풀이 ▶ 4, 3, 2, 4
  (3) 12 풀이 ▶ 6, 6, 12
03 (1) 20 (2) 60 (3) 10 (4) 10 (5) 6 (6) 30
04 (1) 6개 풀이 ▶ 4, 3, 6 (2) 4개 풀이 ▶ 4, 3, 4
05 (1) 10개 (2) 10개
06 35

01 (2) $4 \times 3 \times 2 = 24$ (3) $4 \times 3 \times 2 \times 1 = 24$

03 (1) $5 \times 4 = 20$ (2) $5 \times 4 \times 3 = 60$

(3) $\dfrac{5 \times 4}{2 \times 1} = 10$ (4) $\dfrac{5 \times 4 \times 3}{3 \times 2 \times 1} = 10$

(5) $2 \times 3 = 6$

(6) 5명 중에서 회장 1명을 뽑는 경우의 수는 5

4명 중에서 부회장 2명을 뽑는 경우의 수는 $\dfrac{4 \times 3}{2 \times 1} = 6$

따라서 구하는 경우의 수는 $5 \times 6 = 30$

05 (1) $\dfrac{5 \times 4}{2 \times 1} = 10$(개)   (2) $\dfrac{5 \times 4 \times 3}{3 \times 2 \times 1} = 10$(개)

06 $\dfrac{7 \times 6 \times 5}{3 \times 2 \times 1} = 35$

기본기 탄탄 문제 개념 46~51 · 본문 143~144쪽

1 ③	**2** 4	**3** 9	**4** ⑤
5 ②	**6** 25개	**7** ③	**8** 24
9 ②	**10** 48	**11** 42개	**12** ③
13 20	**14** ②	**15** ③	

1 1부터 40까지의 자연수 중에서

① 5의 배수는 5, 10, 15, …, 40이므로 경우의 수는 8이다.

② 40의 약수는 1, 2, 4, 5, 8, 10, 20, 40이므로 경우의 수는 8이다.

③ 20 이상의 자연수는 20, 21, …, 39, 40이므로 경우의 수는 21이다.

④ 2와 서로소인 자연수는 홀수이고, 홀수는 1, 3, 5, …, 37, 39이므로 경우의 수는 20이다.

⑤ 4로 나누어 나머지가 3인 수는 3, 7, 11, …, 35, 39이므로 경우의 수는 10이다.

따라서 경우의 수가 가장 큰 것은 ③이다.

2 3000원을 지불하는 경우를 표로 나타내면 다음과 같다.

1000원(장)	500원(개)
3	0
2	2
1	4
0	6

따라서 구하는 경우의 수는 4이다.

3 $5 + 4 = 9$

4 1부터 30까지의 자연수 중에서 3의 배수가 나오는 경우의 수는 3, 6, 9, …, 30의 10이고, 20 이상의 수가 나오는 경우의 수는 20, 21, …, 29, 30의 11이다.

이때 21, 24, 27, 30은 각각 3의 배수이면서 20 이상의 수이므로 구하는 경우의 수는

$10 + 11 - 4 = 17$

5 상담실에서 탈의실로 가는 경우의 수는 3, 탈의실에서 헬스장으로 가는 경우의 수는 3이므로 구하는 경우의 수는

$3 \times 3 = 9$

6 $5 \times 5 = 25$(개)

7 (i) 서로 다른 동전 2개를 동시에 던질 때, 동전의 뒷면이 1개만 나오는 경우는 (앞면, 뒷면), (뒷면, 앞면)이므로 경우의 수는 2이다.

(ii) 주사위 1개를 던질 때, 4의 약수의 눈이 나오는 경우는 1, 2, 4이므로 경우의 수는 3이다.

따라서 (i), (ii)에서 구하는 경우의 수는

$2 \times 3 = 6$

8 4편의 영화의 상영 순서를 정하는 경우의 수는 서로 다른 4명을 한 줄로 세우는 경우의 수와 같으므로

$4 \times 3 \times 2 \times 1 = 24$

9 A, F의 자리를 각각 고정하였으므로 구하는 경우의 수는 6명 중 A, F의 2명을 제외한 B, C, D, E의 4명을 한 줄로 세우는 경우의 수와 같다.

따라서 구하는 경우의 수는

$4 \times 3 \times 2 \times 1 = 24$

10 (i) f, a, l, s, e의 5개의 문자 중에서 모음은 a, e의 2개이다.

a, e를 한 문자로 생각하여 서로 다른 4개의 문자를 한 줄로 나열하는 경우의 수는 $4 \times 3 \times 2 \times 1 = 24$

(ii) 이웃한 a, e의 자리를 바꾸는 경우의 수는 $2 \times 1 = 2$

따라서 (i), (ii)에서 구하는 경우의 수는

$24 \times 2 = 48$

11 한 번 뽑은 카드는 다시 넣지 않으므로 7장의 카드 중에서 2장의 카드를 뽑아 두 자리의 자연수를 만드는 경우는 7장의 카드 중에서 2장을 뽑아 한 줄로 나열하는 경우와 같다.
따라서 구하는 두 자리의 자연수의 개수는
$7 \times 6 = 42$(개)

12 두 자리의 자연수이려면 십의 자리의 숫자는 0이 아니어야 하고, 홀수이려면 일의 자리의 숫자는 홀수이어야 한다.
(i) 일의 자리에 올 수 있는 숫자는 1, 3, 5의 3개
(ii) 십의 자리에 올 수 있는 숫자는 0과 일의 자리의 숫자를 제외한 5개
따라서 (i), (ii)에서 구하는 홀수의 개수는
$3 \times 5 = 15$(개)

13 구하는 경우의 수는 서로 다른 5개의 작품 중에서 2개를 뽑아 한 줄로 나열하는 경우의 수와 같으므로
$5 \times 4 = 20$

14 구하는 경우의 수는 두 학생 A, B를 제외한 4명 중에서 자격이 같은 2명을 뽑는 경우의 수와 같으므로
$\dfrac{4 \times 3}{2 \times 1} = 6$

15 구하는 선분의 개수는 6명 중에서 자격이 같은 2명을 뽑는 경우의 수와 같으므로
$\dfrac{6 \times 5}{2 \times 1} = 15$(개)

개념 **52** 확률의 뜻과 성질
· 본문 145~148쪽

01 (1) $\dfrac{3}{5}$ 풀이 ▶ ❶ 2, 3, 5 ❷ 3 ❸ $\dfrac{3}{5}$ (2) $\dfrac{4}{7}$ (3) $\dfrac{2}{5}$

02 (1) $\dfrac{1}{2}$ 풀이 ▶ ❶ 10 ❷ 5 ❸ $\dfrac{1}{2}$ (2) $\dfrac{3}{10}$ (3) $\dfrac{2}{5}$

03 (1) $\dfrac{1}{2}$ 풀이 ▶ ❶ 4 ❷ 2 ❸ $\dfrac{1}{2}$ (2) $\dfrac{1}{2}$

04 (1) $\dfrac{1}{4}$ (2) $\dfrac{3}{8}$ (3) $\dfrac{1}{8}$

05 (1) $\dfrac{1}{9}$ 풀이 ▶ ❶ 36 ❷ 4 ❸ $\dfrac{1}{9}$
(2) $\dfrac{1}{6}$ (3) $\dfrac{1}{6}$ (4) $\dfrac{2}{9}$ (5) $\dfrac{1}{12}$ (6) $\dfrac{1}{9}$

06 (1) 24 (2) 12 (3) $\dfrac{1}{2}$ **07** (1) 12 (2) 3 (3) $\dfrac{1}{4}$

08 (1) $\dfrac{3}{4}$ 풀이 ▶ ❶ 12 ❷ 9 ❸ $\dfrac{3}{4}$ (2) $\dfrac{1}{4}$

09 (1) $\dfrac{5}{9}$ 풀이 ▶ ❶ 9 ❷ 5 ❸ $\dfrac{5}{9}$ (2) $\dfrac{2}{3}$

10 (1) 0 (2) 1 (3) 0 (4) 1

11 (1) 0 (2) 1   **12** (1) 1 (2) 0

13 (1) 0 (2) 1   **14** ②

---

01 (2) 모든 경우의 수는 $4+3=7$
초록 공을 꺼내는 경우의 수는 4
따라서 초록 공을 꺼낼 확률은 $\dfrac{4}{7}$이다.
(3) 모든 경우의 수는 $6+4=10$
검은 바둑돌을 꺼내는 경우의 수는 4
따라서 검은 바둑돌을 꺼낼 확률은 $\dfrac{4}{10} = \dfrac{2}{5}$

02 (2) 모든 경우의 수는 10이고, 10보다 작은 수는 3, 7, 8이므로 10보다 작은 수가 적힌 카드를 뽑는 경우의 수는 3이다.
따라서 구하는 확률은 $\dfrac{3}{10}$이다.
(3) 모든 경우의 수는 10이고, 5의 배수는 10, 15, 20, 25이므로 5의 배수가 적힌 카드를 뽑는 경우의 수는 4이다.
따라서 구하는 확률은 $\dfrac{4}{10} = \dfrac{2}{5}$

03 (2) 모든 경우의 수는 4이고, 앞면이 1개 나오는 경우의 수는 2이므로 구하는 확률은 $\dfrac{2}{4} = \dfrac{1}{2}$

04 (1) 모든 경우의 수는 8이고, 3개 모두 같은 면이 나오는 수는 2이므로 구하는 확률은 $\dfrac{2}{8} = \dfrac{1}{4}$
(2) 모든 경우의 수는 8이고, 앞면이 1개, 뒷면이 2개 나오는 경우의 수는 3이므로 구하는 확률은 $\dfrac{3}{8}$이다.
(3) 모든 경우의 수는 8이고, 앞면이 3개 나오는 경우의 수는 1이므로 구하는 확률은 $\dfrac{1}{8}$이다.

05 (2) 모든 경우의 수는 36이고, 두 눈의 수의 합이 7인 경우의 수는 6이므로 구하는 확률은 $\dfrac{6}{36} = \dfrac{1}{6}$
(3) 모든 경우의 수는 36이고, 두 눈의 수의 차가 0인 경우의 수는 6이므로 구하는 확률은 $\dfrac{6}{36} = \dfrac{1}{6}$
(4) 모든 경우의 수는 36이고, 두 눈의 수의 차가 2인 경우의 수는 8이므로 구하는 확률은 $\dfrac{8}{36} = \dfrac{2}{9}$
(5) 모든 경우의 수는 36이고, 두 눈의 수의 곱이 4인 경우의 수는 3이므로 구하는 확률은 $\dfrac{3}{36} = \dfrac{1}{12}$
(6) 모든 경우의 수는 36이고, 두 눈의 수의 곱이 6인 경우의 수는 4이므로 구하는 확률은 $\dfrac{4}{36} = \dfrac{1}{9}$

06 (1) $4 \times 3 \times 2 \times 1 = 24$
(2) $(3 \times 2 \times 1) \times 2 = 12$
(3) $\dfrac{12}{24} = \dfrac{1}{2}$

07 (1) $4 \times 3 = 12$

(2) A를 제외한 3명 중 한 명을 부회장으로 뽑는 경우의 수와 같으므로 3이다.

(3) $\dfrac{3}{12} = \dfrac{1}{4}$

08 (2) 만들 수 있는 두 자리의 자연수는 $4 \times 3 = 12$(개)이고, 두 자리의 자연수 중 5의 배수는 15, 35, 65의 3개이므로 두 자리의 자연수가 5의 배수일 확률은

$\dfrac{3}{12} = \dfrac{1}{4}$

09 (2) 만들 수 있는 두 자리의 자연수는 $3 \times 3 = 9$(개)이고, 두 자리의 자연수 중 60보다 작은 수는 20, 25, 27, 50, 52, 57의 6개이므로 두 자리의 자연수가 60보다 작을 확률은

$\dfrac{6}{9} = \dfrac{2}{3}$

10 (1) 주사위의 눈의 수에 0이 없으므로 구하는 확률은 0이다.

(2) 주사위의 눈의 수는 모두 6 이하이므로 구하는 확률은 1이다.

(3) 상자 속에 초록 공은 없으므로 구하는 확률은 0이다.

(4) 모든 학생이 여학생이므로 구하는 확률은 1이다.

11 (1) 주머니에 흰 바둑돌은 없으므로 구하는 확률은 0이다.

(2) 주머니에 검은 바둑돌만 들어 있으므로 구하는 확률은 1이다.

12 (1) 카드에 적힌 수는 모두 2의 배수이므로 구하는 확률은 1이다.

(2) 카드에 적힌 수에 10보다 큰 수는 없으므로 구하는 확률은 0이다.

13 (1) 두 눈의 수의 곱은 36보다 클 수 없으므로 구하는 확률은 0이다.

(2) 두 눈의 수의 합은 항상 12 이하이므로 구하는 확률은 1이다.

14 전체 학생 수는 $60 + 45 + 30 + 15 = 150$(명)

B형인 학생 수는 45명

따라서 구하는 확률은 $\dfrac{45}{150} = \dfrac{3}{10}$

개념 **53** 어떤 사건이 일어나지 않을 확률 · 본문 149쪽

01 (1) $\dfrac{2}{3}$ 풀이 ▶ $\dfrac{1}{3}$, $\dfrac{1}{3}$, $\dfrac{2}{3}$ (2) $\dfrac{2}{5}$ (3) $\dfrac{4}{7}$ (4) $\dfrac{13}{15}$

02 (1) $\dfrac{3}{4}$ 풀이 ▶ $\dfrac{1}{4}$, $\dfrac{3}{4}$ (2) $\dfrac{7}{8}$ (3) $\dfrac{3}{4}$ (4) $\dfrac{9}{10}$

03 $\dfrac{7}{10}$

01 (2) $1 - \dfrac{3}{5} = \dfrac{2}{5}$

(3) 당첨이 될 확률은 $\dfrac{3}{7}$이므로 당첨되지 않을 확률은

$1 - \dfrac{3}{7} = \dfrac{4}{7}$

---

(4) 6의 배수가 적힌 카드를 뽑을 확률은 $\dfrac{2}{15}$이므로 6의 배수가 아닌 수가 적힌 카드를 뽑을 확률은

$1 - \dfrac{2}{15} = \dfrac{13}{15}$

02 (2) 세 개의 동전이 모두 앞면이 나올 확률은 $\dfrac{1}{8}$이므로 적어도 한 개는 뒷면이 나올 확률은

$1 - \dfrac{1}{8} = \dfrac{7}{8}$

(3) 두 개의 주사위가 모두 홀수의 눈이 나올 확률은 $\dfrac{1}{4}$이므로 적어도 한 개는 짝수의 눈이 나올 확률은

$1 - \dfrac{1}{4} = \dfrac{3}{4}$

(4) 대표 두 명을 모두 여학생으로 뽑을 확률은 $\dfrac{1}{10}$이므로 적어도 1명은 남학생이 뽑힐 확률은

$1 - \dfrac{1}{10} = \dfrac{9}{10}$

03 모든 경우의 수는 20

카드에 적힌 수가 3의 배수인 경우의 수는

3, 6, 9, 12, 15, 18의 6

즉, 3의 배수가 적힌 카드를 뽑을 확률은

$\dfrac{6}{20} = \dfrac{3}{10}$

따라서 구하는 확률은 $1 - \dfrac{3}{10} = \dfrac{7}{10}$

개념 **54** 사건 A 또는 사건 B가 일어날 확률 · 본문 150쪽

01 (1) $\dfrac{1}{2}$ 풀이 ▶ ❶ $\dfrac{3}{10}$ ❷ $\dfrac{1}{5}$ ❸ $\dfrac{3}{10}$, $\dfrac{1}{5}$, $\dfrac{1}{2}$

(2) $\dfrac{7}{12}$ (3) $\dfrac{2}{5}$

(4) $\dfrac{7}{36}$ 풀이 ▶ ❶ $\dfrac{5}{36}$ ❷ $\dfrac{1}{18}$ ❸ $\dfrac{5}{36}$, $\dfrac{1}{18}$, $\dfrac{7}{36}$

(5) $\dfrac{1}{3}$ (6) $\dfrac{2}{5}$

02 $\dfrac{3}{5}$

01 (2) ❶ 노란 공을 꺼낼 확률: $\dfrac{3}{12} = \dfrac{1}{4}$

❷ 파란 공을 꺼낼 확률: $\dfrac{4}{12} = \dfrac{1}{3}$

❸ 노란 공 또는 파란 공을 꺼낼 확률: $\dfrac{1}{4} + \dfrac{1}{3} = \dfrac{7}{12}$

(3) ❶ 3의 배수가 나올 확률: $\dfrac{6}{20} = \dfrac{3}{10}$

❷ 7의 배수가 나올 확률: $\dfrac{2}{20} = \dfrac{1}{10}$

❸ 3의 배수 또는 7의 배수가 나올 확률: $\dfrac{3}{10} + \dfrac{1}{10} = \dfrac{2}{5}$

(5) ❶ 두 눈의 수의 차가 1일 확률: $\dfrac{10}{36}=\dfrac{5}{18}$

❷ 두 눈의 수의 차가 5일 확률: $\dfrac{2}{36}=\dfrac{1}{18}$

❸ 두 눈의 수의 차가 1 또는 5일 확률: $\dfrac{5}{18}+\dfrac{1}{18}=\dfrac{1}{3}$

(6) ❶ B가 맨 앞에 올 확률: $\dfrac{24}{120}=\dfrac{1}{5}$

❷ D가 맨 앞에 올 확률: $\dfrac{24}{120}=\dfrac{1}{5}$

❸ B 또는 D가 맨 앞에 올 확률: $\dfrac{1}{5}+\dfrac{1}{5}=\dfrac{2}{5}$

02 방문 횟수가 1회일 확률은 $\dfrac{3}{25}$

방문 횟수가 2회일 확률은 $\dfrac{12}{25}$

따라서 방문 횟수가 2회 이하일 확률은

$\dfrac{3}{25}+\dfrac{12}{25}=\dfrac{3}{5}$

개념 **55** 사건 A와 사건 B가 동시에 일어날 확률

01 (1) $\dfrac{1}{4}$ 〔풀이〕 ❶ $\dfrac{1}{2}$ ❷ $\dfrac{1}{2}$ ❸ $\dfrac{1}{2},\dfrac{1}{2},\dfrac{1}{4}$ (2) $\dfrac{1}{4}$ (3) $\dfrac{1}{3}$

02 (1) $\dfrac{1}{12}$ 〔풀이〕 ❶ $\dfrac{1}{4}$ ❷ $\dfrac{1}{3}$ ❸ $\dfrac{1}{4},\dfrac{1}{3},\dfrac{1}{12}$ (2) $\dfrac{1}{8}$ (3) $\dfrac{1}{4}$

03 (1) $\dfrac{3}{8}$ 〔풀이〕 ❶ $\dfrac{3}{5}$ ❷ $\dfrac{5}{8}$ ❸ $\dfrac{3}{5},\dfrac{5}{8},\dfrac{3}{8}$

(2) $\dfrac{3}{20}$ (3) $\dfrac{9}{40}$ (4) $\dfrac{1}{4}$

04 (1) $\dfrac{1}{2}$ (2) $\dfrac{3}{40}$ 〔풀이〕 ❶ $\dfrac{4}{5},\dfrac{1}{5}$ ❷ $\dfrac{5}{8},\dfrac{3}{8}$ ❸ $\dfrac{1}{5},\dfrac{3}{8},\dfrac{3}{40}$

(3) $\dfrac{3}{10}$ (4) $\dfrac{1}{8}$ (5) $\dfrac{17}{40}$ 〔풀이〕 ❶ $\dfrac{3}{10},\dfrac{1}{8},\dfrac{17}{40}$

05 (1) $\dfrac{4}{21}$ 〔풀이〕 ❶ $\dfrac{4}{9}$ ❷ $\dfrac{3}{7},\dfrac{4}{9},\dfrac{4}{21}$

(2) $\dfrac{17}{21}$ 〔풀이〕 $\dfrac{4}{21},\dfrac{17}{21}$

06 (1) $\dfrac{1}{25}$ 〔풀이〕 ❶ $\dfrac{1}{5}$ ❷ $\dfrac{1}{5},\dfrac{1}{5},\dfrac{1}{25}$

(2) $\dfrac{24}{25}$ 〔풀이〕 $\dfrac{1}{25},\dfrac{24}{25}$

07 $\dfrac{7}{8}$ **08** $\dfrac{3}{4}$

09 $\dfrac{9}{10}$ **10** $\dfrac{5}{6}$

11 $\dfrac{22}{25}$ **12** ②

---

01 (2) ❶ 2의 배수의 눈이 나올 확률: $\dfrac{1}{2}$

❷ 홀수의 눈이 나올 확률: $\dfrac{1}{2}$

❸ 첫 번째에는 2의 배수의 눈이 나오고, 두 번째에는 홀수의 눈이 나올 확률: $\dfrac{1}{2}\times\dfrac{1}{2}=\dfrac{1}{4}$

(3) ❶ 3 이하의 수의 눈이 나올 확률: $\dfrac{1}{2}$

❷ 6의 약수의 눈이 나올 확률: $\dfrac{2}{3}$

❸ 첫 번째에는 3 이하의 수의 눈이 나오고, 두 번째에는 6의 약수의 눈이 나올 확률: $\dfrac{1}{2}\times\dfrac{2}{3}=\dfrac{1}{3}$

02 (2) ❶ 두 개의 동전은 모두 뒷면이 나올 확률: $\dfrac{1}{4}$

❷ 주사위는 4의 약수의 눈이 나올 확률: $\dfrac{1}{2}$

❸ 두 개의 동전은 모두 뒷면이 나오고, 주사위는 4의 약수의 눈이 나올 확률: $\dfrac{1}{4}\times\dfrac{1}{2}=\dfrac{1}{8}$

(3) ❶ 두 개의 동전은 서로 다른 면이 나올 확률: $\dfrac{1}{2}$

❷ 주사위는 4보다 작은 수의 눈이 나올 확률: $\dfrac{1}{2}$

❸ 두 개의 동전은 서로 다른 면이 나오고, 주사위는 4보다 작은 수의 눈이 나올 확률: $\dfrac{1}{2}\times\dfrac{1}{2}=\dfrac{1}{4}$

03 (2) $\dfrac{2}{5}\times\dfrac{3}{8}=\dfrac{3}{20}$

(3) $\dfrac{3}{5}\times\dfrac{3}{8}=\dfrac{9}{40}$

(4) $\dfrac{2}{5}\times\dfrac{5}{8}=\dfrac{1}{4}$

04 (1) $\dfrac{4}{5}\times\dfrac{5}{8}=\dfrac{1}{2}$

(3) $\dfrac{4}{5}\times\left(1-\dfrac{5}{8}\right)=\dfrac{4}{5}\times\dfrac{3}{8}=\dfrac{3}{10}$

(4) $\left(1-\dfrac{4}{5}\right)\times\dfrac{5}{8}=\dfrac{1}{5}\times\dfrac{5}{8}=\dfrac{1}{8}$

07 3개의 동전이 모두 뒷면이 나올 확률은

$\dfrac{1}{2}\times\dfrac{1}{2}\times\dfrac{1}{2}=\dfrac{1}{8}$

∴ (적어도 한 개는 앞면이 나올 확률)

=1-(3개의 동전이 모두 뒷면이 나올 확률)

$=1-\dfrac{1}{8}=\dfrac{7}{8}$

08 2개의 주사위가 모두 짝수의 눈이 나올 확률은

$\dfrac{1}{2}\times\dfrac{1}{2}=\dfrac{1}{4}$

∴ (적어도 한 개는 홀수의 눈이 나올 확률)

=1-(2개의 주사위가 모두 짝수의 눈이 나올 확률)

$=1-\dfrac{1}{4}=\dfrac{3}{4}$

040 · 정답 및 해설

09 두 사람이 만날 확률은

$$\frac{2}{5} \times \frac{1}{4} = \frac{1}{10}$$

∴ (두 사람이 만나지 못할 확률)

$$= 1 - (두 사람이 만날 확률)$$

$$= 1 - \frac{1}{10} = \frac{9}{10}$$

10 세 명이 모두 불합격할 확률은

$$\frac{3}{4} \times \frac{2}{5} \times \frac{5}{9} = \frac{1}{6}$$

∴ (적어도 한 명이 합격할 확률)

$$= 1 - (세 명이 모두 불합격할 확률)$$

$$= 1 - \frac{1}{6} = \frac{5}{6}$$

11 A, B 모두 명중시키지 못할 확률은

$$\frac{3}{10} \times \frac{2}{5} = \frac{3}{25}$$

∴ (적어도 한 선수가 명중시킬 확률)

$$= 1 - (A, B 모두 명중시키지 못할 확률)$$

$$= 1 - \frac{3}{25} = \frac{22}{25}$$

12 주사위를 한 번 던질 때 모든 경우의 수는 6

소수의 눈이 나오는 경우의 수는 2, 3, 5의 3이므로

그 확률은 $\frac{3}{6} = \frac{1}{2}$

6의 약수의 눈이 나오는 나오는 경우의 수는 1, 2, 3, 6의 4이므로

그 확률은 $\frac{4}{6} = \frac{2}{3}$

따라서 구하는 확률은

$$\frac{1}{2} \times \frac{2}{3} = \frac{1}{3}$$

개념 56 확률의 응용 - 연속하여 꺼내기 · 본문 154~155쪽

01 (1) $\frac{25}{49}$ **풀이** ❶ 5 ❷ 5 ❸ $\frac{5}{7}$, $\frac{5}{7}$, $\frac{25}{49}$ (2) $\frac{4}{49}$ (3) $\frac{10}{49}$

02 (1) $\frac{9}{100}$ (2) $\frac{49}{100}$ (3) $\frac{21}{100}$ (4) $\frac{51}{100}$

03 (1) $\frac{5}{18}$ **풀이** ❶ 5 ❷ 4, $\frac{1}{2}$ ❸ $\frac{5}{9}$, $\frac{1}{2}$, $\frac{5}{18}$ (2) $\frac{1}{6}$

(3) $\frac{4}{9}$ **풀이** ▸ $\frac{5}{18}$, $\frac{1}{6}$, $\frac{4}{9}$ (4) $\frac{5}{18}$

04 (1) $\frac{1}{15}$ (2) $\frac{7}{15}$ (3) $\frac{7}{30}$ (4) $\frac{7}{30}$ (5) $\frac{8}{15}$

05 $\frac{4}{27}$

---

01 (2) $\frac{2}{7} \times \frac{2}{7} = \frac{4}{49}$

(3) $\frac{5}{7} \times \frac{2}{7} = \frac{10}{49}$

---

02 (1) $\frac{3}{10} \times \frac{3}{10} = \frac{9}{100}$

(2) $\frac{7}{10} \times \frac{7}{10} = \frac{49}{100}$

(3) $\frac{3}{10} \times \frac{7}{10} = \frac{21}{100}$

(4) $1 - \frac{49}{100} = \frac{51}{100}$

03 (2) $\frac{4}{9} \times \frac{3}{8} = \frac{1}{6}$

(4) $\frac{5}{9} \times \frac{4}{8} = \frac{5}{18}$

04 (1) $\frac{3}{10} \times \frac{2}{9} = \frac{1}{15}$

(2) $\frac{7}{10} \times \frac{6}{9} = \frac{7}{15}$

(3) $\frac{3}{10} \times \frac{7}{9} = \frac{7}{30}$

(4) $\frac{7}{10} \times \frac{3}{9} = \frac{7}{30}$

(5) $1 - \frac{7}{15} = \frac{8}{15}$

05 9의 약수는 1, 3, 9의 3가지이므로

첫 번째에 9의 약수가 적힌 카드가 나올 확률은 $\frac{3}{9} = \frac{1}{3}$

소수는 2, 3, 5, 7의 4가지이므로

두 번째에 소수가 적힌 카드가 나올 확률은 $\frac{4}{9}$

따라서 구하는 확률은

$$\frac{1}{3} \times \frac{4}{9} = \frac{4}{27}$$

기본기 탄탄 문제 개념 52~56 · 본문 156쪽

1 $\frac{1}{3}$	2 ②	3 $\frac{1}{6}$	4 ④
5 $\frac{1}{7}$	6 $\frac{1}{9}$	7 ③	

1 모든 경우의 수는 6이고,

모음이 적힌 카드를 뽑는 경우의 수는 E, I의 2이다.

따라서 구하는 확률은 $\frac{2}{6} = \frac{1}{3}$

2 ② 파란 공은 나올 수 없으므로 그 확률은 0이다.

③ 빨간 공은 나올 수 없으므로 그 확률은 0이다.

④ 흰 공이 나올 확률은 $\frac{3}{8}$이므로 1보다 작다.

⑤ 주머니에는 검은 공 또는 흰 공만 들어 있으므로 검은 공 또는 흰 공이 나올 확률은 1이다.

따라서 옳지 않은 것은 ②이다.

3 서로 다른 두 개의 주사위를 동시에 던져서 나오는 모든 경우의 수는

$6 \times 6 = 36$

이때 서로 같은 수의 눈이 나오는 경우의 수는

$(1, 1)$, $(2, 2)$, $(3, 3)$, $(4, 4)$, $(5, 5)$, $(6, 6)$의 6

따라서 구하는 확률은

$\dfrac{6}{36} = \dfrac{1}{6}$

4 3개의 ○, × 문제에 임의로 답하는 모든 경우의 수는

$2 \times 2 \times 2 = 8$

3개의 문제를 모두 틀리는 경우의 수는 (틀림, 틀림, 틀림)의 1이므로

그 확률은 $\dfrac{1}{8}$

따라서 적어도 한 문제는 맞힐 확률은

$1 - \dfrac{1}{8} = \dfrac{7}{8}$

5 두 사람이 약속 시간에 만나려면 두 사람 모두 약속 시간을 지켜야

한다.

이때 준수가 약속 시간을 지킬 확률은 $\dfrac{3}{7}$, 지원이가 약속 시간을 지킬

확률은 $\dfrac{1}{3}$이므로 두 사람이 약속 시간에 만날 확률은

$\dfrac{3}{7} \times \dfrac{1}{3} = \dfrac{1}{7}$

6 3의 배수가 나오는 경우의 수는 3, 6, 9의 3이므로

3의 배수가 나올 확률은 $\dfrac{3}{9} = \dfrac{1}{3}$

6과 서로소인 수가 나오는 경우의 수는 1, 5, 7의 3이므로

6과 서로소인 수가 나올 확률은

$\dfrac{3}{9} = \dfrac{1}{3}$

따라서 구하는 확률은

$\dfrac{1}{3} \times \dfrac{1}{3} = \dfrac{1}{9}$

7 첫 번째에 하트 모양 쿠키를 뽑을 확률은

$\dfrac{4}{8} = \dfrac{1}{2}$

두 번째에 하트 모양 쿠키를 뽑을 확률은

$\dfrac{3}{7}$

따라서 구하는 확률은

$\dfrac{1}{2} \times \dfrac{3}{7} = \dfrac{3}{14}$

MEMO

MEMO

메가스터디 중등학습 시리즈

수학이 쉬워지는 완벽한 솔루션
완쏠
개념연산

메가스터디BOOKS

메가스터디BOOKS
내용 문의 02-6984-6901 | 구입 문의 02-6984-6868,9 | www.megastudybooks.com